全国高职高专计算机立体化系列规划教材

Photoshop CS5 项目教程

主　编　高晓黎

副主编　付士国　张月林

　　　　侯晓丽

北京大学出版社

PEKING UNIVERSITY PRESS

内 容 简 介

本书打破传统教材的体例框架，彻底采用项目驱动的讲解模式。全书共分 12 章，由 3 个完整的项目案例贯穿始终，内容涉及 Photoshop CS5 的各项功能，包括软件的安装与基本操作、图层管理、颜色设置、选区创建、图形绘制与编辑、文字制作、矢量图形与路径的应用、通道与蒙版的应用、色彩与色调调整、滤镜特效等。

本书是作者多年教学与设计经验的结晶。全书结构条理清晰，讲解通俗易懂，案例循序渐进，凸显操作过程，注重技能与经验的传授，力求切合初学者求知的心理特点。

本书适合计算机应用、网页设计、电子商务、电脑美术设计、平面广告设计、包装艺术设计、印刷制版等领域的学习者与从业者使用，也可作为电脑美术爱好者和培训机构学员的参考书。

图书在版编目(CIP)数据

Photoshop CS5 项目教程/高晓黎主编. —北京：北京大学出版社，2012.6
(全国高职高专计算机立体化系列规划教材)
ISBN 978-7-301-20685-0

Ⅰ. P… Ⅱ. ①高… Ⅲ. ①图象处理软件－高等职业教育－教材 Ⅳ. ①TP391.41

中国版本图书馆 CIP 数据核字(2012)第 104120 号

书　　　名：	Photoshop CS5 项目教程
著作责任者：	高晓黎　主编
策 划 编 辑：	刘国明　李彦红
责 任 编 辑：	刘国明
标 准 书 号：	ISBN 978-7-301-20685-0/TP · 1225
出　版　者：	北京大学出版社
地　　　址：	北京市海淀区成府路 205 号　100871
网　　　址：	http://www.pup.cn　http://www.pup6.cn
电　　　话：	邮购部 62752015　发行部 62750672　编辑部 62750667　出版部 62754962
电 子 邮 箱：	pup_6@163.com
印　刷　者：	河北滦县鑫华书刊印刷厂
发　行　者：	北京大学出版社
经　销　者：	新华书店
	787mm×1092mm　16 开本　19 印张　443 千字
	2012 年 6 月第 1 版　2012 年 6 月第 1 次印刷
定　　　价：	36.00 元

前　言

本书依据 Photoshop 最新的版本 CS5 编写, 凝聚了作者多年的 Photoshop 教学与设计经验。本书讲解深入透彻, 论述通俗易懂, 注重基础知识与操作技能的有机融合。

本书是一本真正的项目化教材。全书围绕着"艺术折扇的制作"、"期刊封面的制作"与"家庭相册的制作"3 个完整的项目案例展开。第一个项目独占第 2 章; 后两个项目又各自被分解为既独立又关联的 5 个子项目, 每个子项目对应于书中的一章。

本书突破了传统教材以知识体系为经纬展开教学的窠臼, 将 Photoshop 的核心知识与基本操作的讲授融进各个项目与子项目的解决过程中, 通过这些环环相扣的项目与子项目案例, 编织出一套清晰独特的知识技能网络体系。

全书共分 12 章, 内容涉及: 软件环境的搭建与基本操作、图层管理、颜色设置、选区创建、图形绘制与编辑、文字制作、矢量图形与路径的应用、通道与蒙版的应用、图像色彩的调整、滤镜特效的应用等。

本书由高晓黎主编, 付士国审稿, 四平市医护卫生学校张月林和太原城市职业技术学院侯晓丽为本书编写提供了大量资料和帮助。

由于作者水平有限, 书中难免会有疏漏之处, 敬请各位读者与专家指正。无论是与作者交流, 还是提出批评或建议, 都请发送邮件至信箱 xerlier@126.com, 作者将不胜感激, 并会尽快给予回复。

编　者

目 录

第1章 软件环境的搭建与基本操作

 学习目标

　　本章主要介绍 Photoshop CS5 工作环境的搭建与图像文档的基本操作。通过本章的学习，读者能够下载、安装、运行 Photoshop CS5，了解 Photoshop CS5 工作窗口中众多界面要素的作用与意义，熟练掌握用 Photoshop CS5 对图像文档进行创建、保存、打开、导入、导出等常规操作的方法与步骤。

 知识技能结构分解表

序　号		1	2	3	4
基础知识		工作窗口	标题功能栏	菜单栏	工具箱
		工具选项栏	工作区	图像文档窗口	功能调板
基本操作	Photoshop CS5 安装	下载 Photoshop CS5	安装 Photoshop CS5	运行 Photoshop CS5	关闭 Photoshop CS5
	图像文档操作	新建	保存	打开	置入
		导入	导出	格式转换	关闭
应用及拓展能力		自行安装与部署 Photoshop CS5 的能力			
		对图像文档进行基本操作的能力			

1.1　Photoshop CS5 的安装与运行

Photoshop 是美国 Adobe 公司于 1990 年首次推出的平面图形与图像处理软件。经过几十年的发展，Photoshop 已成为功能最强大、使用最广泛的数字图像设计与编辑软件之一，广泛应用于美术制作、图像处理、平面设计、多媒体设计、网页设计、广告设计、动画设计、彩色印刷、建筑装潢等多个领域。

1.1.1　Photoshop CS5 的下载

Photoshop 软件可从 Adobe 公司的官方中文网站(网址为 http://www.adobe.com/cn)上下载。

Adobe 公司目前提供的最新版本是 Adobe Photoshop CS5 Extended，该版本提供了图像编辑与合成及三维动画的创建和编辑等强大的功能。可登录到 http://www.adobe.com/cn/downloads 站点，下载该软件。

登录站点的界面，如图 1.1 所示。

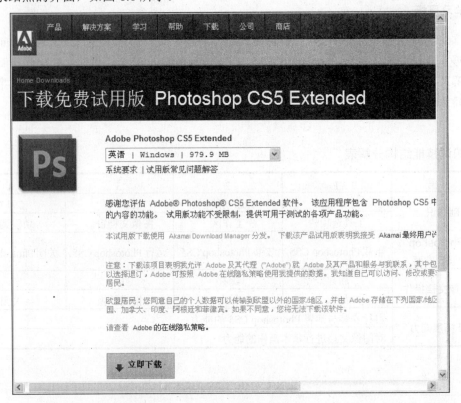

图 1.1　从 Adobe 官方中文网站上下载 Photoshop CS5 Extended

下载后，可得到带有扩展字库的 Photoshop CS5 Extended 安装文件压缩包。释放压缩包后，便可开始安装 Photoshop CS5 软件。

1.1.2　Photoshop CS5 的安装

Photoshop CS5 的安装步骤如下所示。

(1) 双击安装包中的可执行文件 Set-up.exe。

(2) 在如图 1.2 所示的对话框中单击【接受】按钮，接受软件许可协议。

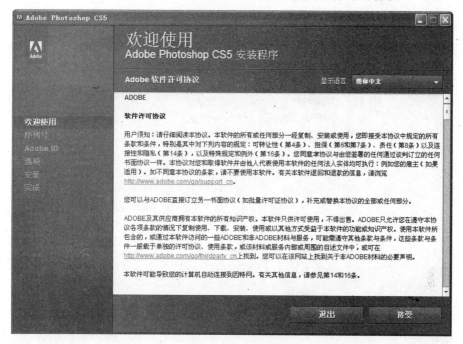

图 1.2　接受软件许可协议

(3) 在如图 1.3 所示的对话框中，需要根据实际情况，选择使用付费的注册安装还是免费的试用安装。前一选择需要提供购买的产品序列号，用户能够永久使用；后一选择则免费安装，但安装后的软件只能试用一个月，试用期满后，产品将无法继续运行。

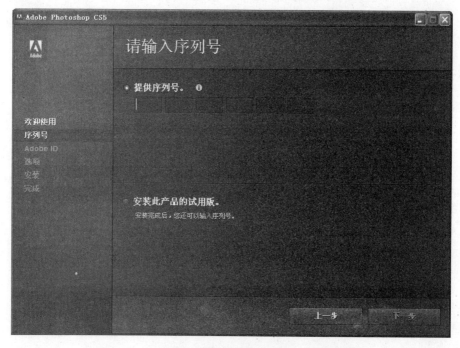

图 1.3　在注册安装与试用安装中选择一种安装类型

（4）此处选择注册安装方式，输入已有的注册序列号。

（5）注册序列号输入完毕后，系统自动对序列号进行验证；验证通过后，出现【选择语言】列表框，如图 1.4 所示。

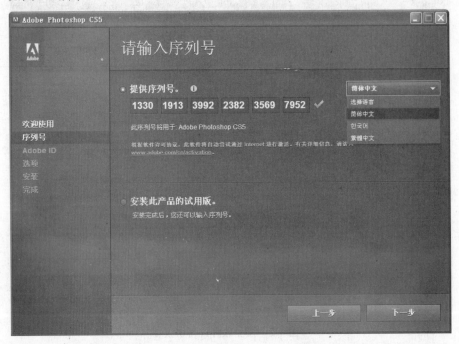

图 1.4　提供产品序列号并选择语言类型

（6）单击【选择语言】列表框，为软件选择语言类型，强烈建议选择【简体中文】选项。

（7）单击【下一步】按钮，进入如图 1.5 所示的定制安装选项界面。

图 1.5　选择安装项目并设置安装位置

(8) 通过选中相应的复选框，选择要安装的模块。

(9) 可以通过修改【位置】文本框中的内容，来设置新的安装路径，改变默认的安装路径。

(10) 单击【安装】按钮进入安装过程。

(11) 系统显示一个动态推进的安装进度条，如图 1.6 所示。此时，应该停止一切操作，等待安装进度条推进到 100%；如果单击【取消】按钮，安装进程将被强行中止。

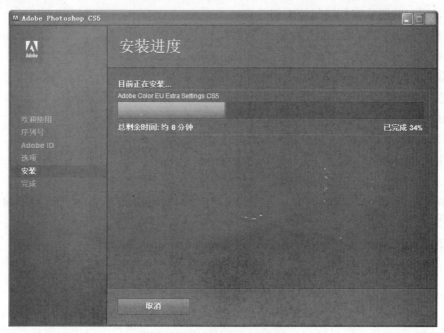

图 1.6　显示出进度条的安装过程

(12) 安装全部完成后，出现如图 1.7 所示的对话框。

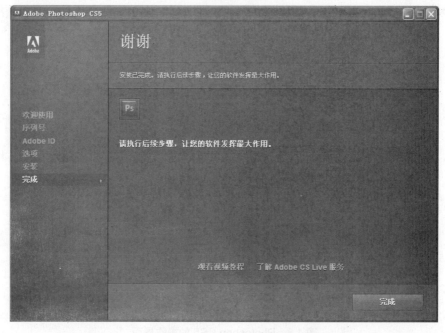

图 1.7　安装完成对话框

(13) 单击【完成】按钮，结束 Photoshop CS5 的安装。

1.1.3 Photoshop CS5 的运行

Photoshop CS5 安装完成后，除 Adobe Photoshop CS5 软件外，还有多个相关的辅助应用程序注册给系统。其中最常用到的为 Adobe Bridge CS5，该程序称为 Adobe 文件浏览器，用来对当前资源中的图像文档进行查看与管理。

启动 Photoshop CS5 的方法主要有以下 3 种。

(1) 执行【开始】|【所有程序】|Adobe Photoshop CS5 菜单命令。

(2) 双击 Adobe Photoshop CS5 的桌面快捷图标 。

(3) 双击 Photoshop 格式的图像文档，系统将自动打开该格式文件对应的级联程序——Adobe Photoshop CS5。

结束 Photoshop CS5 运行的方法主要有以下 4 种。

(1) 执行 Photoshop CS5 中的【文件】|【退出】菜单命令。

(2) 使用快捷键 Ctrl+Q 或 Alt+F4。

(3) 双击 Photoshop 窗口标题栏最左侧的【控制窗口】图标 Ps ，或单击【控制窗口】图标并从下拉快捷菜单中执行【关闭】命令。

(4) 单击 Photoshop 窗口标题栏最右侧的【关闭】按钮 。

1.2 Photoshop CS5 的操作界面

Photoshop 的操作界面又称为工作窗口，简称 Photoshop 窗口，是用户创建、编辑、修改及处理图像的操作平台，通常由标题功能栏、菜单栏、工具箱、工具选项栏、工作区、图像文档窗口、各类功能调板等对象组成。

图 1.8 展示了 Photoshop CS5 的操作界面，界面工作区中包含两个浮动的图像文档窗口。

图 1.8 Photoshop CS5 的操作界面

下面介绍 Photoshop CS5 操作界面的主要要素。

1.2.1 界面顶端三要素

Photoshop CS5 的操作界面上方依次排列着标题功能栏、菜单栏与工具选项栏三类界面要素。

1. 标题功能栏

为了更充分地利用有限的屏幕空间，简化工作流程，Photoshop CS5 创新性地将一批系统功能选项列表框和应用程序按钮融合到标题栏内，从而得到整合后的标题功能栏，如图 1.9 所示。

图 1.9 标题功能栏

标题功能栏包含多个具有全局性能控制意义的重要功能选项按钮与命令按钮，如【控制窗口】图标、启动 Adobe 文件浏览器(Adobe Bridge)的按钮、启动迷你浏览器(Mini Bridge)的按钮、定制图像缩放比例的组合框、排列图像文档窗口的选项列表框、定制屏幕模式的选项列表框、选择工作区的选项按钮、【最小化】按钮、【最大化】(或【还原】)按钮、【关闭】按钮等。

2. 菜单栏

标题功能栏下方为菜单栏。菜单栏由横向排列着的【文件】、【编辑】、【图像】、【图层】、【选择】、【滤镜】、【分析】、3D、【视图】、【窗口】及【帮助】共 11 个菜单项组成，每个菜单项又包含一组下拉菜单，分别提供数量不等的各类图像处理命令。

使用 Photoshop CS5 的菜单时，与 Windows 系统其他应用程序一样，应遵循以下约定。

(1) 菜单命令后的组合键定义了与菜单命令对应的快捷键，使用快捷键，能够在不打开菜单的情况下直接执行命令，从而提高操作效率。

(2) 深色菜单命令表示该命令当前可用，灰色菜单命令表示当前不可用。

(3) 对于具有开关性能的菜单命令，使用 √ 符号表示菜单命令已被选中；再次执行该命令，将取消对命令的选定。

(4) 菜单命令后面如有…符号，执行该菜单命令时，将打开相应的选项对话框。

(5) 菜单命令后面如有▶符号，表明该菜单命令还有下一级的级联子菜单。

3. 工具选项栏

工具选项栏的位置在菜单栏的下方，用来设置相应工具的属性。当选择工具箱中的多数工具按钮后，工具选项栏的内容都将随之发生变化。

图 1.10 与图 1.11 所示分别为选择了画笔工具按钮与钢笔工具按钮后对应的工具选项栏。

图 1.10 与画笔工具按钮对应的工具选项栏

图 1.11 与钢笔工具按钮对应的工具选项栏

使用【窗口】、【选项】这一开关型的菜单命令，可在工具选项栏的显示与隐藏两种状态之间进行反复切换。

右击工具选项栏最左侧的工具按钮，系统会弹出一个选项菜单，菜单中包含两个选项：【复位工具】与【复位所有工具】。前一选项可使当前的工具恢复到自己的默认设置，后一选项则使所有的工具都恢复到它们的默认设置。

> **操作技巧**：工具选项栏默认的位置是在菜单栏下方。如果想要改变其位置，只须移动鼠标到其最左侧的标题栏上并按住左键不放，即可将其拖动到窗口的任意位置；当松开左键后，浮动的工具选项栏便贴附在当前的位置上。

1.2.2 工具箱

工具箱又称为工具面板，是 Photoshop 工作界面最核心的组成要素之一，包含了选取、编辑及处理图像的各种工具按钮。

工具箱默认是在 Photoshop 窗口左侧以单列的方式呈现的。可以单击工具箱顶端灰色标题栏上的 按钮，将单列显示切换为双列显示；双列显示时， 按钮变为 按钮，单击 按钮，双列显示将重新切换为单列显示。

用鼠标拖动工具箱标题栏，可以将工具箱移动到屏幕的任意位置。

根据操作功能的不同，可将工具箱中的所有工具按钮分为以下 7 个类组：选取编辑工具类组、绘画修饰工具类组、绘图文字工具类组、3D 工具类组、导航工具类组、颜色设定工具类组和模式切换工具类组。各工具类组中包含的代表性工具按钮见表 1-1。

表 1-1　工具箱中的工具按钮分类

类　别	按钮图标	按钮名称	类　别	按钮图标	按钮名称
选取编辑工具类组		移动工具	绘图文字工具类组		钢笔锚点工具组
		选框工具组		T	文字工具组
		套索工具组			路径选择工具组
		快速选择工具组			形状工具组
		裁减切片工具组	3D 工具类组		3D 对象操作工具组
		辅助工具组			3D 操作相机工具组
绘画修饰工具类组		修复修补工具组	导航工具类组		抓手旋转视图工具组
		画笔工具组			缩放工具
		图章工具组	颜色设定工具类组		默认前景色和背景色
					切换前景色和背景色
		历史记录画笔工具组			设置前景色和背景色
		橡皮擦工具组			设置前景色
		渐变及油漆桶工具组			设置背景色
		模糊锐化等工具组	模式切换工具类组		以快速蒙版模式编辑
		减淡加深等工具组			

凡是右下角带有一个黑色小三角的工具按钮，表明它代表着一个工具组，该组还应包含着一个或多个其他的隐含工具。

在这类工具组按钮上单击并停留片刻，右下角便会自动打开一个弹出式菜单，菜单中将给出该组中所有可用的工具选项。

按住 Alt 键的同时单击某个工具组，则工具组中所有的工具选项将循环着依次显示在工具箱中。

将鼠标移到工具按钮上稍停片刻，系统将显示出该工具按钮的名称和选用该工具的对应快捷键。只须在键盘上按下与工具相对应的快捷键，则对应的工具按钮自动出现在工具栏中并被选中。

> **操作技巧**：每个工具组都包含两个或两个以上的工具项，这些工具项的后面通常都带有一个英文大写字母(极个别工具例外)，这个字母称为该工具的快捷键。
>
> 按住 Shift 键，再按某工具的快捷键，可在工具箱中迅速选中该工具所属的工具组；用 Shift+快捷键，可对工具组中所有用此快捷键的工具项进行循环切换。

1.2.3　图像文档窗口

图像文档窗口简称为图像窗口，又称为画布窗口，是用以绘制、显示、编辑与处理图像的屏幕区域。图像窗口中能够实现 Photoshop 所有的功能。与其他标准 Windows 窗口一样，图像文档窗口也能够被移动、改变大小、最小化、最大化及关闭。

图像文档窗口通常由标题栏、图像编辑区、水平/垂直滚动条、状态栏等要素组成，当图像大小超过窗口尺寸时，相应的水平/垂直滚动条将会出现，如图 1.12 所示。

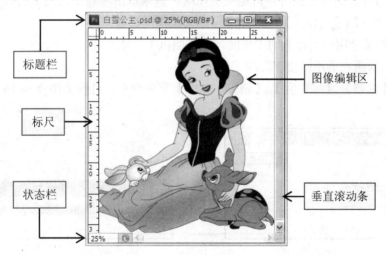

图 1.12　图像文档窗口

标题栏从左到右依次显示 Photoshop 的图标、图像文档名称、视图比例、图像颜色模式等信息；图像编辑区是显示和编辑图像的工作空间；横向标尺与纵向标尺分别出现在窗口的顶端与左侧，标尺的显示或隐藏可通过【视图】|【标尺】菜单命令来控制；状态栏主要提供当前操作的帮助信息，如图像文档的视图比例、文档大小等信息；水平滚动条与垂直滚动条分别出现在窗口的底端和右侧。

1.2.4　工作区

工作区是用户浏览和处理图像的屏幕区域，同时也是保存当前工作环境的一个集合。打开的图像文档通常要显示在工作区中。

工作区中可以同时打开多个图像文档，这些图像文档窗口在工作区中是按层叠、平铺还是浮动方式排放，可以通过【窗口】|【排列】菜单命令来设定，也可通过标题功能栏上的【排列文档】功能选项按钮 来选择。

当工作区中存在着多个图像文档窗口时，在某一时刻最多只能有一个窗口处于活动状态，处于活动状态的窗口称为活动窗口或当前窗口，其标题栏高亮度显示，并且用户能够对图像的内容进行编辑处理；与此同时，其他的窗口则自动处于非活动状态。活动窗口可以任意切换，切换的方法是：单击某个非活动图像窗口的标题栏，即可使该窗口成为当前窗口，而原活动窗口自动切换到非活动状态。

可以将当前的窗口状态保存到一个命名的工作区中，将来再通过打开此工作区，恢复目前的窗口状态。操作方法如下。

(1) 执行【窗口】|【工作区】|【新建工作区】菜单命令，打开如图 1.13 所示的【新建工作区】对话框。

(2) 在【名称】文本框中输入要保存工作区的名称，此处假定为"我的工作区"。

(3) 根据需要，分别对【键盘快捷键】与【菜单】两个复选框进行选中或取消选中操作。

(4) 单击【存储】按钮，【我的工作区】选项将同时出现在【窗口】|【工作区】菜单中和标题功能栏上。

将来如果想打开保存过的用户自定义工作区，只须单击标题工具栏上的自定义工作区名称，或单击【窗口】|【工作区】中的相应自定义工作区选项即可。

如果要删除某个用户自定义的工作区，可依照以下方法完成。

(1) 确保当前所在的不是要删除的工作区。

(2) 执行【窗口】|【工作区】|【删除工作区】菜单命令，打开如图 1.14 所示的【删除工作区】对话框。

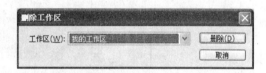

图 1.13 【新建工作区】对话框　　　　　　图 1.14 【删除工作区】对话框

(3) 从【工作区】列表框中选择要删除的自定义工作区。

(4) 单击【删除】按钮，回答系统的确认信息，即可完成删除任务。

1.2.5 功能调板

功能调板又称为浮动面板或控制面板，简称调板或面板，默认位于工作区的右侧，是 Photoshop 主要的辅助工具与重要的界面组成部分，用于完成各种图像处理操作和工具参数设置，是 Photoshop 创建各种工作流程之间联系的桥梁。图 1.15 展示的是 Photoshop CS5 所有的功能调板。掌握各类调板的使用方法，能够使 Photoshop CS5 的工作流程更加优化。

图 1.15 Photoshop CS5 的调板图标

各调板的功能见表 1-2。

表 1-2 Photoshop CS5 的调板列表

调板名称	功能描述	调板名称	功能描述
3D	设置与制作 3D 图像	路径	管理矢量图的路径并对路径进行操作
测量记录	管理与编辑测量记录	蒙版	调整与修改图像的色调
导航器	调整图像显示区域、缩放图像	色板	通过选取色块样式颜色对前景色和背景色进行设置
调整	对图像调整方案进行管理等操作	通道	创建、编辑、管理通道及监视编辑效果
动画	用来设计与制作 GIF 动画	图层	管理图层及对图层进行编辑处理等操作
动作	记录用户动作以支持批处理操作的执行	图层复合	记录当前图层状态，对设计方案的多个版本进行管理
段落	定义文本段落的属性并用于文本段落的编辑	信息	显示鼠标指针当前的坐标值、图像颜色、所选区域的位置尺寸等重要信息
仿制源	定义与编辑克隆源	颜色	设置对象的前景色和背景色
工具预设	对选定的工具进行预先设置	样式	将系统预定义的填充样式应用于图像，从而获得特殊效果
画笔	设置画笔绘画特性，定义艺术笔触	直方图	显示图像的色阶分布信息
画笔预设	保存图案并生成可用画笔方案	注释	为图像添加文字注释和语音注释
历史记录	记录用户对图像的操作步骤，从而支持多次恢复功能的实现	字符	定义字符属性并用于文本字符的编辑

可以根据需要决定调板的显示与否，也可以在工作区内对调板进行随意的拆分、组合及移动操作。

以下 3 种方法都能够控制调板的显示或隐藏。

(1) 执行【窗口】菜单命令，选择下拉菜单中与相应调板对应的菜单项，即可显示或隐藏对应的调板。

(2) Shift+Tab 组合键作为具有开关特性的功能键，用来切换当前打开的所有调板的显示或隐藏状态。

(3) Tab 键作为具有开关特性的功能键,用来对当前打开的调板、工具箱及选项栏进行统一的显示或隐藏切换。

要操作调板,首先要将其选取。选取调板的方法非常简单,只需单击目标调板的标题栏,使其成为当前调板即可。被选取的调板会呈现高亮显示。

可以将多个调板组合在一起,合并为一个调板组。合并的方法如下:首先显示出目标调板,然后选取调板标题栏并将其拖动到调板组的任意位置中,释放鼠标后,目标调板即被合并到调板组中。

相反地,也可以将调板组拆分开来。拆分的方法如下:首先选取调板组中要拆分的调板标题栏,然后将其拖移到工作区中远离调板组的任意位置,释放鼠标后,该调板便从原调板组中拆分出来,并成为一个独立的窗口。

默认情况下,新打开的调板以图标的方式折叠显示。要使用调板的功能,首先要将调板展开。

图 1.16 与图 1.17 分别为展开后的【直方图】调板与【样式】调板。

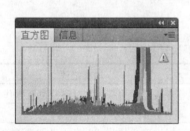 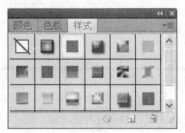

图 1.16　展开的【直方图】调板　　　　　图 1.17　展开的【样式】调板

展开或折叠调板,可通过以下两种方法实现。

(1) 双击调板的标题栏,可在展开与折叠两种状态之间切换。

(2) 右击调板的标题栏,从弹出的快捷菜单中执行【折叠为图标】命令或【展开面板】命令。

1.3　图像文档的常规操作

Photoshop 对图像文档的基本操作包括新建、保存、打开、置入、导入、导出及关闭等。

1.3.1　新建图像文档

新建图像操作用来从无到有地生成一个图像文档。

新建图像文档的步骤如下。

(1) 执行【文件】|【新建】菜单命令,或使用快捷键 Ctrl+N 或 Ctrl+Alt+N,打开如图 1.18 所示的【新建】对话框。

【新建】对话框中主要参数选项的功能或用法说明如下。

①【名称】文本框:用来输入新建文件的名称,默认名为"未标题-1"。

②【预设】列表框:用来选择系统提供的新建文件大小尺寸方案。

③【宽度】、【高度】、【分辨率】文本框:先从右侧的列表框中选择所用的单位,然后在相应的文本框中输入新建文件的尺寸值或分辨率值。

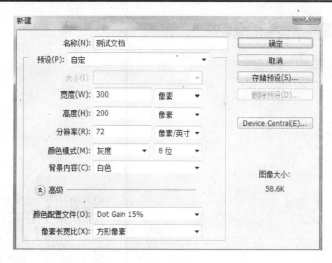

图 1.18　【新建】对话框

④【颜色模式】选项：在左侧列表框中选择新建图像文档的颜色模式，在右侧列表框中选择新建图像文档通道的字节位数。

⑤【背景内容】列表框：用来选择新建图像文档的背景颜色。

⑥【高级】选项：该选项可展开或收缩，用来设置颜色配置文件和像素长宽比这两类参数。

⑦【存储预设】按钮：将当前参数设置保存为一个预设选项，以便以后可以从【预设】列表框中直接选用该预设选项保存的参数设置。

⑧【删除预设】按钮：将当前所选新建图像文档预设选项从【预设】列表框中删除。

(2) 分别输入新建图像文档的名称，不妨假定为"新建测试"，设置图像尺寸(单位为像素)，不妨假定为 300×200，其他参数依照系统默认设置。

(3) 单击【确定】按钮，图像文档创建成功，并自动打开在 Photoshop 工作区中。

1.3.2　保存图像文档

新建的图像文档在关闭之前需要保存，以保证能够再次打开使用；同时，对已有的图像文档，若对其进行过修改，则在关闭之前也需要保存。

保存图像文档的步骤如下。

(1) 执行【文件】|【存储】菜单命令，或使用快捷键 Ctrl+S；如果要对图像文档进行更名保存，则执行【文件】|【存储为】菜单命令。

(2) 如果文件属于首次保存或使用了【存储】命令，则打开如图 1.19 所示的【存储为】对话框。

【文件名】列表框中显示出当前图像文档的主文件名，用户可以输入新的文件名或编辑原有的文件名。

【格式】列表框列出了 Photoshop CS5 所支持的众多图像文档的格式。单击列表框的下拉箭头■，系统将弹出如图 1.20 所示的图像文档格式列表。

Photoshop 能够识别并处理绝大多数格式的图像文档，并提供了在不同格式图像文档之间进行转换的功能。

其中 PSD、PDD 格式是 Photoshop 专用的默认文件格式，即分层格式，其文件的扩展名为.PSD。这种格式文件采用无损压缩方式存储数据，支持所有可用图像模式，能够保存图像数据较多的细节信息(如层、通道、路径等信息)。

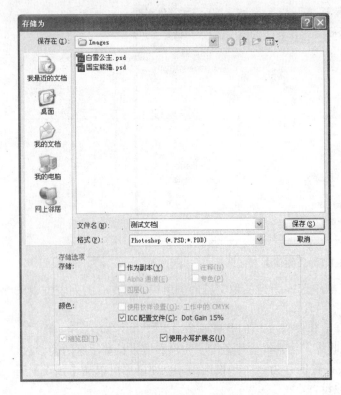

图 1.19 【存储为】对话框　　　　图 1.20　Photoshop CS5 能够识别的
图像文档格式

Photoshop 处理 PSD、PDD 格式图像的速度比处理其他格式图像的速度要快，但文件占用的磁盘空间较大。

【存储为】对话框中【存储选项】选项组中主要参数的意义说明如下。

①【作为副本】复选框：用来为当前图像文档存储一个副本，而不改变其原文件名和存储路径。

②【Alpha 通道】复选框：用来存储当前图像中的 Alpha 通道信息。如该项不选中，则图像文档存储时，将会删除图像中的 Alpha 通道内容。

③【图层】复选框：用来对于.PHOTOSHOPD、.PDD、.TIF、.PDF 等格式的多层图像内容进行分层存储；如该项不选中，则仅存储合并后的背景图。

④【使用小写扩展名】复选框：用来将文件扩展名转化为小写字符形式。

(3) 单击【保存】按钮，保存图像文档；单击【取消】按钮，则撤销当前的保存操作。

提示：

图像文件具有多种不同的格式，每种格式的图像文件都有相应的扩展名。

不同格式的图像文件记录图像信息的方式与图像数据压缩的方式会不尽相同，适用的领域也各不相同。

1.3.3　打开图像文档

对于已有的图像文档，使用前需要先将其打开。

打开图像文档的步骤如下。

（1）执行【文件】|【打开】菜单命令，或使用快捷键 Ctrl+O，打开如图 1.21 所示的【打开】对话框；也可通过双击工作区界面中的灰色区域来打开该对话框。

图 1.21　【打开】对话框

（2）从【查找范围】列表框中选择目标资源位置，在资源列表中选择目标路径，单击要打开的图像文档对象，则图像文档名称出现在【文件名】列表框中；通常保持【文件类型】的系统默认选项——【所有格式】选项。

（3）单击【打开】按钮，指定的图像文档即在 Photoshop 工作区中被打开。

1.3.4　置入图像文档

通过【打开】菜单命令，Photoshop 能够打开多数的图像文档，但某些特殊格式的图像，如 AI 格式的矢量图像，却无法直接用【打开】命令打开。此时，应考虑使用【置入】命令，导入这些特殊格式的图像。

【置入】命令会将图像以"智能对象"的形式，插入到 Photoshop 当前已打开图像的中央定界框中，一个新的智能对象图层也将同时生成。

置入图像文档的步骤如下。

（1）新建或打开一个图像文档。

（2）执行【文件】|【置入】菜单命令，打开【置入】对话框，该对话框界面与图 1.21 所示的【打开】对话框类似。

（3）在对话框中选择要置入的图像文档，单击【置入】按钮。此时，图像文档中立即出现一个浮动的智能对象，对象内部带有两条对角，周边带有控制框，如图 1.22 所示。

(4) 执行【窗口】|【图层】菜单命令，打开【图层】调板，可以看到：在当前图像文档的图层列表中，多出了一个智能对象图层，如图 1.23 所示。

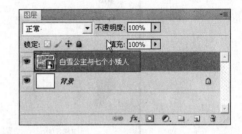

图 1.22　被置入了智能对象的空白图像文档窗口　　图 1.23　包含一个智能对象图层的【图层】调板

(5) 对智能对象进行位置移动、大小改变、角度旋转等调整操作。

(6) 完成调整后，在智能对象的控制框中双击，或按 Enter 键，将对象真正置入到图像文档中。

📁 提示：

智能对象是一种特殊的对象，这类对象可以进行多次复制，并且当复制的对象中的任何一个被修改时，所有的复制对象都能够随之得以更新，以保持它们的一致性。

1.3.5　导入图像文档

对于直接从输入设备(如数码相机、扫描仪等)获取到的图像文档，或用其他软件创建或编辑过的图像文档，如果用 Photoshop 无法直接打开，可以考虑通过 Photoshop 的【导入】命令，将图像导入到工作区中。

变量数据组(V)…
视频帧到图层(F)…
注释(N)…
WIA 支持…

图 1.24　【导入】菜单命令
的可用选项

导入图像文档的步骤如下。

(1) 执行【文件】|【导入】菜单命令，弹出如图 1.24 所示的下拉子菜单。

(2) 执行子菜单中的命令，打开对应的对话框。

(3) 根据对话框中的相关设置，将指定的图像文档导入到工作区中。

1.3.6　导出图像文档

图像作品完成以后，可根据用户的需要，将其输出到其他的设备中，或以不同的数据格式输出。Photoshop 提供了将图像转换为其他格式文件的方法，这就是图像的导出功能。

导出图像文档的步骤如下。

(1) 执行【文件】|【导出】菜单命令，弹出如图 1.25 所示的下拉子菜单。

(2) 执行子菜单中的命令，打开对应的对话框。

（3）根据导出的要求，设置话框中的相关参数，指定要导出的文件名称，将当前打开的图像存储到指定格式的文档中。

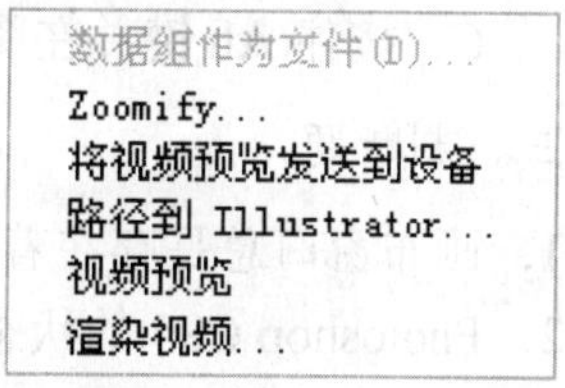

数据组作为文件(D)...
Zoomify...
将视频预览发送到设备
路径到 Illustrator...
视频预览
渲染视频...

图 1.25　【导出】菜单命令的可用选项

1.3.7　关闭图像文档

对于暂时不再使用的图像文档，可将其关闭，以减少对内存资源的占用；下次使用时，可随时再将其打开。

关闭单一图像文档的步骤如下。

（1）执行【文件】|【关闭】菜单命令，或使用快捷键 Ctrl+W，或单击要关闭图像文档窗口上的【关闭】按钮。

（2）目标文件窗口被关闭，图像所占用的系统资源被释放。

同时关闭当前所有打开的图像文档的步骤如下。

（1）执行【文件】|【关闭全部】菜单命令，或使用快捷键 Alt+Ctrl+W。

（2）打开的图像文档窗口将被逐一关闭。

课 后 习 题

一、填空题

1．Photoshop 是_____公司推出的平面图形与图像处理软件。

2．Photoshop 的工作界面主要包括标题功能栏、_____、_____、_____、_____、图像窗口和调板等对象。

3．Photoshop CS5 中可以同时打开多个不同的_____，也可以打开同一文件的多个_____。

4．功能调板用于完成各种_____操作和工具的_____设置。

5．Adobe Bridge 程序称为_____，用来查看与管理_____。

6．单击一个图像文档窗口的标题栏，可以将该图像窗口设置为_____窗口。

7．【_____】命令能够导入特殊格式的图像。【_____】命令则将图像转换为其他格式的文档。

二、单项选择题

1．Photoshop CS5 无法识别的文件格式为(　　)。

　　A．PDF　　　　　　B．SQL　　　　　　C．PNG　　　　　　D．TIF

2．Photoshop 默认保存的标准格式为(　　)。

　　A．GIF　　　　　　B．JPG　　　　　　C．PSD　　　　　　D．BMP

3．执行【文件】|【新建】菜单命令，在打开的【新建】对话框中不能设置的选项是(　　)。

　　A．图像的高度与宽度　　　　　　　B．图像的颜色模式

　　C．图像的色彩平衡　　　　　　　　D．图像的分辨率

4．下面(　　)不是图像文档窗口的组成要素。

　　A．标题栏　　　　B．状态栏　　　　C．横向标尺　　　　D．工具箱

5．下面(　　)操作能够以 100％的比例显示图像。

　　A．双击【缩放工具】　　　　　　　B．双击【抓手工具】

C. 按住 Alt 键并在图像上单击　　　D. 执行【视图】|【按屏幕大小缩放】命令

三、判断题

1. 画布窗口总是存在着水平滚动条与垂直滚动条。　　　　　　　　　　（　　）

2. Photoshop CS5 的状态栏位于工作区的底端。　　　　　　　　　　　（　　）

3. GIF 格式是一种无损压缩的文件格式。　　　　　　　　　　　　　　（　　）

4. 显示分辨率与图像分辨率的单位都是 ppi。　　　　　　　　　　　　（　　）

5.【历史记录】调板支持多次恢复功能的实现。　　　　　　　　　　　（　　）

四、简答题

1. 使用【置入】、【导入】与【打开】三类菜单命令都能引入一个图像，这 3 种操作命令在功能上有什么不同？操作的对象有何区别？

2. Photoshop 工作界面中有哪几类功能调板？其功能分别是什么？

3. Photoshop 所支持的文件格式主要有哪些？试举几例，并说明各有什么特点。

第**2**章　图像处理的灵魂——图层

 学习目标

图层是 Photoshop 图像处理的核心与精华。本章围绕着图层与图层组展开，通过一个完整案例实现过程的讲解，要求读者切实掌握创建、更名、选定、移动、复制、删除图层与图层组的基本方法与步骤，掌握如何运用【图层】调板，实现图层的隐藏、锁定、设置混合模式与不透明度等常用操作。

 **知识要点**

1. 图层的概念及相关知识点
2. 【图层】调板的操作方法
3. 创建图层的操作方法
4. 图层的命名、复制、移动等常规操作方法
5. 图层的链接、调整、合并等其他操作方法
6. 图层组的概念与作用
7. 图层组的常规操作方法

 核心技能

1. 灵活运用【图层】调板，操作图层与图层组对象的能力
2. 综合管理与操作各类图层的能力
3. 综合管理与操作图层组的能力

分解的任务进程

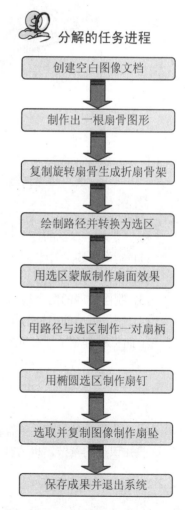

创建空白图像文档

制作出一根扇骨图形

复制旋转扇骨生成折扇骨架

绘制路径并转换为选区

用选区蒙版制作扇面效果

用路径与选区制作一对扇柄

用椭圆选区制作扇钉

选取并复制图像制作扇坠

保存成果并退出系统

2.1 任务描述与步骤分解

利用"清明上河图.BMP"与"扇坠.BMP"等已给的图像素材，制作一把如图 2.1 所示的精美折扇。要求折扇图像文档以"名画折扇.PSD"为名，图像的宽度为 700 像素，高度为 500 像素，分辨率为 72 像素/英寸，颜色模式为 8 位的 RGB 模式。

图 2.1 名画折扇.PSD 文档的图像效果

根据要求，本章的任务可分解为以下 4 个关键子任务。

(1) 制作折扇的骨架。

(2) 制作折扇的扇面。

(3) 制作折扇的两个扇柄。

(4) 制作折扇的扇钉与扇坠。

下面将对每个子任务的实现过程详加说明。

2.2 制作折扇的过程描述

在制作折扇的过程中，需要用到后面多章所讲述的知识点。每个关键步骤都会指明详细讲解这些知识点的章节，以方便学习者参考。

2.2.1 制作折扇的骨架

制作折扇骨架的过程可分为以下 4 个主要阶段：新建图像文档；用填充选区的方法制作出一根扇骨；由扇骨经多次复制并旋转，生成折扇所有的扇骨；合并所有的扇骨图层，生成折扇的骨架。

关于设置颜色与创建选区的方法，可参考第 3 章颜色设置与选区操作中的相关内容；关于图像变换的知识点，则参考第 5 章图像的简单编辑中的相关内容。

1. 创建图像文档

按指定参数新建图像文档。操作步骤如下。

(1) 启动 Photoshop CS5。

(2) 执行【文件】|【新建】菜单命令，打开【新建】对话框。

(3) 在对话框中，输入图像文档名称——名画折扇；设置图像的尺寸为 700 像素×500 像素；【分辨率】设为 72 像素/英寸；【颜色模式】设置为 8 位的 RGB 模式；【背景内容】选择为"白色"；其他参数保持系统默认值。设置后的对话框如图 2.2 所示。

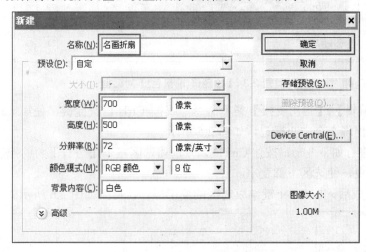

图 2.2 【新建】对话框

(4) 单击【确定】按钮，关闭【新建】对话框，图像文档创建成功，并自动打开在 Photoshop 的工作窗口中。

2. 创建一个扇骨图层

设置好前景色，新建一个空白图层，利用多个选区的相加运算，在新图层中绘制出一根扇骨的形状选区，然后用前景色填充该选区。操作步骤如下。

(1) 单击工具箱中的【设置前景色】按钮■，打开【拾色器(前景色)】对话框。

(2) 在对话框中，使用 RGB 模式，设置前景颜色为棕色，即在 R、G 和 B 3 个文本框中分别输入 113、59 和 21，如图 2.3 所示。

(3) 单击【确定】按钮，关闭对话框，完成前景色的设置。

(4) 按 F7 功能键，打开【图层】调板。

(5) 单击调板最底端的工具栏中的【创建新图层】按钮，生成名为"图层 1"的空白图层。

(6) 选中新建图层，单击工具箱中的【矩形选框工具】按钮；按住鼠标左键，在画布中央拖出一个矩形选区，如图 2.4 所示。

(7) 为便于后续操作的精确定位，执行【视图】|【显示】|【网格】菜单命令，在文档窗口中显示出系统网格。

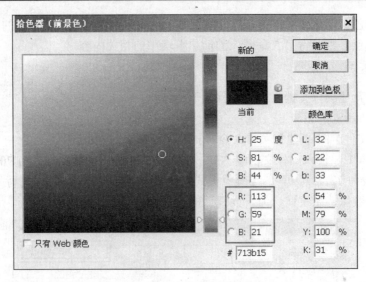

图 2.3 【拾色器(前景色)】对话框

(8) 执行【编辑】|【自由变换】菜单命令，或按 Ctrl+T 快捷键，使矩形选区四周出现 8 个控制柄，中心出现 1 个中心标记，如图 2.5 所示。

(9) 对选区进行如下变形：按住 Ctrl 键，分别将选区左下角与右下角的控制柄沿水平方向向选区中轴线拖曳，使选区下部变窄。

(10) 调整完成后，按 Enter 键结束选区的变形操作，得到如图 2.6 所示的效果。

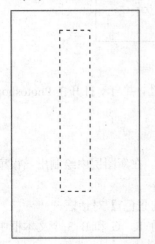
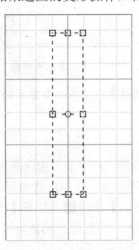
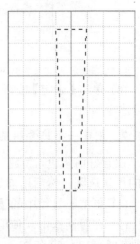

图 2.4　创建矩形选区　　　　图 2.5　选区处于变换状态　　　　图 2.6　变形后的选区

(11) 单击工具箱中的【椭圆选框工具】按钮，在相应的工具选项栏中单击【添加到选区】按钮，切换到多个选区的相加运算模式。

(12) 在变形后的矩形选区顶端添加圆弧：按住鼠标左键，在矩形选区上方，绘制椭圆选区；释放鼠标后，矩形选区与椭圆选区自动合并，得到如图 2.7 所示的效果。

(13) 以同样的方法，在变形后的矩形选区底端添加圆弧，得到如图 2.8 所示的效果。

(14) 再次执行【视图】|【显示】|【网格】菜单命令，将网格隐藏。

(15) 使用 Alt+Delete 或 Alt+Backspace 快捷键，用前景色填充当前的复合选区，得到如图 2.9 所示的效果。

(16) 执行【选择】|【取消选择】菜单命令，或使用 Ctrl+D 快捷键，取消当前的选区定义。

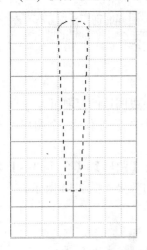 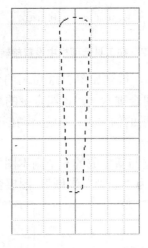 

图 2.7　增加圆顶后的选区　　　　图 2.8　增加圆底后的选区　　　　图 2.9　填充颜色后的选区

3. 复制出多个扇骨图层

对扇骨图层实施复制与旋转操作，从而生成一系列的扇骨图层，将这些图层叠加起来，即为折扇的骨架效果。操作步骤如下。

(1) 在【图层】调板中，双击新建图层的名称"图层 1"，进入编辑状态；输入新名称"一根扇骨"，替换原有的名称；按 Enter 键确认更名操作。

(2) 选中更名后的图层，执行【图层】|【新建】|【通过拷贝的图层】菜单命令，或使用 Ctrl+J 快捷键，则一个名为"一根扇骨 副本"的新图层自动创建到【图层】调板中；双击新图层的名称，将该图层更名为"右侧种子"。

(3) 用同样的方法，将"一根扇骨"图层再拷贝一份，并将新复制的图层重命名为"左侧种子"；此时，【图层】调板如图 2.10 所示。

(4) 在【图层】调板中，依次单击"一根扇骨"与"右侧种子"两个图层对象左侧的眼睛图标，使图标消失，使两个图层的内容变为不可见。

(5) 选中"左侧种子"图层对象，按 Ctrl+T 快捷键，切换到【自由变换】状态；按住 Shift 键，将图形的控制中心标记沿垂直方向下移到扇骨图形的下端，如图 2.11 所示。

图 2.10　【图层】调板中的图层对象　　　　图 2.11　下移图形的控制中心位置

(6) 在相应的工具选项栏中，在【设置旋转】文本框中输入"-10.00 (度)"，作为图形旋转的角度值，其中负号代表按逆时针方向进行旋转，如图 2.12 所示。

图 2.12　在工具选项栏中设置旋转角度

(7) 按 Enter 键，确认旋转操作，得到如图 2.13 所示的效果。

(8) 连续按 Ctrl+Shift+Alt+T 组合键六次，该组合键的功能是完成图层的复制并基于前一次的角度进行连续旋转变换；执行后的结果为：系统自动创建出 6 个图层副本，每个图层副本中的图形角度相差 10 度。

(9) 同时选中"左侧种子"图层与新生成的 6 个副本图层，执行【图层】|【合并图层】菜单命令，并将合并后的图层重命名为"扇骨左半侧"。图层合并后的效果如图 2.14 所示。

图 2.13　旋转后的图层效果　　　　**图 2.14　"扇骨左半侧"图层的显示效果**

(10) 选中"右侧种子"图层对象，按类似的步骤，设置旋转角度值为 10.00 度，生成另外的 6 个图层副本；将这 7 个图层并合，将合并后的图层重命名为"扇骨右半侧"。图层合并后的效果如图 2.15 所示。

(11) 此时的【图层】调板如图 2.16 所示。

图 2.15　"扇骨右半侧"图层的显示效果　　　　**图 2.16　【图层】调板的即时状态**

4. 合并扇骨图层并添加图层样式效果

合并所有的扇骨图层，并为合并图层设置【斜面和浮雕】的样式效果。操作步骤如下。

(1) 在【图层】调板中，选中除"背景"图层以外的所有图层，合并这些图层，将合并后的图层重命名为"扇骨"。

(2) 选中"扇骨"图层，单击调板工具栏中的【添加图层样式】按钮，从弹出的样式菜单中选择【斜面和浮雕】选项，为"扇骨"图层设置立体效果。此时"扇骨"图层下方出现相应的效果对象标识，如图 2.17 所示。

(3) "扇骨"图层的最终显示效果如图 2.18 所示。

图 2.17　【图层】调板中的合并图层对象　　　　图 2.18　图层合并后的显示效果

2.2.2　贴入名画作扇面

制作折扇扇面的过程可分为以下 4 个主要阶段：用【钢笔工具】绘制封闭路径，作为扇面的轮廓轨迹；将工作路径转换为选区；将素材图像贴入转换后的选区内，利用蒙版生成折扇的扇面图像；为扇面图像添加图层样式。

关于创建路径的知识点，可参考第 7 章矢量图形与路径操作中的相关内容；关于图层蒙版的应用方法，则参考第 8 章通道与蒙版的应用中的相关内容。

1. 绘制折扇扇面轮廓的工作路径

用【钢笔工具】绘制路径，这些路径将组成扇面图像选区的轮廓轨迹。操作步骤如下。

(1) 在工具箱中选中【钢笔工具】，此时，鼠标指针立即变为图形标识。

(2) 在相应的工具选项栏中单击【路径】选项按钮，切换到路径绘图模式下，并确保【添加到形状区域】按钮当前处于选中状态，如图 2.19 所示。

图 2.19　设置的【钢笔工具】选项栏状态

(3) 分别移动鼠标到扇骨顶端的 3 个关键点位置单击，在关键点处创建 3 个锚点，如图 2.20 所示。

(4) 在工具箱中选中【转换点工具】，鼠标指针将变为标识。

(5) 按住 Shift 键，将鼠标指针移动到中间锚点上，按下鼠标左键并向外拖曳，将锚点间的路径转换为一条平滑的弧线，如图 2.21 所示。

(6) 调整满意后，将鼠标指针移动到图像空白处单击，确认当前绘制的路径。

 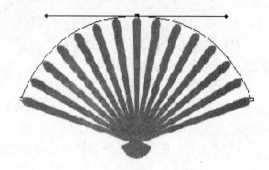

图 2.20　用【钢笔工具】添加的 3 个锚点　　　　图 2.21　用【转换点工具】转换出的弧线

(7) 用与绘制扇面顶端弧线路径类似的方法，绘制扇面底端的弧线路径，绘制出的路径效果如图 2.22 所示。

(8) 移动鼠标指针到扇面底端弧线的左侧锚点处，单击鼠标；然后移动鼠标指针到扇面顶端弧线的左侧锚点处，再次单击鼠标；则系统自动创建出一条连接两个锚点的直线段。

(9) 同样地，在扇面底端与顶端两段弧线右侧锚点之间，创建出另一条直线段。

(10) 按住 Ctrl 键，在路径以外单击鼠标，结束路径的绘制，得到一个扇形的封闭轨迹，如图 2.23 所示。

图 2.22　绘制出的两段平滑弧形路径　　　　　图 2.23　绘制完成的闭合路径

2. 将路径转换为选区

使用【路径】调板，将创建的工作路径载入为选区。操作步骤如下。

(1) 执行【窗口】|【路径】菜单，打开【路径】调板。调板中出现了刚才绘制的路径，如图 2.24 所示。

(2) 在【路径】调板最底端的工具栏中，单击【将路径作为选区载入】按钮，实现将当前的路径转换为选区的操作。

(3) 图像窗口中原来的路径轨迹立即变成闪烁的虚线(称为蚂蚁线)，表明路径已经被转化为选区，如图 2.25 所示。

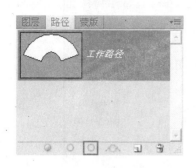

图 2.24 【路径】调板中的路径对象

图 2.25 路径已经转化为选区

3. 利用选区蒙版制作扇面图像

将名画图像选中并拷贝到剪贴板中，使用【贴入】命令，将剪贴板中的图像复制到转换的选区中，生成蒙版图层。操作步骤如下。

(1) 执行【文件】|【打开】菜单命令，打开素材图像文档"清明上河图.BMP"，并使其成为当前操作的文档。

(2) 执行【选择】|【全部】菜单命令，或按 Ctrl+A 快捷键，将图像全部选中，如图 2.26 所示。

(3) 执行【编辑】|【复制】菜单命令，或按 Ctrl+C 快捷键，将图像复制到剪贴板中。

(4) 关闭素材图像文档，激活"名画折扇"图像窗口。

(5) 执行【编辑】|【选择性粘贴】|【贴入】菜单命令，或按 Ctrl+Shift+Alt+V 快捷键，剪贴板中的图像立即被粘贴到由工作路径转换成的选区中，如图 2.27 所示。

图 2.26 被选中的名画

图 2.27 创建出的扇面效果

(6) 此时，名为"图层 1"的蒙版图层被自动创建到【图层】调板中。

(7) 在工具箱中选中【移动工具】，将鼠标指针移动到扇面图像上单击，拖动鼠标对贴入的图像进行移动，直到得到满意的效果为止。

4. 为扇面图像设置图层样式

为增强折扇的真实效果，需要为蒙版图层设置图层样式，以便能够产生扇骨在名画图像后面若隐若现的特殊效果。操作步骤如下。

(1) 在【图层】调板中选中"图层 1"，单击调板工具栏中的【添加图层样式】按钮，从弹出的样式菜单中选择【混合选项】选项，打开如图 2.28 所示的【图层样式】对话框。

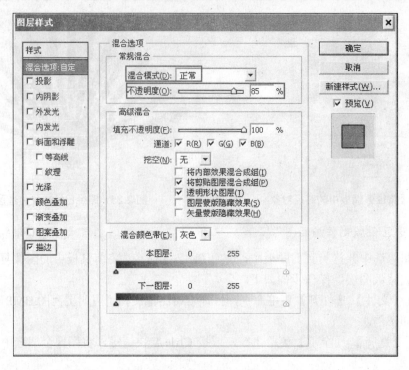

图 2.28 【图层样式】对话框

(2) 在【常规混合】选项组中，设置【混合模式】选项值为【正常】；将【不透明度】值设置为 85%。

(3) 在对话框左侧的【样式】复选框列表中，选中【描边】选项。

(4) 单击【确定】按钮，关闭对话框，并使设置生效，得到如图 2.29 所示的效果。可以看到，扇面图像背后隐隐约约呈现出扇骨的身影。

(5) 此时的【图层】调板如图 2.30 所示，"图层 1"对象下方出现设置的图层样式对象。

图 2.29 添加图层样式后的扇面效果　　　　图 2.30 【图层】调板中的蒙版图层对象

(6) 双击"图层 1"对象的名称，输入新名称——扇面，来替换旧名称。

2.2.3 制作左右扇柄

制作折扇扇柄的过程可分为以下两个主要阶段：绘制工作路径并转换为选区，然后填充选区，制作出一根扇柄图形；由扇柄图形经复制与旋转变换，生成折扇的一对扇柄。

关于路径创建的知识点，可参考第 7 章矢量图形与路径操作中的相关内容。

1．绘制一支通用扇柄

用【钢笔工具】绘制扇柄的路径轨迹，然后将路径转换为选区，并对该选区填充颜色，添加图层样式效果。操作步骤如下。

(1) 设置前景颜色为暗红色(即在【拾色器(前景色)】对话框中，设置 R、G、B 三原色的分量值分别为 54、3 和 17)。

(2) 在【图层】调板中，创建名为"图层 1"的空白图层。

(3) 除"背景"与新建图层外，隐藏其他图层的内容。

(4) 在【图层】调板中，选中"图层 1"对象。

(5) 在工具箱中选中【钢笔工具】，切换到路径绘图模式下。

(6) 在画布中央，绘制出扇柄图形的路径轨迹，如图 2.31 所示。

(7) 绘制结束后，打开【路径】调板，可以看到扇柄形状的工作路径。

(8) 单击调板工具栏中的【将路径作为选区载入】按钮，将工作路径转换为选区。

(9) 使用 Alt+Delete/Backspace 快捷键，用前景色填充转换所得的选区，得到如图 2.32 所示的效果。

(10) 使用 Ctrl+D 快捷键，取消当前的选区定义。

(11) 将"图层 1"对象的名称更名为"左扇柄"。

(12) 选中"左扇柄"对象；单击调板工具栏中的【添加图层样式】按钮，从弹出的样式菜单中选择【斜面和浮雕】选项，为该图层设置立体效果；图层下方立即出现相应的样式对象，如图 2.33 所示。

图 2.31　扇柄形状路径　　　图 2.32　填色后的选区　　　图 2.33　添加图层样式后的图层对象

2．为折扇添加左右扇柄

复制扇柄图层，然后对两个图层中的图像进行不同方向与角度的旋转，生成一对扇柄图形，最后调整左扇柄图层的位置顺序。操作步骤如下。

(1) 在【图层】调板中，选中"左扇柄"对象。

(2) 按 Ctrl+J 快捷键，复制出一个名为"左扇柄 副本"的新图层。

(3) 将新图层的名称修改为"右扇柄"。

(4) 选中"左扇柄"对象，按 Ctrl+T 快捷键，切换到图层的【自由变换】状态。

(5) 按住 Alt 键，将左扇柄图形的控制中心标记移动到图形下端适当的位置。

(6) 在工具选项栏的【设置旋转】文本框中输入"-73.00"，按 Enter 键，使左扇柄图形逆时针旋转 73 度。

(7) 以同样的方法，使右扇柄图形顺时针旋转 75 度，得到如图 2.34 所示的效果。

(8) 将隐藏图层重新显示，可以看到左扇柄遮盖住了它后面的扇面图像；显然"左扇柄"图层的堆叠顺序不正确，需要重新调整；调整方法为：在【图层】调板中，选中"左扇柄"对象，用鼠标将该对象拖曳到"扇骨"和"扇面"图层对象的下方位置。图层顺序调整后，显示效果如图 2.35 所示。

图 2.34　制作出的一对扇柄

图 2.35　调整图层顺序后的效果

2.2.4　制作扇钉与扇坠

这是制作折扇的最后一道工序，该过程可分为以下 3 个主要阶段：绘制圆形选区并填充颜色，设置图层样式，制作出折扇的扇钉；选取素材中的有效像素，作为新图层复制到折扇图像中，生成折扇的扇坠；保存图像文档，关闭 Photoshop 系统。

关于使用【魔棒工具】创建选区的方法，可参考第 4 章抠图操作技法中的相关内容。

1. 为折扇绘制扇钉

创建椭圆选区，并设置图层样式，制作出扇钉效果。操作步骤如下。

(1) 设置前景颜色为黄色(即设置 R、G、B 三原色的分量值分别为 255、255 和 0)。

(2) 在【图层】调板中，创建名为"扇钉"的空白图层。

(3) 选中新建图层，单击工具箱中的【椭圆选框工具】按钮，以左右扇柄中轴线的交叉点为圆心，绘制出一个圆形选区。

(4) 使用 Alt+Delete/Backspace 快捷键，用前景色填充圆形选区。

(5) 使用 Ctrl+D 快捷键，取消当前的选区定义。

(6) 单击【图层】调板工具栏中的【添加图层样式】按钮，从弹出的样式菜单中选择【斜面和浮雕】选项，为"扇钉"设置立体效果。

2. 为折扇添加扇坠

使用【魔棒工具】，选择相应素材图像中的扇坠像素区域，将该选区的内容复制到折扇图像中，制作出扇坠效果。操作步骤如下。

(1) 执行【文件】|【打开】菜单命令，打开素材图像文档"扇坠.BMP"，并使其成为当前的操作文档。

(2) 单击工具箱中的【魔棒工具】按钮，鼠标指针立即变为魔棒形状图标。

(3) 在相应的工具选项栏中，设置【容差】选项值为 10，选中【连续】复选框，如图 2.36 所示。

图 2.36　设置后的【魔棒工具】选项栏

(4) 在扇坠图像的任意空白处单击，图像的白色背景立即成为选区，如图 2.37 所示。

(5) 执行【选择】|【反向】菜单命令，或按 Shift+Ctrl+I 快捷键，反选选区，使扇坠像素成为选区内容，得到如图 2.38 所示的效果。

(6) 执行【编辑】|【复制】菜单命令，将选区中的图像复制到剪贴板中。

(7) 关闭扇坠图像文档，激活"名画折扇"图像窗口。

(8) 执行【编辑】|【粘贴】菜单命令，剪贴板中的图像立即被粘贴到当前的图像窗口中；同时，粘贴的图像自动以"图层 1"为图层名称，被自动创建在【图层】调板中。

(9) 选中"图层 1"对象，将其更名为"扇坠"。

(10) 在工具箱中选中【移动工具】，用鼠标对"扇坠"图层中的图像进行移动，直到产生"扇坠"悬挂在"扇钉"上的效果时为止。

(11) 此时的【图层】调板内容如图 2.39 所示。

图 2.37　创建选区　　　　图 2.38　反选选区　　　　图 2.39　最终的【图层】调板内容

3．保存并关闭图像文档

保存并关闭折扇图像文档，退出 Photoshop 系统。

(1) 执行【文件】|【存储】或【文件】|【存储为】菜单命令，打开【存储为】对话框。

(2) 在对话框中，选择图像文档保存的路径，文档名保持默认的"名画折扇"，文档格式选择为 Photoshop 的默认格式 PSD。

(3) 单击【保存】按钮，将图像文档保存起来。

(4) 关闭当前的图像窗口，退出 Photoshop。

2.3 核心知识——图层

图层是 Photoshop 中一个非常重要的概念，它是在 Photoshop 中绘制和处理图像的基石，它使得人们从基于像素的设计限制中解放出来，具有更大的艺术创作自由度。可以不夸张地讲，图层是图像处理中的核心与灵魂。

2.3.1 图层基础

Photoshop 能够实现对图层及图层组的创建、浏览、复制、移动、调整顺序、链接、合并、成组、锁定及删除等各种管理操作。这些操作通常通过【图层】菜单或【图层】调板来实现。

1. 图层的概念

图层可以被看作是一张张透明的画纸，每张画纸上面都可以绘有图像，没有图像元素(像元)的地方就是透明的。将若干透明纸重叠着堆放成一叠，使图层上没有像元的区域透出其下面图层的内容，就形成了一幅综合效果的图像。

例如，绘制一幅丘比特的爱神之箭。可以将红色的心形图案与一支爱的利箭分别绘制在两个不同的图层上。两个图层叠加后，便得到所需的图画，如图 2.40 所示。该实例演示了图层的工作原理。

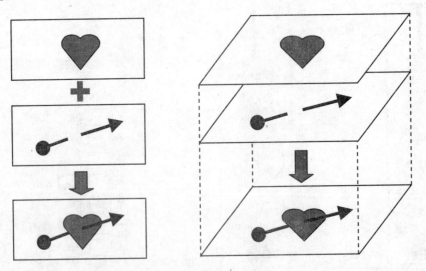

图 2.40　图层工作原理

图层为图像的编辑与处理带来极大的便利与更多的自由。使用图层有许多优点：首先，将图像的不同部分绘制在不同的图层上，这些图层彼此相对独立、可单独操作，这样能够便捷地对图像中的某个或某些图层进行单独的编辑、修改等处理，却不会影响到其他图层中的像元；其次，将多个图层或多种图层类型叠合在一起，能够得到意想不到的特殊画面效果，可以将想象中的数字艺术效果淋漓尽致地展示出来；再次，通过使用图层与图层样式，能够完成原来只能通过复杂的通道操作或通道运算才能实现的神奇效果。

2. 【图层】调板

【图层】调板是用来创建、显示与管理图层及图层组的必不可少的工具，是 Photoshop 最经常使用的调板之一，通常与【通道】调板和【路径】调板整合在一起作为一个调板组。

【图层】调板包含一个弹出式菜单和一些功能选项与命令按钮，并以列表的方式显示出每一个图层与图层组的名称与操作状态，如图 2.41 所示。

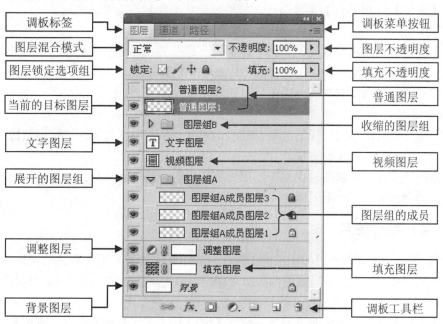

图 2.41　【图层】调板

3. 图层类型

Photoshop CS5 有多种图层类型，不同类型图层的属性与编辑方法各不相同。有些图层类型可以相互转换。下面给出一些常用的图层类型。

1) 背景图层

一个图像文档中必须至少有一个图层存在,而背景图层通常就是新建空白图像文档中唯一的那个图层。图像中可以没有背景图层，但不允许有超过一个以上的背景图层。

在【图层】调板上，背景图层总是位于所有图层的最底端，默认情况下为一个用白色填充的不透明图层，自动处于锁定状态，并且在【图层】调板中的排列顺序与位置不可更改。

背景图层的不透明度与混合模式不允许更改。若要对背景图层编辑，需要先将它转换为普通图层。背景图层与普通图层之间可以相互转换。

2) 普通图层

普通图层是最基本、应用最广泛的图层类型。编辑图像时，新建的图层都是普通图层。

普通图层通常是透明的，其内容只能是图像，而不能为文字、形状这类对象。通过工具箱和菜单，能够对普通图层进行图像的编辑与绘制操作，还可以设置不同的混合模式。

3) 文本图层

文本图层是用于文本编辑的专用图层,该类图层只允许用工具箱上的文字工具来实施有关文本的操作，如修改文本内容、设置字体、调整颜色等。

文本图层是一个较为特殊的图层，可以进行移动、复制、堆叠等。但多数【编辑】命令不能在文本图层中应用，除非将这类图层先转换成普通图层。

4) 形状图层

形状图层是使用工具箱中的形状工具或钢笔工具创建矢量图形对象时所生成的一类特殊的图层。默认情况下，新建的形状图层会包含纯色填充图层与定义了形状的矢量蒙版。

执行【图层】|【栅格化】菜单命令，能够将形状图层转换为普通图层。

5) 填充图层

填充图层是对图像进行颜色调整的一种手段，是在某一图层上方新建的一类辅助图层。

填充图层共有 3 种形式：纯色填充、渐变填充和图案填充。不能在填充图层中直接编辑图像。填充图层通常不会影响其下方的图层。

6) 调整图层

调整图层是通过蒙版对图像的色彩、亮度、饱和度及不透明度等属性进行调整的一种手段，也是图像效果处理的一类重要方法。

与填充图层一样，调整图层也是在图层上方新建的一类辅助图层。当调整图层被选中时，其缩览图前面会出现一个 ▣ 图标。

2.3.2 【图层】调板的应用

【图层】调板作为管理与操作图层的工具，包含了几乎所有与图层有关的操作功能，能够以直观便捷的操作方式，显示当前图像的所有图层对象，并且提供参数设置、图层调整等众多的功能。

打开【图层】调板的方法非常简单，执行【窗口】|【图层】菜单命令，或按 F7 键，均可打开该调板。

1. 控制图层的可见性

在【图层】调板的图层列表中，最左边一列的眼睛图标 👁 用来控制图层或图层组的可视性。当眼睛图标出现时，表明当前的图层或图层组是可见的。

对于某些图层或图层组，如果单击眼睛图标，使图标消失，则该图层或图层组立即处于隐藏状态，其对应的图像将变得暂时不可见。

再次单击隐藏图层或图层组的眼睛图标栏，使眼睛图标重现，则隐藏的图层或图层组又将恢复原有的显示。

> **操作技巧**：按住 Alt 键，单击某个图层的眼睛图标，则只有该图层被显示，其他图层全部被隐藏。
>
> 再次按住 Alt 键，单击显示图层的眼睛图标，则其他图层全部恢复显示状态。

2. 【图层锁定】选项组

修改图像时，对于那些不需更改的图层或图层组，可以用隐藏方法使其不可见，从而达到保护的效果。而锁定图层或图层组的功能，则能够从根本上来防止图层或图层组属性的修改与加工。

【图层锁定】选项组提供了四类按钮，用来设置不同的锁定类型，对选定图层(或图层组)的部分或全部内容进行锁定。被锁定的图层内容，在锁定解除之前是不允许编辑与修改的。

四类锁定按钮的作用如下。

(1)【锁定透明像素】按钮⊠：锁定选定图层中的透明像素，禁止对该图层的透明区域进行编辑。

(2)【锁定图像像素】按钮✎：锁定选定图层中的图像像素，禁止对该图层(包括透明区域)进行任何编辑，但可以移动图层中的图像。

(3)【锁定位置】按钮✛：锁定选定图层的位置，禁止移动其位置，但可以对其进行编辑。

(4)【锁定全部】按钮🔒：锁定选定图层或图层组的全部内容，禁止对其进行编辑与移动。

锁定的方法：选定操作的图层或图层组，单击【图层锁定】选项组中相应的按钮，使按钮呈现凹进状态，则实现了锁定功能，被锁定对象的右侧将出现锁定的标识图标。

解除锁定的方法：选定操作的图层或图层组，再次单击【图层锁定】选项组中相应的按钮，使按钮呈现凸起状态，即解除了对象原来的锁定，对象后面的锁定标识图标自动消失。

3. 【图层】调板工具栏

【图层】调板最下端为调板工具栏，工具栏上排列着 7 个功能按钮。各按钮的作用说明如下。

(1)【链接图层】按钮🔗：实现在两个或两个以上的图层之间建立链接。

(2)【添加图层样式】按钮 ƒx：实现为选中图层添加样式效果的功能。图层样式是制作图像效果的重要手段，为图层添加样式，能够实现更加美观和奇特的视觉效果。单击【添加图层样式】按钮，将打开图层样式的弹出式菜单。

(3)【添加图层蒙版】按钮 🔘：实现为选中图层添加蒙版的功能。

(4)【创建新的填充或调整图层】按钮 ◑.：实现创建填充图层或调整图层的功能。单击该按钮，将打开填充与调整图层的弹出式菜单。

(5)【创建新组】按钮 ⌐：实现新建图层组的功能。

(6)【创建新图层】按钮 ⌐：实现新建普通图层的功能，也可用来复制图层。

(7)【删除图层】按钮 🗑：实现对选中的图层或图层组的删除操作。

4. 调板的弹出式菜单

【图层】调板右上角为调板菜单按钮，单击此按钮，将打开调板的弹出式菜单，菜单中包含了与图层(或图层组)相关的操作命令，如图 2.42 所示。

默认情况下，图层列表中的每一个图层，会在眼睛图标右侧显示它的图层缩览图。图层缩览图的大小与显示内容，可通过调板的菜单命令进行设定，设定方法如下。

(1) 单击【图层】调板的菜单按钮，打开弹出式菜单。

(2) 执行【面板选项】菜单命令，打开如图 2.43 所示的【图层面板选项】对话框。

(3) 从【缩览图大小】选项组中选择需要的缩览图类型。

(4) 从【缩览图内容】选项组中选择缩览图显示的内容。

(5) 根据需要，对其他 3 个复选框选中或取消选中。

(6) 单击【确定】按钮，使设置生效。

图层缩览图越大，则图层的内容在【图层】调板中显示得越完整、越清晰，但同时也会增加【图层】调板所占据的屏幕空间。实际应用中，要根据实际情况，设置适当的缩览图大小。

图 2.42　图层调板的弹出式菜单　　　　图 2.43　【图层面板选项】对话框

5. 图层混合模式

图层混合模式是指当前目标图层与它下面多个图层之间，图像像素色彩混合与叠加的方式。使用不同的图层混合模式，能够创建出各种特殊的合成效果。

使用【图层】调板顶端左侧的那个下拉列表框，能够为当前选中的图层设置图层混合模式。单击列表框左侧的箭头，将打开图层混合模式列表菜单。

Photoshop CS5 提供 27 种图层混合模式。默认为【正常】模式，即当前目标图层是独立的，不与其下面的图层进行混合。

按照混合的算法及获得的效果划分，图层混合模式可分为以下六类。

(1) 不依赖下层图像的混合模式：正常与溶解。

(2) 使下层图像变暗的混合模式：变暗、正片叠底、颜色加深、线性加深与深色。

(3) 使下层图像变亮的混合模式：变亮、滤色、颜色减淡、线性减淡与浅色。

(4) 增加下层图像对比度的混合模式：叠加、柔光、强光、亮光、线性光、点光与实色混合。

(5) 对比上下图层的混合模式：差值、排除、减去与划分。

(6) 将上层图像部分属性应用到下层图像中的混合模式：色相、饱和度、颜色与明度。

6. 图层的不透明度

当不同的图层叠加在一起时，除了选择图层混合模式外，设置图层的不透明度也会对图层叠加的效果产生影响。

【图层】调板顶端右侧，上下并排安置着两个数值文本框。上方那个带有"不透明度"字样的文本框，用来调整图层的总体不透明度。它不仅影响到目标图层中绘制的像素或形状的不透明度，而且还会对应用于目标图层的图层样式与混合模式的不透明度产生影响。

下方带有"填充"字样的文本框，用来调整图层的填充百分比。它只影响目标图层中绘制的像素或形状的不透明度，却不会影响应用于目标图层的图层样式与混合模式的不透明度。

设置图层不透明度的方法如下。

(1) 选中目标图层。

(2) 直接在数值文本框中输入一个 0%～100%的百分比值；或者单击数值文本框右侧的三角形按钮，弹出一个调杆，拖动调杆上的三角滑块，调整不透明度的百分比值，直到满意为止。

不透明度的比值越小，图层越透明，相应地，图像会随之变得更加轻淡；反之，比值越大，图层越不透明，图像会随之变得更为饱实。当比值为 0%时，相当于隐藏了目标图层；当比值为 100%时，目标图层将变为完全不透明。

改变图层的填充百分比，与改变图层的不透明度百分比具有相同的效果。如果同时改变图层的填充百分比和不透明度百分比，则显示的实际效果就相当于将不透明度百分比值设为二类百分比值的乘积。例如，若将某个图层的填充值和不透明度值都设为 50%，那么该图层实际上就显示出 25%的不透明度效果。

2.3.3 新建图层与图层类型转换

Photoshop 为普通图层、填充图层和调整图层提供了多种创建方法。

背景图层作为特殊的不透明图层，在图像中的数量至多有一个；而普通图层在图像中则可以有多个。背景图层与普通图层能够相互转换。

1. 新建普通图层

下面给出的 3 种常用方法，都能够创建普通图层。

【方法 1】用【图层】调板的工具栏按钮新建普通图层。

这是一种非常快捷的方法，只须打开【图层】调板，单击工具栏上的【创建新图层】按钮，一个名为"图层 1"的空白图层立即创建成功，并自动添加到图层列表的顶端。

如果对新建图层不想使用系统默认名——图层 1，可以先按住 Alt 键，然后再单击【创建新图层】按钮，此时会打开如图 2.44 所示的【新建图层】对话框。

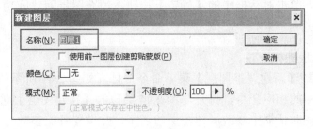

图 2.44 【新建图层】对话框

在对话框中输入新名字，以替换默认名。还可以根据需要，在对话框中分别设置新建图层的颜色、模式、不透明度等参数。

【方法 2】通过【图层】调板的弹出式菜单新建普通图层。

操作步骤如下。

(1) 单击【图层】调板的菜单按钮，打开调板的弹出式菜单。

(2) 单击【新建图层】菜单命令，打开【新建图层】对话框。

(3) 根据需要可修改新建图层的名字，设置各类参数。

(4) 单击【确定】按钮，新图层创建成功。

【方法3】通过【图层】主菜单命令新建普通图层。

操作步骤如下。

(1) 执行【图层】|【新建】|【图层】菜单命令，打开【新建图层】对话框。

(2) 根据需要可修改新建图层的名字，设置各类参数。

(3) 单击【确定】按钮，新图层创建成功。

除以上方法外，还可以通过【编辑】主菜单的【复制】与【粘贴】命令来新建普通图层。

2. 新建填充图层

填充图层的创建步骤如下。

(1) 执行【图层】|【新建填充图层】菜单命令，打开与其级联的子菜单。子菜单中包含【纯色】、【渐变】和【图案】3 个命令。

(2) 执行子菜单中的相应命令，打开与图 2.44 类似的【新建图层】对话框。

(3) 根据需要可在对话框中修改新建图层的名字，并设置各类参数。

(4) 单击【确定】按钮，打开与子菜单命令相对应的对话框。图 2.45 与图 2.46 所示分别为与【渐变】和【图案】子菜单相对应的两个对话框。

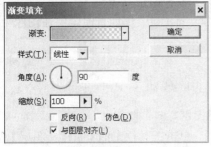

图 2.45 【渐变填充】对话框

图 2.46 【图案填充】对话框

(5) 在对话框中进行纯色、渐变或图案相关参数的设置。

(6) 设置完成后，单击对话框中的【确定】按钮，填充图层创建成功。

3. 新建调整图层

调整图层的创建步骤如下。

(1) 执行【图层】|【新建调整图层】菜单命令，打开如图 2.47 所示的子菜单。

(2) 执行子菜单中的相应命令，打开与图 2.44 类似的【新建图层】对话框。

(3) 根据需要可在对话框中修改新建图层的名字，并设置各类参数。

(4) 单击【确定】按钮，打开与子菜单命令相对应的对话框。

(5) 在对话框中进行亮度/对比度、色阶、曲线、曝光度等项目的设置。

(6) 设置完成后，单击对话框中的【确定】按钮，调整图层创建成功。

4. 用【图层】调板创建填充或调整图层

要创建填充或调整图层，更为快捷的方法是使用【图层】调板工具栏。具体操作步骤如下。

(1) 打开【图层】调板。

(2) 单击调板工具栏上的【创建新的填充或调整图层】按钮，打开如图 2.48 所示的弹出式菜单。该菜单由【新建填充图层】和【新建调整图层】两类菜单的命令组合而成。

(3) 根据需要选择相应的选项，完成新图层的创建任务。

图 2.47 【新建调整图层】子菜单　　　　　图 2.48 【创建新的填充或调整图层】按钮菜单

提示：

填充图层与调整图层属于同一类别的图层。这类图层的作用是调整其下面图层的色彩、亮度等属性，但并不真正改变下面图层的图像性质。一旦将这类图层隐藏或删除，其下面的图层将立即恢复原来的显示状态。

5. 自动新建某些图层

某些情境下，Photoshop 会自动创建某些类型的新图层，而不须用户主动去创建它们。下面给出几种系统自动创建图层的情形。

(1) 在一个图像文档中，将选中的图层拖放到另一个图像文档中，会在另一个文档中自动创建出一个相应的新图层。

(2) 从工具箱中选择任意文字工具，当在图像中单击时，系统将创建新的文字图层。

(3) 从工具箱中选择任意形状工具，并在图像中绘制这些形状图案(要确保工具选项栏中选中的模式为【形状图层】，而不是【路径】)，系统将创建新的形状图层。

6. 将背景图层转换为普通图层

背景图层转换为普通图层的步骤如下。

(1) 在【图层】调板中双击背景图层，打开如图 2.49 所示的【新建图层】对话框。

图 2.49 【新建图层】对话框

(2) 在对话框中，可以修改要转换图层的名称，设置图层颜色，选择图层混合模式，设置不透明度。

(3) 设置完成后，单击【确定】按钮，背景图层立即成为普通图层。

7. 将普通图层转换为背景图层

普通图层转换为背景图层的步骤如下。

(1) 在【图层】调板中选中要转换的普通图层。

(2) 执行【图层】|【新建】|【图层背景】菜单命令。

(3) 该普通图层立即成为背景图层；与此同时，在【图层】调板中，该图层自动被锁定，名称被更改为"背景"，并且位置被移到图层列表的最底端。

2.3.4 图层的其他基本操作

除创建外，图层的基本操作还包括图层的重命名、选择、移动、复制、删除、链接、取消链接等功能。

1. 重命名图层

新建的图层，系统会用默认的模式为它们自动命名。为了让图层的名称能够描述出其内容，体现其蕴含的意义，经常会对图层重新命名，以便于更好地识别与管理这些图层。

重命名图层的方法主要包括两种。

【方法 1】在【图层】调板中，双击图层名称，使图层名称呈现可编辑状态，此时即可输入新名称，然后按 Enter 键。

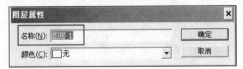

图 2.50 【图层属性】对话框

【方法 2】选中要操作的图层，执行【图层】调板弹出式菜单或【图层】主菜单中的【图层属性】命令，也可右击，打开快捷菜单，执行【图层属性】命令。图 2.50 所示的【图层属性】对话框将打开，在【名称】文本框中输入新名称来替换旧名称即可。

2. 选择图层

在图像绘制与编辑过程中，对像素所进行的操作通常只作用于当前的目标图层。因此，操作的前提是先要选定目标图层。目标图层可以是单一图层，也可以是多个相关的图层。

选择目标图层的方法如下。

(1) 在【图层】调板中，单击要选中的那个图层，使其颜色成为深蓝色，而名称显示为白色，即标识着该单一图层成为当前的目标图层。

(2) 如果要将多个不相邻的图层选定为目标图层，只需按住 Ctrl 键，然后在调板中逐个单击图层对象。

(3) 如果要将连续的多个图层选定为目标图层，最佳方法是单击第一个图层，然后按住 Shift 键，再单击最后一个图层，则两个图层之间的所有图层全部被选中为目标图层。

3. 移动图层

在编辑图像时，经常会使用移动图层的操作。移动图层的目的是改变不同图层中像元的相对位置关系。移动图层的操作通常用以下两种方法来实现。

1) 鼠标法。通过用鼠标拖动选中图层，来移动图层中的像素对象。操作步骤如下。

(1) 单击工具箱中的【移动工具】按钮。

(2) 在【图层】调板中，选中要移动的图层(背景图层及锁定的图层除外)。

(3) 将指针移动到图像窗口中，按住鼠标左键，可向各个方向拖移图层中的像素对象。

2) 键盘法。主要使用键盘的上、下、左、右 4 个方向键来移动选中图层上的对象。操作步骤如下。

(1) 在【图层】调板中，选中要移动的图层(背景图层及锁定的图层除外)。

(2) 单击工具箱中的【移动工具】按钮，激活【移动工具】。

(3) 按方向键，每按一次，图层中的像素对象沿着相应的方向移动 1 个像素的距离。

(4) 若在按方向键的同时按住 Shift 键，会使图层每次移动 10 个像素的距离。

> **操作技巧：** 当正在使用工具箱的其他工具，却不想切换到【移动工具】状态，而又想移动图层时，只需按住 Ctrl 键，然后用鼠标拖曳图层中的像素对象，便可实现图层的移动操作。

4. 复制图层

Photoshop 能够在同一图像中实现包括背景图层在内的任何图层的复制操作，也可以在不同的图像间实现图层的跨文档复制。

同一图像文档中复制图层的常用方法有以下 3 种。

【方法 1】在【图层】调板中，选中要复制的图层；按住鼠标左键，将该图层对象拖曳到调板工具栏中的【创建新图层】按钮上；释放鼠标，则一个在源图层名后缀有"副本"字样的新图层被复制到【图层】调板中。

【方法 2】选中要复制的图层；执行【图层】调板弹出式菜单或快捷菜单中的【复制图层】命令，打开如图 2.51 所示的【复制图层】对话框；根据需要可修改复制图层的名字。

【方法 3】选中要复制的图层，执行【图层】|【复制图层】主菜单命令。

在两个不同图像文档之间复制图层的步骤如下。

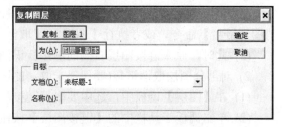

图 2.51 【复制图层】对话框

(1) 在 Photoshop 工作区中，同时打开两个图像文档窗口，使它们平铺排列，并且都可见。

(2) 在源图像中选中要复制的图层，按住鼠标左键，将该图层对象拖曳到目标图像的窗口中。

(3) 释放鼠标，目标图像中即可增加一个新的复制图层。

5. 删除图层

将图像文档中不再需要的图层及时删除，不仅能够减小文件大小，还便于更好地管理有效图层。

删除图层常用以下几种方法。

【方法1】在【图层】调板中，选中要删除的图层，按 Delete 键，即可将其删除。

【方法 2】选中要删除的图层；单击调板工具栏中的【删除图层】按钮，在删除确认信息框中单击【是】按钮，即可完成删除。

【方法 3】选中要删除的图层，按住鼠标左键，将该图层对象拖曳到调板工具栏中的【删除图层】按钮上，释放鼠标，即可完成删除。

【方法4】选中要删除的图层，执行调板弹出式菜单或快捷菜单中的【删除图层】命令。

【方法 5】选中要删除的图层，执行【图层】|【删除】|【图层】主菜单命令。

6. 链接图层

链接图层是指将多个图层链接在一起，从而可以将它们作为一个整体，同时进行移动、位置调整、对齐、变换等操作。

图层链接的方法如下。

(1) 在【图层】调板中，选中要链接的图层。

(2) 单击调板工具栏中的【链接图层】按钮，或者执行调板弹出式菜单或快捷菜单中的【链接图层】命令，也可以执行【图层】|【链接图层】主菜单命令，为目标图层建立链接。

(3) 此时，链接图层列表项的最右侧出现链接标识 ⊖ ，只是该标识只有在链接图层中至少有一个被选中的情况下才会显示出来。

对于建立了链接关系的多个图层，如果移动其中的一个图层，其他的图层也会随之移动。

7. 取消图层链接

取消图层链接包括两种情况：对当前所有的链接图层取消链接和只对个别链接图层取消链接。

1) 对全部图层取消链接的方法如下。

(1) 在【图层】调板中，选中要取消链接的所有图层。

(2) 单击调板工具栏中的【链接图层】按钮，或者执行调板弹出式菜单或快捷菜单中的【取消图层链接】命令，或者执行【图层】|【取消图层链接】主菜单命令。

(3) 此时，原来链接图层右侧的链接标识消失，表明这些图层间的链接已经被取消。

2) 对部分图层取消链接(要保证未取消的链接图层总数不少于两个)的方法如下。

(1) 在【图层】调板中，选中要取消链接的个别图层。

(2) 单击调板工具栏中的【链接图层】按钮。

(3) 此时，选中图层右侧的链接标识消失，表明其链接已经被取消；但其他未选中的链接图层的链接属性不会因此受到影响，它们的链接标识依然存在。

8. 调整图层的排列顺序

在图像中，图层堆叠的上下顺序会直接影响到图像的整体效果。图层堆叠的顺序与【图层】调板中图层的排列顺序是一致的。最顶端图层的不透明区域，会遮盖住其下方的图层像素。不同类型的图层，其堆叠顺序的不同，往往会造成图像画面效果的不同。

图层的排列顺序是可以改变的，改变的常用方法有以下两种。

1) 鼠标拖曳移动法的操作步骤如下。

(1) 在【图层】调板上，选中要改变顺序的目标图层。

(2) 按住鼠标左键，上下拖动目标图层。

(3) 当要移到的位置出现黑色线条时，释放鼠标，即可将目标图层移到黑色线条处。

2) 菜单命令调整法的操作步骤如下。

(1) 在【图层】调板上，选中要操作的目标图层。

(2) 单击【图层】|【排列】主菜单，执行相应的下拉菜单命令，即可改变目标图层顺序。

9. 合并图层

图像中的图层数量越多，图像文档就越大，对系统资源的占用就越多。在图像处理过程中，经常需要把部分甚至全部图层压缩为一个图层，以减小文件大小，提高处理的速度与效率，这称为图层合并。

【图层】调板的弹出式菜单或快捷菜单中，均包含三条命令：【合并图层】、【合并可见图层】及【拼合图像】命令。在【图层】主菜单中，同样也包含这三条命令。

【合并图层】命令会将所有选中图层的内容合并到目标图层中，隐藏的图层也不例外。

【合并可见图层】命令会将当前文档的所有可见图层的内容合并起来。如果图像文档有可见的背景图层，合并的结果会归并到背景图层中；如果没有背景图层或背景图层不可见，合并的结果会归并到当前的目标图层中。该命令对隐藏的图层不做处理，即使这些图层也被选中。

【拼合图像】命令会将当前文档所包含的全部图层的内容合并到背景图层中，而不管这些图层是否被选中。该命令会在合并的结果中删掉所有的隐藏图层。合并后的图像没有透明背景，可以被存储为各种不同的文件格式，而不仅仅是 PSD 格式。

2.3.5 图层组的基本操作

图层组是一个包含多个相关图层的有名称的集合，又称为图层集。如果将图层比喻成文件，则图层组便相当于文件夹，是分组与管理图层的有效手段。

图层组的基本操作包括新建、重命名、选择、复制、锁定、移入/移出图层及删除等。

1. 创建图层组

下面是创建图层组的常用方法。

【方法 1】用【图层】调板的工具栏按钮创建空白图层组。

操作步骤如下。

(1) 打开【图层】调板。

(2) 单击工具栏上的【创建新组】按钮，一个名为"组 1"的空白图层组即刻出现在图层列表的当前图层或图层组之上。

(3) 对于新建图层组，如果不使用系统的默认名，而自行命名，则应先按住 Alt 键，然后再单击【创建新组】按钮，此时会打开如图 2.52 所示的【新建组】对话框。

(4) 在对话框中输入新建组的名字，替代系统默认名。

(5) 单击【确定】按钮，一个空白图层组创建成功。

【方法 2】用菜单创建空白图层组。

使用【图层】主菜单或【图层】调板的弹出式菜单，均可实现图层组的创建。

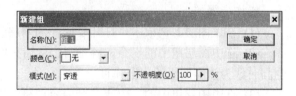

图 2.52 【新建组】对话框

操作步骤如下。

(1) 单击【图层】调板的菜单按钮，打开弹出式菜单，执行【新建组】命令，打开【新建组】对话框；或执行【图层】|【新建】|【组】菜单命令，打开【新建组】对话框。

(2) 根据需要可在对话框中重新命名新组，并设置颜色、模式及不透明度这类参数。

(3) 单击【确定】按钮，则在当前图层或图层组之上创建出了一个空白的图层组。

【方法 3】由图层或图层组创建非空白的图层组。

可以预先准备好图层组所包含的图层或子图层组，然后由这些图层或子图层组建立起一个新图层组。

操作步骤如下。

(1) 在【图层】调板中选中一个或多个图层或图层组。

(2) 执行调板弹出式菜单中的【从图层新建组】命令，或执行【图层】|【新建】|【从图层建立组】菜单命令，打开如图 2.53 所示的【从图层新建组】对话框。

(3) 根据需要，在对话框中重命名新组，并设置各类参数。

(4) 单击【确定】按钮，创建出一个包含若干图层或子图层组的新图层组。

2. 重命名图层组

重命名图层组的方法类似于图层重命名的方法，主要有两种。

【方法 1】在【图层】调板中，双击图层组名称，使文字成为可编辑状态，输入新组名，然后按 Enter 键。

【方法 2】选中要更名的图层组，执行【图层】调板弹出式菜单或【图层】主菜单中的【组属性】命令，打开如图 2.54 所示【组属性】对话框；在【名称】文本框中输入新名称；单击【确定】按钮即可。

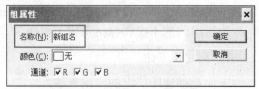

图 2.53　【从图层新建组】对话框　　　　图 2.54　【组属性】对话框

3. 将图层移入或移出图层组

图层组中可包含一个或多个图层，也可以嵌套包含子图层组。图层组的内容项目可动态地创建、删除、移入或移出。操作方法如下。

1) 图层组内容项目的创建与删除。对于图层组中包含的图层或子图层组，可自由地创建与删除。

操作步骤如下。

(1) 在【图层】调板中，打开要操作的图层组。

(2) 选中图层组中的一个内容项目，然后按照常规方法创建新图层或新组，则创建的对象也同时成为该图层组的内容项目。

(3) 选中图层组中的一个或多个内容项目，执行常规的删除操作，即可将这些项目从图层组中删除。

2) 图层组内容项目的移入移出。通过用鼠标拖动选中的图层或图层组，可实现图层组内容项目的移入与移出操作。

操作步骤如下。

(1) 在【图层】调板中，选中要移动的图层或图层组。

(2) 按住鼠标左键，将目标对象拖动到图层组图标▢之上，然后释放鼠标左键，即可将目标对象移入到图层组中。

(3) 用鼠标将选中的目标对象拖到图层组之外的某个位置，释放鼠标左键，即可将目标对象移出图层组。

4. 复制图层组

可以对一个或多个图层组进行复制，复制的目标位置可以是本图像文档，也可以是其他文档。

操作步骤如下。

(1) 在【图层】调板中选中要复制的图层组。

(2) 执行调板弹出式菜单或快捷菜单中的【复制组】命令，或执行【图层】|【复制组】主菜单命令，打开如图 2.55 所示【复制组】对话框。

(3) 可以在【为】文本框中修改复制后的组名；在【目标】选项组中选择要复制的目标文档。

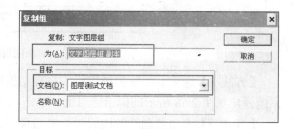

(4) 单击【确定】按钮，图层组及其所包含的内容项目被成功复制。

5. 锁定图层组

可以将图层组中的图层或所有内容项目锁定。

图 2.55 【复制组】对话框

1) 锁定图层组的所有内容项目。操作步骤如下。

(1) 在【图层】调板中选中要操作的图层组。

(2) 在【图层】调板上单击【图层锁定】选项组中的【锁定全部】按钮 🔒。

(3) 则图层组及其包含的全部内容项目都被锁定，每个项目右侧都出现锁定图标。

2) 仅锁定图层组中的图层。操作步骤如下。

(1) 在【图层】调板中选中要操作的图层组。

(2) 执行【图层】主菜单或调板弹出式菜单中的【锁定组内的所有图层】菜单命令，打开如图 2.56 所示的【锁定组内的所有图层】对话框。

(3) 在对话框中选中【全部】复选框，单击【确定】按钮，则图层组中包含的全部图层都被锁定，但子图层组并未被锁定，如图 2.57 所示。

图 2.56 【锁定组内的所有图层】对话框

图 2.57 锁定组内的所有图层效果

6. 删除图层组

与删除图层相似，删除图层组常用以下几种方法。

【方法 1】在【图层】调板中选中要删除的图层组，按 Delete 键即可将其删除。

【方法 2】选中要删除的图层组，按住鼠标左键，将该对象拖曳到调板工具栏中的【删除图层】按钮上，释放鼠标即可将其删除。

【方法 3】选中要删除的图层组，执行【图层】|【删除】|【组】主菜单命令，系统弹出如图 2.58 所示的提示信息框。

其中的【组和内容】按钮将删除目标组及其包含的所有内容项目；【仅组】按钮则只删除目标组，被删组的所有内容项目被保留下来，其中嵌套的子图层组层次自动上移一层。

根据需要，单击相应的按钮，删除选定的图层组。

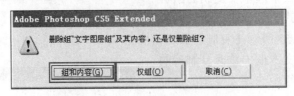

图 2.58　删除图层组的提示信息框

【方法 4】选中要删除的图层组，执行调板弹出式菜单或快捷菜单中的【删除组】命令，系统弹出如图 2.58 所示的提示信息框；单击相应的按钮，删除选定的图层组。

【方法 5】选中要删除的图层组；单击调板工具栏中的【删除图层】按钮，系统弹出如图 2.58 所示的提示信息框；单击相应的按钮，删除选定的图层组。

课 后 习 题

一、填空题

1. 图层和图层组的各种操作，通常通过【＿＿＿】菜单或【＿＿＿】调板来实现。

2. 图层组是图层的集合，又称为＿＿＿。图层组相当于＿＿＿，是分组与管理图层的有效手段。

3. ＿＿＿机制使得各个图层能够单独编辑、修改等，却不会影响到其他图层。

4. 将一些相关图层＿＿＿起来，能够减小文件大小，提高处理的速度。

5. ＿＿＿图层能够作为一个整体进行移动、位置调整、对齐、变换等相同的操作。

6. 要将多个图层选定为目标图层时，通常需要按住＿＿＿键或＿＿＿键。

7. Photoshop 提供多种图层混合模式。其中默认的模式为【＿＿＿】模式，该模式下，图层之间不发生混合作用。

8. 被＿＿＿的图层内容，在解除＿＿＿之前，是不允许编辑与修改的。

二、单项选择题

1.【图层】调板上当前图层左边的眼睛图标可以实现当前图层的(　　　)。

A．删除　　　　　　B．锁定　　　　　　C．隐藏　　　　　　D．添加蒙版

2. 对于 Photoshop 背景图层的说法中正确的是(　　　)。

A．背景图层是不透明的图层　　　　　B．背景图层的颜色是白色的

C．背景图层可随时删除　　　　　　　D．背景图层的位置能够随意移动

3. 下面(　　　)操作能够实现图层的复制。

A．执行【编辑】|【复制】命令　　　　B．执行【文件】|【复制图层】命令

C．执行【图像】|【复制】命令　　　　D．拖放图层到【创建新图层】调板按钮

4. 以下(　　)按钮不是【图层锁定】选项组的按钮类。

　　A.【锁定全部】　　B.【锁定部分】　　C.【锁定位置】　　　　D.【锁定透明像素】

5. 以下方法中不能新建图层的为(　　)。

　　A. 使用文字工具在图像中添加文字

　　B. 双击【图层】调板的空白处

　　C. 单击【图层】调板工具栏上的【创建新图层】按钮

　　D. 将一个文档中的图像拖放到另一个文档图像中

6. 下面对于图层描述的说法中，不正确的是(　　)。

　　A. 任何一个普通图层都可以转换为背景图层

　　B. 图层透明的部分没有像素

　　C. 图层透明的部分有像素

　　D. 背景图层可以转化为普通图层

7. 单击【图层】调板上眼睛图标右侧的方框，出现一个链条图标，表明(　　)。

　　A. 该图层被锁定

　　B. 该图层被显示

　　C. 该图层被隐藏

　　D. 该图层与当前活动图层链接，两者可以一起移动和变形

8. 执行【图层】菜单中的(　　)命令，能够将当前图像的全部图层合并到背景图层中。

　　A.【向下合并】命令

　　B.【拼合图像】命令

　　C.【合并图层】命令

　　D.【合并可见图层】命令

9. 对于图层编组，以下说法正确的是(　　)。

　　A. 两个或多个图层编组之后，最下面那个图层将成为上面图层的蒙版

　　B. 两个图层编组之后，可以用【移动工具】一起进行移动

　　C. 两个图层编组之后，可以一起进行所有的操作

　　D. 两个图层编组之后，两者之间彼此没有任何影响

10. 能够将背景图层转换为普通图层的方法为(　　)。

　　A. 背景图层不能转换为其他类型的图层

　　B. 通过【复制】与【粘贴】命令，可将背景图层直接转换为普通图层

　　C. 双击图层调板中的背景图层，并在打开的对话框中输入图层名称

　　D. 通过【编辑】|【变换】菜单命令，可将背景图层转换为普通图层

三、判断题

1. 图层链接后，不可再对它们进行移动操作。　　　　　　　　　　　　　　　　(　　)

2.【删除图层】调板按钮，不仅可以删除图层，还能够删除图层组。　　　　　　(　　)

3. 图像处理时，应将图层缩览图设置得尽可能大，这样会使内容更清晰与完整。(　　)

4. 当删除图层组时，图层组中包含的图层也将随之一起被删除。　　　　　　　　(　　)

5. 在不同图像文档中拖放图像将自动创建新图层。　　　　　　　　　　　　　　(　　)

6. 在【图层】调板中，不同的图层排列顺序，对图像画面的效果并无影响。　　　(　　)

7. 背景图层位于最底端，并且自动处于锁定状态。 （　　）

四、简答题

1. 图层对 Photoshop 的图像处理有什么意义？

2. 如何实现图层缩览图不同大小的设定？

3. 有哪些方法可以实现多个图层的链接？图层间建立链接后有什么作用与好处？

4. 举例说明如何实现背景图层与普通图层间的相互转换。

5. 举例说明如何实现图层的创建与删除操作。

项目 A：《心境》期刊封面的制作

项目任务目标描述

给定项目所需的素材如下。

(1) 图像文档"撑伞女孩.BMP"，其内容如图 A.1 所示。

(2) 文本文档"诗歌《心境》.txt"，其内容如图 A.2 所示。

心 境

喜欢孤寂是一处绝妙的风景

就犹如一只倦鸟飞落无人海岛

或是一封无字信件投进绿色邮筒

品味凄清是一种淡泊的心境

如丝的回忆从灵魂深处缓缓升腾

便有一层迷朦的水雾濡湿你的眼睛

蓝色的情绪总要趁着黑夜

嗡嗡嘤嘤

往事总要披一件灰色的纱衣

悄然入梦

图 A.1 "撑伞女孩.BMP"文档的内容　　　　　图 A.2 "诗歌《心境》"文档的内容

要求基于所给的素材，使用 Photoshop CS5，实现文学期刊——《心境》第 115 期封面的设计与制作，最终应得到如图 A.3 所示的效果。

图 A.3 《心境》期刊第 115 期的封面效果

项目任务分解

根据项目特点设计解决方案。项目最终将分解成 5 个任务，每个任务又包含若干个子任务。划分后的项目任务见表 A.1。

表 A.1　项目任务分解表

任务编号	任务名称	子 任 务	子任务内容
1	设计期刊封面的底案	创建图像文档	设置前景色与背景色、创建图像文档
		制作图像外框区域	制作外框并填充
		设置网格化的参考线	从标尺拉出并设置参考线
		制作电影胶片边缘效果	制作水平与垂直边缘效果
		制作图像内框区域	制作内框、设置边线、填充颜色、加亮部分区域
2	为期刊封面准备人物图层	用【磁性套索工具】选取女孩	使用不同的工具或命令，从"撑伞女孩.BMP"文档中，将打伞女孩的图像抠取出来，以备后用
		用【魔棒工具】选取女孩	
		用【色彩范围】命令选取女孩	
		用橡皮擦工具组选取女孩	
3	对多个图像进行合成	复制女孩图像到期刊封面图像	选取女孩图像并复制到期刊封面文档中
		调整女孩图层的大小与位置	对女孩图层移动并实施变换，调整其大小与位置
4	制作期刊封面的文字效果	生成期刊标题文字	用点文字输入并创建标题图层
		为标题文字制作立体字效果	为期刊标题文字制作带有阴影的立体字效果
		生成期号与出版日期	用段落文字输入并创建期号与出版日期图层
		文字图层的合并与转换	合并点文字与段落文字图层，并转换为普通图层
		用变形文字制作雨幕字	用变形文字将《心境》诗句制作成雨幕字效果
5	绘制期刊封面的雨丝与雨滴	绘制雨丝图形	用【直线工具】绘制雨丝矢量图形
		对雨丝图形进一步加工	形状图层转换与合并，并对雨丝进行模糊处理
		创建雨滴形状的路径	用【自定形状工具】创建雨滴形状的封闭路径
		由路径生成雨滴图像对象	用路径创建选区并填充成雨滴图像的效果

项目学习与训练目标

通过对项目 A 中各个任务的学习，要求扎实掌握以下的核心知识与操作技能：颜色设置，标尺、参考线等辅助工具的使用，动作的定义与应用，多种抠图技术，图层的复制、移动等基本操作，图层的自由变换，文字工具的应用，矢量图形的绘制，路径的创建与编辑，等等。

在实现项目 A 各个任务的过程中，要善于从知识与经验中提炼规律，注重对基本操作技能的积累与总结，从而提升自身灵活运用 Photoshop 的各种工具与命令，解决实际问题的综合应用能力。

第**3**章　颜色设置与选区操作

 学习目标

　　通过本章的学习,读者能够熟练掌握图像文档的创建与保存,颜色的设置,规则选区的创建与应用,从标尺创建参考线的方法,录制动作并应用于重复工作的过程简化,以及用加深减淡工具改变图像的色彩深浅的方法。

 知识要点

1. 前景色与背景色的设置方法
2. 4 种规则选框工具的用法
3. 多个选区之间的运算
4. 描边选区的方法
5. 填充选区的方法
6. 标尺、参考线与网格的应用
7. 动作与动作组的创建、管理与应用
8. 加深、减淡与海绵工具的用法

 核心技能

1. 灵活设置前景色与背景色的能力
2. 规则选区的综合运用能力
3. 灵活应用动作解决复杂问题的能力

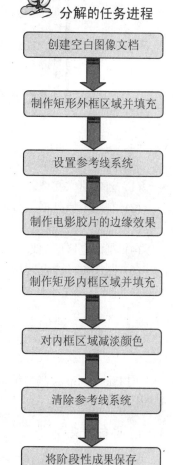 分解的任务进程

创建空白图像文档

↓

制作矩形外框区域并填充

↓

设置参考线系统

↓

制作电影胶片的边缘效果

↓

制作矩形内框区域并填充

↓

对内框区域减淡颜色

↓

清除参考线系统

↓

将阶段性成果保存

3.1 任务描述与步骤分解

新建《心境》刊物封面文档，设置图像的宽度为 29 厘米，高度为 20 厘米，分辨率为 300 像素/英寸，颜色模式为 8 位的 RGB 模式，其他参数保持系统默认设置。图像文档最终的效果如图 3.1 所示，并以"《心境》封面 2.PSD"命名保存。

图 3.1 《心境》封面 2.PSD 文档的图像效果

根据要求，本章的任务可分解为以下 5 个关键子任务。

(1) 创建图像文档。

(2) 制作图像外框区域。

(3) 设置网格线。

(4) 制作电影胶片边缘效果。

(5) 制作图像内框区域。

下面将对每个子任务的实现过程详加说明。

3.2 颜色的设置

用 Photoshop 绘制与编辑图像时，常常先要将需要的颜色设置好，然后再将颜色运用到绘制的图像中去。

3.2.1 必备知识

Photoshop 最常设置的颜色，无非是前景色与背景色。绘图工具绘制出的线条颜色，通常就采用前景色，而橡皮擦工具擦除画布后留下的颜色，一般与背景色一致。

默认情况下，Photoshop 以黑色与白色来配置前景色与背景色。通过单击工具箱中的【切换前景色和背景色】按钮，能够对换前景色与背景色。无论当前前景色与背景色是什么颜色，随时可通过单击工具箱中的【默认前景色和背景色】按钮■，恢复系统默认的前黑后白的设置。

Photoshop 中提供了【拾色器】、【颜色】调板、【色板】调板和吸管工具等多种设置前景色与背景色的方式。

1. 用拾色器设置颜色

单击工具箱中的【设置前景色】按钮■或单击【设置背景色】按钮▫，均可打开【拾色器】对话框，如图 3.2 所示。

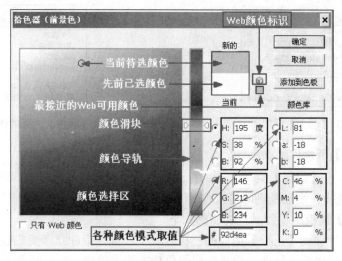

图 3.2　【拾色器】对话框

在【拾色器】对话框中设置颜色的步骤如下。

(1) 对话框中部竖向的那条色谱称为颜色导轨，先拖动颜色导轨上的三角形颜色滑块到所需颜色的相近区域。

(2) 再将鼠标指针移动到左侧的颜色选择区中，此时鼠标指针变成小圆圈形状的标识。

(3) 在所要的颜色位置上单击，则小圆圈标识中心点的颜色便成为当前的待选颜色，同时，颜色导轨右上方标识有"新的"字样的色块，会立即改变为选中的颜色。

(4) 单击【确定】按钮，即可将前景色或背景色设定为选中的颜色。

实际操作中，通常直接输入 R、G、B 或 H、S、B 或 L、a、b 或 C、M、Y、K 等某种颜色模式的分量值，来精确设定想要的颜色。用这种方法确定颜色，能够有效地避免显示器的误差。

例如，用红绿蓝(RGB)三原色的颜色模式来设置白色，只须在【拾色器】对话框的 R、G、B 3 个文本框中，分别输入 255、255、255，即可得到白色。

通常，以"RGB(r, g, b)"的形式来表达 RGB 颜色模式下的某种颜色值，其中 r、g、b 为 0～255 范围内的正整数，分别代表红、绿、蓝 3 种原色的值。如纯白色可简记为 RGB(255, 255, 255)，纯黑色可表示为 RGB(0,0,0)。

2. 用【颜色】调板设置颜色

执行【窗口】|【颜色】菜单命令，打开如图 3.3 所示的【颜色】调板。

在【颜色】调板中设置颜色的步骤如下。

(1) 单击调板左上角的【前景色】或【背景色】按钮，选择要设置颜色的类型。

(2) 单击调板右上角的【功能菜单】按钮 ▤，调出如图 3.4 所示的弹出式菜单，选择要使用的颜色模式(此处为"RGB 滑块")。

(3) 在选中颜色模式下的相应分量文本框中输入数值，或者用鼠标拖动与各模式分量对应的三角形滑块，完成前景色或背景色的设置。

也可使用调板下方的横向颜色导轨来选择要设定的颜色。方法如下：将鼠标指针移至颜色导轨时，指针立即变成吸管形状；在想要的颜色上单击，便吸取了相应的颜色，并应用到前景色或背景色的设置中。

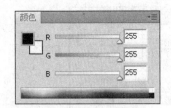

图 3.3 【颜色】调板

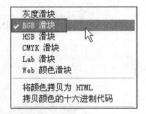

图 3.4 【颜色】调板的弹出式菜单(部分)

3. 用【色板】调板设置颜色

执行【窗口】|【色板】菜单命令，打开如图 3.5 所示的【色板】调板。【色板】调板可用来实现颜色的选择、增加及删除等操作。

1) 在【色板】调板中设置颜色的步骤如下。

(1) 将鼠标指针移到【色板】调板的色样区域中，鼠标指针立即变成吸管形状 ✐。

(2) 若要设置前景色，只须在想要取用的色样方块上单击，即可吸取相应的颜色，并立即应用于前景色。

(3) 若要设置背景色，先要按住 Ctrl 键，然后在想要取用的色样方块上单击，吸取相应的颜色，并立即应用于背景色。

2) 向【色板】调板中添加颜色的步骤如下。

(1) 将吸管形状的指针移到图像画布中，单击需要的颜色，将该颜色吸取，并应用于前景色。

(2) 将指针移到【色板】调板色样区域的空白处，指针立即变成油漆桶的形状，如图 3.6 所示。

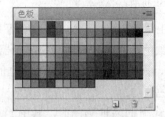

图 3.5 【色板】调板

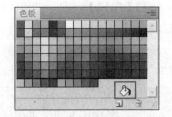

图 3.6 增加颜色到【色板】调板

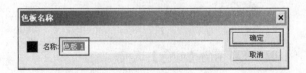

图 3.7 【色板名称】对话框

(3) 单击空白处，打开如图 3.7 所示的【色板名称】对话框。

(4) 可根据需要，在文本框中修改默认的色板名称。

(5) 单击【确定】按钮，关闭对话框，当前的前景色立即被追加到【色板】调板的色样区域中。

3) 从【色板】调板中删除颜色的步骤如下。

(1) 按住 Alt 键，调板中的鼠标指针立即变成剪刀形状，如图 3.8 所示。

(2) 在想要删除的色样方块上单击，即可将相应的颜色从【色板】调板中去除。

4)【色板】调板的其他操作。

单击【色板】调板右上角的【功能菜单】按钮，调出如图 3.9 所示的弹出式菜单，执行相应的菜单命令，即可完成对【色板】调板的其他操作。

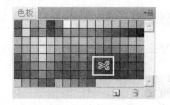

图 3.8　从【色板】调板中删除颜色

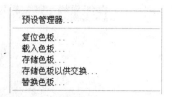

图 3.9　【色板】调板的弹出式菜单(部分)

4. 用【吸管工具】设置颜色

使用工具箱中的【吸管工具】，能够从图像中选取颜色，并应用于前景色或背景色的设置。

用【吸管工具】设置颜色的步骤如下。

(1) 单击工具箱中的【吸管工具】按钮，鼠标指针在画布中立即变成吸管形状。

(2) 在如图 3.10 所示的工具选项栏中，从【取样大小】列表框中选择一种颜色取样大小的选项。

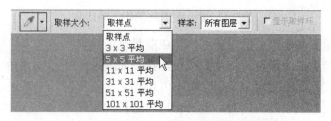

图 3.10　【吸管工具】对应的工具选项栏

在【取样大小】列表框中，【取样点】选项为系统默认的取样大小，代表颜色取样的大小为一个像素点；而其他 6 个 "$n×n$ 平均" 形式的选项，则表示对 $n×n$ 的像素矩阵按其平均值取样颜色。

(3) 在图像中移动指针，在要选取的颜色处单击，前景色立即被设置为选取的颜色。

(4) 先按住 Alt 键，然后单击要选取的颜色，则可将背景色设置为选取的颜色。

> **操作技巧**：如果当前正在使用【画笔工具】、【铅笔工具】、【渐变工具】或【油漆桶工具】中的任意一种，只要按住 Alt 键，都可临时切换到【吸管工具】，从而能够在不中断当前操作的前提下，方便快捷地完成前景色的设置。

3.2.2　创建图像文档

新建刊物封面图像文档分为以下两个阶段：设置前景与背景颜色和创建图像文档。

1. 设置当前操作环境的前景色与背景色

首先设置白色的前景色与黑色的背景色作为当前的工作环境,这样会使后面的操作变得更为方便与快捷。设置的步骤如下。

(1) 启动 Photoshop CS5。

(2) 单击工具箱中的【设置前景色】按钮,打开如图 3.11 所示的【拾色器(前景色)】对话框,在对话框中,使用 RGB 三原色模式,设置前景颜色为白色,即在 R、G 和 B 3 个文本框中分别输入 255、255、255。

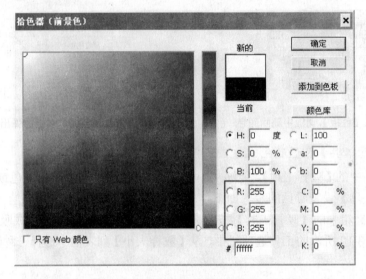

图 3.11 【拾色器(前景色)】对话框

(3) 单击【确定】按钮,关闭对话框,完成前景色的设置。

(4) 单击工具箱中的【设置背景色】按钮,打开如图 3.12 所示的【拾色器(背景色)】对话框,在对话框中设置背景颜色为黑色(即 RGB(0,0,0))。

(5) 单击【确定】按钮,关闭对话框,完成背景色的设置。

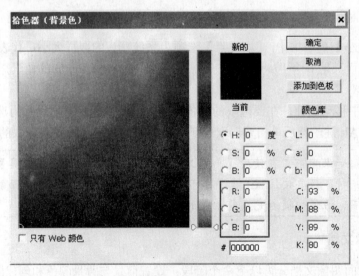

图 3.12 【拾色器(背景色)】对话框

操作技巧：切换到非文字输入的状态时，按 D 键将立即恢复系统默认的前背景色，按 X 键则马上对换当前的前景色与背景色。

2. 创建图像文档

按指定尺寸与分辨率，新建一个名为"《心境》封面.PSD"的图像文档，操作步骤如下。

(1) 执行【文件】|【新建】菜单命令，打开【新建】对话框。

(2) 在对话框中，按项目要求，分别输入新建图像文件的名称——《心境》封面。

(3) 设置图像尺寸：【宽度】与【高度】的默认单位为"像素"，设置尺寸值前先要将单位改变为"厘米"；【宽度】值设为 29 厘米，【高度】值设为 20 厘米。

(4) 设置【分辨率】为 300 个像素每英寸；设置【颜色模式】为 8 位的 RGB 模式。

(5)【背景内容】选择为"背景色"，其他参数保持系统默认值。

设置完成后的【新建】对话框如图 3.13 所示。

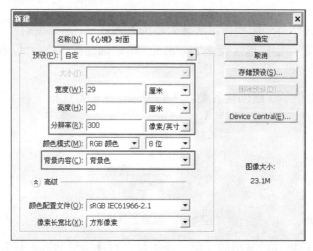

图 3.13　【新建】对话框

(6) 单击【确定】按钮，关闭【新建】对话框，图像文档创建成功，可编辑的黑色画布区域自动打开在 Photoshop 工作区中，如图 3.14 所示。

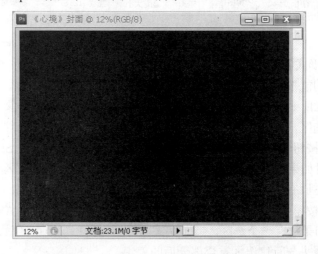

图 3.14　生成的填充了背景色的画布区域

(7) 执行【文件】|【存储】或【文件】|【存储为】菜单命令，打开【存储为】对话框。

(8) 在对话框中，选择图像文件保存的路径，文件名保持默认的"《心境》封面"，文件格式选择为 Photoshop 的默认格式 PSD。

(9) 单击【保存】按钮，将新建的图像文档保存起来。

3.3　规则选区的创建

使用【矩形选框工具】，制作带有边线与填充颜色的外框区域。

3.3.1　必备知识

选区又称为选框，就是在图像中划分出来的一个选择范围，它是 Photoshop 的核心概念之一。

在图像处理过程中，首先需要指定实施处理的有效区域，从而使得每一项操作都能够施加到正确的目标对象上。而创建选区就是 Photoshop 用来确定操作有效区域的一种手段。

1. 选框工具组

Photoshop CS5 提供了 3 组创建各类选区的工具，它们是选框工具组、套索工具组和魔棒工具组，分别如图 3.15、图 3.16 和图 3.17 所示。

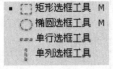
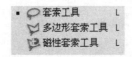
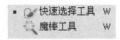

图 3.15　选框工具组　　　　图 3.16　套索工具组　　　　图 3.17　魔棒工具组

选框工具组是最简单、最常用的一组。该组包含有【矩形选框工具】、【椭圆选框工具】、【单行选框工具】和【单列选框工具】4 种规则选框工具。这些规则选框工具具有类似的工具选项栏。下面以图 3.18 所示的【椭圆选框工具】选项栏为例，介绍选项栏中各选项的意义。

图 3.18　【椭圆选框工具】选项栏

1) 【设置选区形式】按钮组

按钮组由 4 个功能按钮组成，分别用来完成多个选区的相加、相减、相交等运算。

【新选区】按钮■：该按钮是系统默认选中的按钮，用来控制某一时刻只能创建一个选区；如果已创建了一个选区，再创建一个新选区时，原选区定义将自动被取消。

【添加到选区】按钮■：单击该按钮使其呈现凹进状态，或者按住 Shift 键，均进入选区相加运算模式。此时如果已有一个选区，当拖曳鼠标再创建出另一个选区后，松开鼠标，得到的结果是新建选区与原有选区的并集。

【从选区减去】按钮■：单击该按钮使其呈现凹进状态，或者按住 Alt 键，均进入选区相减运算模式。此时如果已有一个选区，当拖曳鼠标再创建出另一个选区后，松开鼠标，得到的结果是从原选区中减去与新建选区重合部分后的差集。

【与选区交叉】按钮：单击该按钮使其呈现凹进状态，或者按住 Shift+Alt 组合键，均进入选区的相交运算模式。此时如果已有一个选区，当拖曳鼠标再创建出另一个选区后，松开鼠标，得到的结果是新建选区与原有选区的交集。

假定已有的选区为矩形区域，表示为 A，新建的选区为椭圆形区域，表示为 B，二者的位置关系如图 3.19 所示。经过选区相加、相减、相交运算后，得到的结果区域分别如图 3.20、图 3.21 及图 3.22 所示。

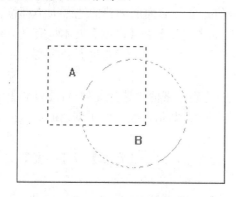

图 3.19　A、B 选区运算前的状态

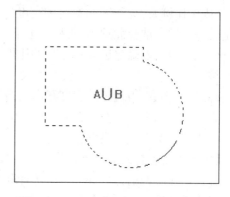

图 3.20　A、B 选区相加运算后的状态

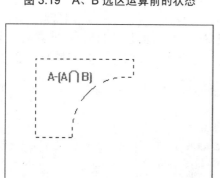

图 3.21　A、B 选区相减运算后的状态

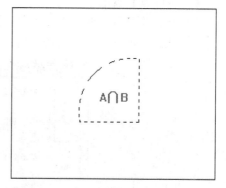

图 3.22　A、B 选区相交运算后的状态

2)【羽化】文本框

在【羽化】右侧文本框中输入一个数值(取值范围为 0～250)，单位为像素，可设置要创建选区边界线的羽化程度。数值为 0 时表示不进行羽化；数值越大，羽化的效果越明显，选区的边缘越柔和虚化。

图 3.23 与图 3.24 为两个填充了红色的椭圆形选区，前者的羽化值为 0，后者的羽化值为 10。

图 3.23　选区羽化值为 0 时的效果

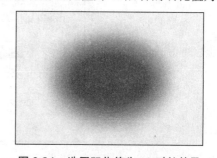

图 3.24　选区羽化值为 10 时的效果

3)【消除锯齿】复选框

选中该复选框，将会对选区的边缘进行平滑处理。在选框工具组中，该复选框只对【椭圆选框工具】有效，对于其他 3 个工具，【消除锯齿】功能不可用。

4)【样式】下拉列表框

用来设置创建选区的样式类型，有以下 3 个选项。

【正常】：选择此项，选区的范围大小不受限制，只由鼠标拖曳的起点与终点决定。

【固定比例】：为选区的宽度和高度指定一个比例值，使得后面所创建的选区大小都符合指定的宽高比。选择此项后，【样式】下拉列表框右边的【宽度】和【高度】文本框有效，可分别输入数值，以确定选区宽与高的比例。当宽度和高度比为 1：1 时，选区是正方形、圆形等区域。

【固定大小】：为选区的宽度和高度指定一个固定的精确像素值。选择此项后，【样式】下拉列表框右边的【宽度】和【高度】文本框有效，可分别输入数值，使后面所创建的选区大小都遵循指定的宽度值和高度值。

【固定大小】样式类型下，宽度和高度的默认单位为像素，可在【宽度】或【高度】文本框中右击，在打开的弹出式菜单中选择其他单位。

对于【单行选框工具】和【单列选框工具】，【样式】功能不可用。

5)【调整边缘】按钮

单击该按钮将打开如图 3.25 所示的【调整边缘】对话框。通过此对话框，能够对当前选区边缘的对比度、羽化值与平滑程度等属性进行调整，并且能够实时地看到调整的结果。

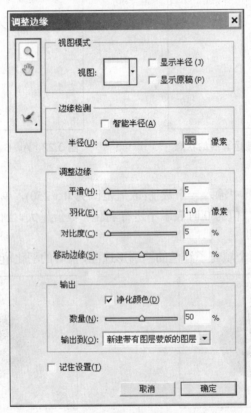

图 3.25 【调整边缘】对话框

2. 矩形选框工具

使用【矩形选框工具】可以创建任意矩形或正方形的选区。操作方法如下。

(1) 单击工具箱中的【矩形选框工具】按钮 □，鼠标指针变为十字形状。

(2) 根据需要，在如图 3.26 所示的工具选项栏中，设置相关的选项与参数。

图 3.26 【矩形选框工具】选项栏

(3) 按住鼠标左键，在图像窗口中拖曳出一个矩形的虚线框。

(4) 释放鼠标后，即可创建出一个矩形选区。

(5) 选区创建后，在选区范围外单击鼠标，将取消创建的选区。

3. 椭圆选框工具

使用【椭圆选框工具】可以创建任意椭圆形或圆形的选区，操作方法如下。

(1) 单击工具箱中的【椭圆选框工具】按钮 ○，鼠标指针变为十字形状。

(2) 根据需要，在如图 3.18 所示的选项栏中设置相关的选项与参数。

(3) 按住鼠标左键，在图像窗口中拖曳出一个椭圆形的虚线框。

(4) 释放鼠标后，即可创建出一个椭圆形选区。

(5) 选区创建后，在选区范围外单击鼠标，将取消创建的选区。

> **操作技巧**：创建矩形或椭圆选区时，按住 Shift 键拖曳鼠标将创建正方形或圆形选区；按住 Alt 键拖曳鼠标，将创建以单击位置为中心的矩形或椭圆形选区；按住 Shift+Alt 组合键拖曳鼠标，将创建以单击位置为中心的正方形或圆形选区。

4. 单行选框工具与单列选框工具

使用【单行选框工具】或【单列选框工具】，可以以单击点为基点，创建一个像素高度或宽度的条状选区，操作方法如下。

(1) 单击工具箱中的【单行选框工具】按钮 ⋯ 或【单列选框工具】按钮 ▮，鼠标指针变为十字形状。

(2) 根据需要，在其选项栏(类似于图 3.26 所示)中设置相关的选项与参数。

(3) 在图像窗口中单击鼠标左键，即可创建一个高或宽度为一个像素的横向或纵向选区。

(4) 选区创建后，在选区范围外单击，将取消创建的选区。

由于行或列选框只有一个像素的粗细，通常选框会看不清楚。为改善可视效果，可以使用放大镜工具，对画布进行适当的放大。常用【单行选框工具】和【单列选框工具】在图像中制作水平线和垂直线。

> **操作技巧**：对于创建出的行或列选区，可用键盘上的上、下、左、右 4 个方向键对其进行微移，每按一次方向键，选区向相应的方向移动一个像素的距离；按住 Shift 键，再使用方向键移动行或列选区，则每次可移动 10 个像素的距离。

5. 【选择】主菜单提供的选区命令

Photoshop CS5 的【选择】主菜单中集成了一些与选区有关的菜单命令，如图 3.27 所示。借助于这些命令，能够快速选取图像，创建更为复杂的选区。主要命令说明如下。

(1)【全部】命令：创建一个与图像大小一致的选区，即将整个图像设定为一个选区。该命令的快捷键为 Ctrl+A。

(2)【反向】命令：对当前选区进行反选，即选择当前选区之外的图像区域，使原来的非选择区域变为当前的选区，而使原来的选区转变为非选择区域。

(3)【取消选择】命令：取消当前的选区定义，与在选区外单击鼠标的功能等价。该命令的快捷键为 Ctrl+D。

(4)【重新选择】命令：重新恢复最近一次被取消的选区定义。

(5)【存储选区】命令：将定义好的选区命名并存储在【通道】调板中。

(6)【载入选区】命令：将存储在【通道】调板中的选区加载到当前图像中。

6. 选区的描边与填充

创建的选区仅仅表达选择的范围，如果不对选区实施描边或填充操作，则这样的选区就不会有太大的意义。

1) 选区描边的步骤如下。

(1) 创建出一个选区。

(2) 执行【编辑】|【描边】菜单命令，弹出如图 3.28 所示【描边】对话框。

(3) 在对话框中，设置各选项的参数。

(4) 单击【确定】按钮，系统将按设置对选区的边缘进行描线与着色。

图 3.27 【选择】菜单命令

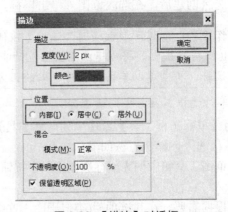

图 3.28 【描边】对话框

【描边】对话框中各选项的意义如下。

【宽度】文本框：用来设置描边线条的像素宽度值(取值范围为 1～250)。宽度值越大，描出的边线越粗。

【颜色】按钮：单击此按钮，将打开【选取描边颜色】对话框，用来设置选区边线的颜色。默认描边的颜色为当前的前景色。

【位置】单选按钮组：设置选区描边相对于选区边缘的位置，可选的按钮包括【内部】、【居中】与【居外】。

【模式】下拉列表框：用来设置描边颜色的混合模式。

【不透明度】文本框：设置描边颜色的不透明度百分比值。比值越大，颜色越深。

【保留透明区域】复选框：如果选区是透明的，则该复选框有效；如果选中了该复选框，则不能给透明选区描边。

2) 选区填充的步骤如下。

(1) 创建出一个选区。

(2) 执行【编辑】|【填充】菜单命令，弹出如图 3.29 所示【填充】对话框。

(3) 在对话框中，设置各选项的参数。

其中【使用】下拉列表框中包含多种填充选项类型，如图 3.30 所示。这些选项不仅能够对选区填充颜色，还能够填充图案。

如果选择了【颜色】选项，将会打开【选取一种颜色】对话框。

如果选择了【图案】选项，【自定图案】下拉列表框将变得可用。

(4) 单击【确定】按钮，系统将按设置对选区填充指定的颜色或图案。

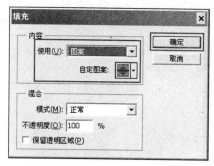

图 3.29　【填充】对话框

图 3.30　【使用】下拉列表选项

3.3.2　制作外框区域

下一步将为期刊封面制作黑白胶片的边缘效果，为此，需要在黑色背景画布上建立一个白色的外框区域。操作步骤如下。

1. 制作矩形外框

用选框工具制作一个矩形的外框区域，操作步骤如下。

(1) 单击工具箱中的【矩形选框工具】按钮。

(2) 按住鼠标左键，在画布中央拖出一个矩形选区，并留出一定的边缘空隙，如图 3.31 所示。

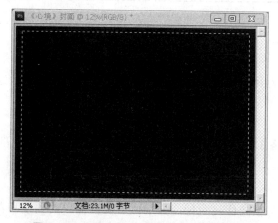

图 3.31　在画布区域内拖出一个矩形选区

2. 将外框区域填充成纯白色

(1) 执行【编辑】|【填充】菜单命令，打开【填充】对话框。

(2) 在对话框中，从【内容】选项组的【使用】列表框中选择【白色】(或前景色)选项，设置矩形选框的填充颜色。

(3) 对于【混合】选项组，将【模式】列表框与【不透明度】文本框的内容保持系统默认值。

设置完成后的【填充】对话框如图 3.32 所示。

(4) 单击【确定】按钮，关闭【填充】对话框，得到如图 3.33 所示的效果。

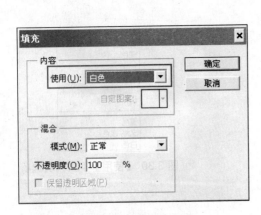

图 3.32 【填充】对话框　　　　　　图 3.33 为矩形选区填充白色后的效果

(5) 保存当前的操作成果。执行【文件】|【存储为】菜单命令，在打开的【存储为】对话框中，将原来的文件名更名为"《心境》封面 1"，图像格式保持为 PSD。

(6) 单击【保存】按钮，将当前的成果另存为一个新文档。此时，图像文档窗口标题栏中的文件名被替换为"《心境》封面 1.PSD"。

> **操作技巧**：用前景色填充选区，更快捷的方法是直接按快捷键 Alt+Delete 或 Alt+Backspace。

3.4　标尺与参考线

手工设置参考线，为其他操作建立一个参考系，以便能够为图像绘制与编辑精确定位。

3.4.1　必备知识

标尺、参考线与网格 3 种工具能够帮助用户沿图像的宽度或高度准确定位图像，精确地把握图像尺寸。

1. 标尺

标尺分为横向标尺与纵向标尺两种，分别位于文档窗口的顶端和左侧，并带有刻度值。

1) 打开标尺与隐藏标尺。

使用【视图】菜单命令，可显示或隐藏标尺，具体做法如下。

(1) 执行【视图】|【标尺】菜单命令，使【标尺】选项前面出现对钩，则标尺立即显示在

文档窗口中。

(2) 再次执行【视图】|【标尺】菜单命令，使【标尺】选项前面的对勾消失，则关闭标尺显示。

2) 更改标尺原点。

默认情况下，标尺原点位于图像左上角。用鼠标在标尺栏左上角纵横坐标交叉处单击并按住鼠标左键，然后向右下方向拖曳，到达目标位置后释放鼠标，则会将标尺原点改变到目标位置。

要将标尺原点再还原到默认位置，只须在标尺左上角处的交叉点上双击，即可将标尺原点恢复到默认处置。

3) 更改标尺设置。

执行【编辑】|【首选项】|【单位与标尺】菜单命令，打开如图 3.34 所示的【首选项】对话框。在对话框中，可以设置标尺的单位、列尺寸、新文档预设分辨率以及点/派卡大小等参数。

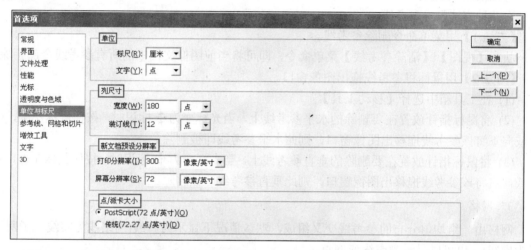

图 3.34　用来设置标尺参数的【首选项】对话框

2. 参考线

参考线是悬浮于图像窗口中的一类带有颜色的特殊直线。参考线仅能显示，却不能输出与打印。用户能够对参考线进行创建、移动、锁定及删除等操作。

1) 创建参考线的方法。

有两种方法可以创建出参考线，方法如下。

【方法 1】用菜单命令创建参考线。操作步骤如下。

(1) 执行【视图】|【新建参考线】菜单命令，打开如图 3.35 所示的【新建参考线】对话框。

(2) 在对话框中，选择参考线的方向，设置参考线的位置坐标。

(3) 单击【确定】按钮，即可创建出与设置相对应的一条参考线。

【方法 2】用鼠标从标尺上拖出参考线。操作步骤如下。

(1) 打开标尺。

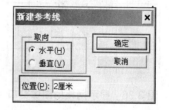

图 3.35　【新建参考线】对话框

(2) 单击横向标尺任意处，按住鼠标左键，向下拖曳出一条或多条水平参考线。

(3) 单击纵向标尺任意处，按住鼠标左键，向右拖曳出一条或多条垂直参考线。

(4) 拖曳创建参考线时，按住 Shift 键，可强制参考线与标尺的刻度相对齐。

(5) 拖曳创建参考线时，按住 Alt 键，可在水平与垂直参考线之间进行切换。

2) 移动参考线的步骤。

(1) 在工具箱中选中【移动工具】。

(2) 将鼠标指针放置在要移动的参考线上，当光标变为 ⇕(对水平参考线)或 ⇔(对垂直参考线)形状标识时，按住鼠标左键拖曳这条参考线，即可将其移动。

3) 锁定参考线。

执行【视图】|【锁定参考线】菜单命令，即可锁定当前图像文档中的所有参考线。参考线被锁定后将不能再对其实施移动操作。

4) 删除参考线的方法。

有两种方法删除参考线。

【方法 1】用菜单命令删除参考线。

执行【视图】|【清除参考线】菜单命令，即可将当前图像文档中的所有参考线全部删除。

【方法 2】用鼠标将参考线拖出图像窗口。

(1) 在工具箱中选择【移动工具】。

(2) 将鼠标指针放置在要删除的水平参考线上，当光标变为 ⇕ 标识时，按住鼠标左键，向上或向下将该参考线拖移出图像窗口，则此水平参考线即被删除。

(3) 将鼠标指针放置在要删除的垂直参考线上，当光标变为 ⇔ 标识时，按住鼠标左键，向左或向右将该参考线拖移出图像窗口，则此垂直参考线即被删除。

3. 网格

网格由一组均匀分布的参考线交叉组成，默认情况下显示为直线(网络线为实线，子网络线为虚线)，也可以显示为虚线或网点。

打开网格与隐藏网格。

使用【视图】菜单命令，可显示或隐藏标尺，具体做法如下。

图 3.36　显示网格的图像窗口

(1) 执行【视图】|【显示】|【网格】菜单命令，使【网格】选项前面出现对勾，则网格立即显示在文档窗口中，如图 3.36 所示。

(2) 再次执行【视图】|【显示】|【网格】菜单命令，使【网格】选项前面的对钩消失，则关闭网格显示。

网格的操作与参考线的操作方式近似，在此不再赘述。

4. 更改参考线与网格设置

执行【编辑】|【首选项】|【参考线、网格和切片】菜单命令，打开如图 3.37 所示的【首选项】对话框。在对话框中，可以对参考线和网格等对象的相关参数进行设置，如参考线或网格线的颜色与线型、网格的间隔距离等。

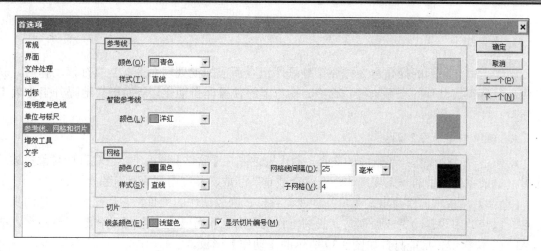

图 3.37 用来设置参考线、网格与切片参数的【首选项】对话框

操作技巧：在 Photoshop CS5 的标题功能栏中，单击【查看额外内容】按钮，将打开包含 3 个命令选项的弹出式菜单。当选择【显示参考线】、【显示网格】或【显示标尺】菜单选项时，可快速显示或隐藏参考线、网格或标尺。

3.4.2 设置参考线

为下一步精确控制黑白胶片方格的大小，需要在画布上方绘制出一些参考线。

操作步骤如下。

(1) 执行【视图】|【标尺】菜单命令，在图像窗口中打开横向标尺与纵向标尺。

(2) 单击标尺，按住鼠标左键，在图像上拖出一系列水平参考线与垂直参考线，划分出若干个大小均等的网格，如图 3.38 所示。

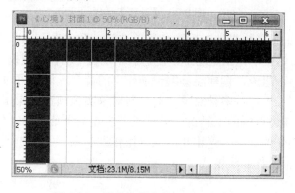

图 3.38 手工绘制出的一系列参考线

3.5 动作的定义与应用

使用【动作】调板与动作命令，为期刊封面制作出电影胶片的边缘效果。

3.5.1 必备知识

动作是由一系列的操作命令按照某种顺序组合而成的批处理命令。当执行该动作时，就是依次执行组成动作的一系列操作命令。动作能够使操作自动化，从而极大地提升工作效率与质量。

1. 动作与【动作】调板

动作是一系列操作命令组成的集合。动作被录制在【动作】调板中，当对目标对象播放动作时，记录在动作中的一系列操作命令就会被重新回放，并应用到目标对象上。

【动作】调板与调板弹出式菜单是创建、管理、回放动作的工具，它们提供了大量的操作命令，以帮助用户自动完成烦琐与冗长的工作与任务。执行【窗口】|【动作】菜单命令，或按 Alt+F9 快捷键，均能打开如图 3.39 所示的【动作】调板。

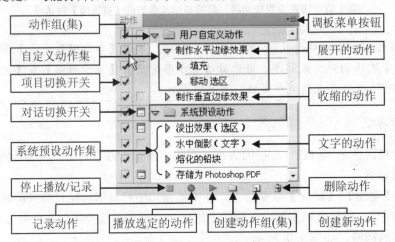

图 3.39 【动作】调板

【动作】调板能够记录鼠标与按键操作、菜单选择、颜色设置、选区创建、工具应用、对话框定置等动作，并为这些动作指定名称，使它们出现在【动作】调板中。调板中的每一个动作都由一系列的操作命令组成，调板能够编辑动作中的命令。调板可对记录的动作进行回放，使其应用于选区、图层、图像等多种对象，对这些对象实施预置的操作。

【动作】调板最底端为调板的工具栏，工具栏上有 6 个命令按钮，分别用来完成动作与动作组的创建、删除，动作的记录、停止和回放等操作。

【动作】调板有以下两种显示模式。

1) 列表模式

该模式下，调板工具栏可见，命令按钮有效，不仅能够看到动作与动作组，而且可以看到动作播放时运行的命令，如图 3.40 所示。

2) 按钮模式

该模式仅可执行动作回放，不能创建、删除动作，也看不到动作组，不显示工具栏。单击调板中的相应按钮，可对当前对象执行一次动作回放，如图 3.41 所示。

两种显示模式切换的方法如下：打开【动作】调板的弹出式菜单，执行【按钮模式】命令，当该选项前面出现对勾时，调板为按钮模式；再次执行，使命令选项前面的对勾消失，则调板变为列表模式。

图 3.40　【动作】调板的列表模式

图 3.41　【动作】调板的按钮模式

2. 创建动作

将操作系列的每一步记录到动作中，便可用动作重现操作的系列过程。

创建新动作的步骤如下。

(1) 打开【动作】调板，并切换到列表模式。

(2) 执行调板弹出式菜单中的【新建动作】命令，或单击调板工具栏上的【创建新动作】按钮，打开如图 3.42 所示的【新建动作】对话框。

(3) 在【名称】文本框中修改新建动作的默认名称。如果要将动作创建到一个动作组中，在【组】下拉列表框中选定一个动作组。还可以为新建动作指定一个运行的功能键或快捷键。根据需要，可在【颜色】下拉列表框中为动作名称的显示选择一种颜色，以便于识别该动作。

图 3.42　【新建动作】对话框

(4) 单击对话框中的【记录】按钮，对话框关闭，【动作】调板中立刻出现新建的动作对象。

(5) 此时，调板工具栏上的【开始记录】按钮变为红色按钮，表明开始记录操作命令。

(6) 要停止记录，需执行调板菜单中的【停止记录】命令，或者单击调板工具栏上的【停止播放/记录】按钮，则刚才的操作将全部被记录到新建的动作中。

提示：

当记录某些对话框的操作时，只有在这些对话框中单击了【确定】按钮之后的行为才被记录下来；如果在对话框中单击了【取消】按钮，随后的操作不会被记录到动作中。

3. 创建动作组

动作组也称为动作集，其实质是一个文件夹，用来保存一组动作，以便于更好地组织与管理这些动作。

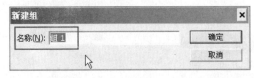

图 3.43　【新建组】对话框

创建动作组的步骤如下。

(1) 打开【动作】调板，并切换到列表模式。

(2) 执行调板菜单中的【新建组】命令，或单击调板工具栏上的【创建新组】按钮，打开如图 3.43 所示的【新建组】对话框。

(3) 在【名称】文本框中修改新建组的默认名称。

(4) 单击【确定】按钮，新的动作组便出现在【动作】调板中。

4. 播放动作

动作创建完成后，可以将其完整地播放，也可以有选择地只播放其中的部分操作命令。

1) 播放完整动作的步骤。

(1) 选定动作要应用的对象，打开【动作】调板。

(2) 如果在列表模式下，选中要播放的动作，然后执行调板菜单中的【播放】命令，或者单击调板工具栏上的【播放选定的动作】按钮 。

(3) 如果在按钮模式下，只需单击调板中与要播放动作对应的按钮，即可播放该动作。

2) 播放部分动作的步骤。

(1) 选定动作要应用的对象。

(2) 打开【动作】调板，切换到列表模式。

(3) 若想从动作的某个操作命令开始播放动作，先要选中开始的操作命令，然后执行调板菜单中的【播放】命令，或者单击调板工具栏上的【播放选定的动作】按钮。

(4) 若只想执行动作中的一个操作命令，应按住 Alt 键并双击此操作命令，或选择此操作命令后，执行调板菜单中的【播放】命令。

(5) 当播放动作时，若要跳过某些操作命令，应在【动作】调板中单击此操作命令，将其左侧的对勾去除，从而关闭此操作命令的执行。再次单击此操作命令，则其左侧的对勾重新出现，表明再次打开了此操作命令。

5. 删除动作或动作组

对于不再需要的动作或动作组，可从【动作】调板中予以删除，删除方法如下。

(1) 打开【动作】调板，切换到列表模式。

(2) 选中要删除的动作或动作组，执行调板菜单中的【删除】命令，或单击调板工具栏上的【删除】按钮 ，系统弹出一个删除确认信息框；单击【确定】按钮，目标对象即被永久删除。

> **操作技巧**：(1) 用鼠标将选中的动作或动作组直接拖到【删除】按钮上，则不需系统确认，即可立即将其彻底删除。
>
> (2) 执行调板菜单中的【清除动作】命令，会将【动作】调板中的所有动作全部移走。

6. 存储动作组与载入动作

Photoshop CS5 预置了一些有用的动作。可打开【动作】调板的弹出式菜单，通过【载入动作】菜单命令来加载系统预置的动作。

对于创建出来的多个动作，也可以将它们定义成动作组，然后使用调板的【存储动作】菜单命令，将动作组存储到外存中，以备需要时再次载入。

3.5.2 制作电影胶片边缘效果

为期刊封面制作电影胶片的边缘效果，操作步骤如下。

1. 录制生成一对相邻黑白方格的动作

使用动作命令，录制一对相邻黑白方格的生成过程，其步骤如下。

(1) 单击工具箱中的【矩形选框工具】按钮，在图像左上角的指定网格中，拉出一个小矩形选区作为一个黑色方格；该选区与外框的左侧与上方应留出一定的边缘空隙，如图 3.44 所示。

(2) 执行【窗口】|【动作】菜单命令(或使用快捷键 Alt+F9)，打开【动作】调板。

(3) 单击【动作】调板工具栏上的【创建新动作】按钮 ，打开【新建动作】对话框；在【名称】文本框中输入新建动作的名称"制作水平边缘效果"，其他选项保持系统默认，如图 3.45 所示。

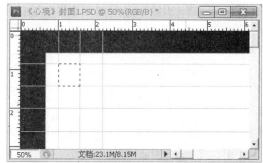

图 3.44　用矩形选区覆盖指定的一个网格　　　　图 3.45　【新建动作】对话框

(4) 单击【记录】按钮，关闭【创建新动作】对话框。与此同时，【动作】调板工具栏上的【开始记录】命令按钮 变红，表明新建动作对象已经开始对用户的操作进行记录。

(5) 保持小矩形选区的选中状态，执行【编辑】|【填充】菜单命令(快捷键为 Shift+F5)，打开如图 3.46 所示的【填充】对话框。

> 操作技巧：选中选区，按 Backspace 键或 Delete 键，也能够快速打开【填充】对话框。

(6) 在对话框中，在【使用】列表框中选择【背景色】(或直接设置为黑色)选项，设置选区的填充颜色为黑色。

(7) 单击【确定】按钮，关闭【填充】对话框，得到如图 3.47 所示的效果。

> 操作技巧：用背景色填充选区，更快捷的方法是直接按快捷键 Ctrl+Delete 或 Ctrl+Backspace。

图 3.46　【填充】对话框

(8) 使用键盘上的右移键→，将小矩形选区的位置水平向右移动，跨过相邻的一个网格，停止在与起点间隔一个网格的第三个网格位置，如图 3.48 所示。

(9) 单击【动作】调板工具栏上的【停止播放/记录】按钮 ，停止对动作的记录。此时"制作水平边缘效果"动作对象记录下了两步操作：填充与移动选区。

图 3.49 与图 3.50 分别显示出"制作水平边缘效果"动作对象创建前后【动作】调板的两种不同状态。

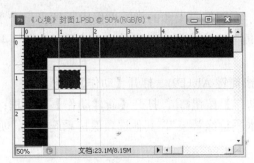

图 3.47 为选区填充背景色后的效果

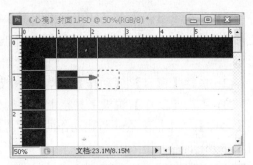

图 3.48 将选框的位置水平右移到第 3 个网格

图 3.49 动作对象创建前的【动作】调板

图 3.50 动作对象创建后的【动作】调板

2. 制作上下水平边缘效果

利用已经创建的"制作水平边缘效果"动作对象，能够快速地建立起图像顶端与底端的边缘效果。

操作步骤如下。

(1) 在【动作】调板中选中"制作水平边缘效果"动作对象，单击调板工具栏上的【播放选定的动作】命令按钮▶️，"填充"动作自动被应用到移动后的小矩形选区上，随后"移动选区"动作被执行，选区自动移到下一个位置，等待动作的再次执行，如图 3.51 所示。

(2) 不断单击【播放选定的动作】命令按钮，直到图像的上端边缘已全部应用了记录的动作。

(3) 按同样的做法，单击工具箱中的【矩形选框工具】按钮，在图像右下角拉出一个矩形选区。

(4) 在【动作】调板中选中"制作水平边缘效果"动作对象，不断单击【动作】调板工具栏上的【播放选定的动作】命令按钮，将记录的动作不断应用到图像的下端边缘，最终的效果如图 3.52 所示。

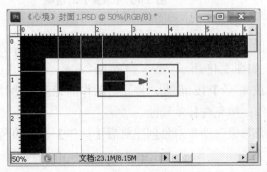

图 3.51 执行一次"制作水平边缘效果"动作后的效果

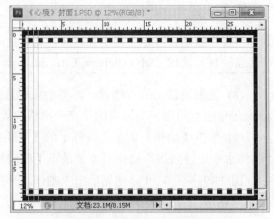

图 3.52 制作的水平边缘效果

3．制作左右垂直边缘效果

用与制作上下水平边缘效果类似的方法，建立另一个动作对象并应用该动作，生成图像左右两侧的垂直边缘效果。

操作步骤如下。

(1)　在图像左侧上方的指定网格中，拉出一个小矩形选区作为一个黑色方格。

(2)　用与创建"制作水平边缘效果"动作对象类似的方法，创建出另一个名为"制作垂直边缘效果"的动作对象，记录下对矩形选区的填充与向下移动的操作命令。

(3) 将记录的动作不断应用到图像的左边缘，得到左端的边缘效果。

(4) 在与图像左侧对称的右侧位置上，拉出一个等尺寸的矩形选区作为一个黑色方格。

(5) 将记录的动作不断应用到图像的右边缘。

最终得到如图 3.53 所示的结果。

4．清除构造出的网格

(1) 执行【视图】|【标尺】菜单命令(或按 Ctrl+R 快捷键)，去除【标尺】项前的对勾，标尺将不再显示。

(2) 执行【视图】|【清除参考线】菜单命令，去除所有的参考线，得到如图 3.54 所示的效果。

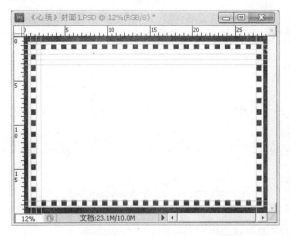

图 3.53　图像最终制作出的黑白胶片边缘效果

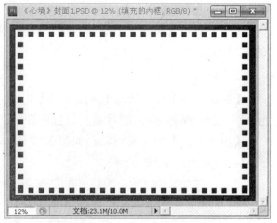

图 3.54　去除参考线后的效果

(3) 执行【文件】|【存储】菜单命令，保存当前的操作成果。

3.6　颜色的减淡与加深

创建内框图层，绘制内框的边线，为其填充颜色，然后使用【减淡工具】，将内框部分区域的颜色加亮，得到特殊的效果。

3.6.1　必备知识

加深减淡工具组包括【减淡工具】、【加深工具】及【海绵工具】3 种工具。利用这些工具，能够校正图像局部区域的明暗度，调整图像色彩的饱和度。

1．减淡工具

【减淡工具】通过提高图像的亮度来调整图像的曝光度，对于局部曝光不足的阴影区域，使用【减淡工具】可以使这些区域的亮度增加，从而有效地改进图像在细节方面的缺陷。

【减淡工具】的操作方法如下。

(1) 单击工具箱中的【减淡工具】按钮 🔍，打开如图 3.55 所示的工具选项栏。

图 3.55 【减淡工具】选项栏

(2) 在选项栏中，设置画笔的大小。

(3) 在【范围】下拉列表中，选择【阴影】、【中间调】或【高光】选项。其中【阴影】选项用于更改图像暗色调区域的像素；【中间调】选项用于更改暗色与高光之间灰色调区域的像素；而【高光】选项用于更改图像亮色调区域的像素。

(4) 在【曝光度】文本框中，输入或用调杆设置曝光度。曝光度数值越大，减淡的效果越明显。

(5) 根据需要，选中或取消选中【保护色调】复选框。启用【保护色调】功能能够防止颜色发生色相偏移，并可减小阴影或高光中的修剪效果。

(6) 单击 ⬚ 按钮，选择或取消喷枪效果。

(7) 设置好【减淡工具】后，在目标图像需要加亮的区域中反复拖曳鼠标，直到得到满意的效果为止。

2．加深工具

【加深工具】的功效与【减淡工具】相反，它是通过降低图像的亮度来校正图像的曝光度，使局部区域变暗，纠正图像曝光过强的缺陷。

【加深工具】的工具选项栏如图 3.56 所示，其选项栏的设置与操作方法均与【减淡工具】类似，在此不再赘述。

图 3.56 【加深工具】选项栏

3．海绵工具

【海绵工具】用于增加或减小彩色图像的色彩饱和度与亮度，让图像的颜色变得更为鲜亮或灰暗。对于灰度模式下的图像，【海绵工具】则可增强或减弱图像的对比度。

【海绵工具】的操作方法如下。

(1) 单击工具箱中的【海绵工具】按钮 ⬤，打开如图 3.57 所示的工具选项栏。

图 3.57 【海绵工具】选项栏

(2) 在选项栏中，设置画笔的大小。

(3)【模式】下拉列表中包含【降低饱和度】与【饱和】两种选项。其中【降低饱和度】选项用于降低图像作用区域的饱和度，产生灰暗的色调效果；【饱和】选项的功能正好相反。

（4）在【流量】文本框中，输入或用调杆设置流量值，来控制加色或去色的效果。

（5）根据需要，选中或取消选中【自然饱和度】复选框。启用【自然饱和度】功能能够最小化完全饱和色或不饱和色的修剪效果。

（6）单击 按钮，选择或取消喷枪效果。

（7）设置好【海绵工具】后，在目标图像区域中涂抹以产生灰暗的色调效果，直到满意为止。

3.6.2　制作内框区域

以上各步的操作，都是在图像的背景图层中完成的。下面将创建一个新图层，在该图层上完成内框的创建与属性设置。

1. 新建图层并创建内框

为图像设定一个填充彩色的内框区域，并将该区域置入与背景图层不同的新图层中。操作步骤如下。

（1）执行【图层】|【新建】|【图层】菜单命令，打开【新建图层】对话框。

（2）在【名称】文本框中，将系统默认的图层名称"图层 1"更名为"填充的内框"，其他参数保持系统的默认值，如图 3.58 所示。

（3）单击对话框中的【确定】按钮，关闭对话框，新图层创建完成。

（4）打开【图层】调板，可以看到新建图层出现在"背景"图层的上方，如图 3.59 所示。

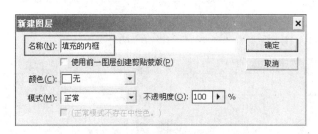

图 3.58　【新建图层】对话框

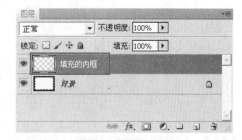

图 3.59　出现新建图层的【图层】调板

（5）为将内框画得更为对称与精确，应先在当前的工作区中打开横向标尺与纵向标尺，然后在图像窗口中拖出所需的水平参考线与垂直参考线，如图 3.60 所示。

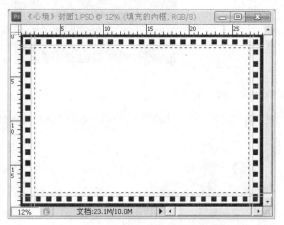

图 3.60　用参考线辅助做出的内框选区

（6）选中新建的图层，单击工具箱中的【矩形选框工具】按钮，在图像边缘内侧拉出一个矩形选区作为内框，选区与四个胶片效果的边缘之间应预留出一定的空隙。

2．为内框描绘边线

为内框区域设置黑色的边框线，操作步骤如下。

（1）选中内框选区。

（2）执行【编辑】|【描边】菜单命令，打开【描边】对话框。

（3）在对话框中，将【描边】选项组的【宽度】选项值设置为 5 px(像素)，边线的【颜色】选项设置为黑色；在【位置】选项组中选中【居外】单选按钮；其他参数保持系统的默认值，如图 3.61 所示。

（4）单击【确定】按钮，关闭【描边】对话框。此时，内框四周被绘制出黑色线条。

3．为内框填充颜色

图 3.61 【描边】对话框

为内框区域填充淡蓝色，操作步骤如下。

（1）保持内框选区处于选中状态，执行【编辑】|【填充】菜单命令，打开如图 3.62 所示的【填充】对话框。

（2）在对话框中，单击【内容】选项组中的【使用】列表框，从弹出的下拉菜单中选择【颜色】选项，打开【选取一种颜色】对话框。

（3）将内框的填充颜色设置为浅蓝色(RGB(157,196,229))，如图 3.63 所示。

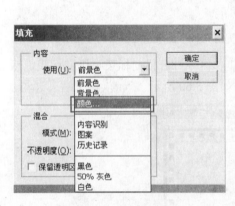

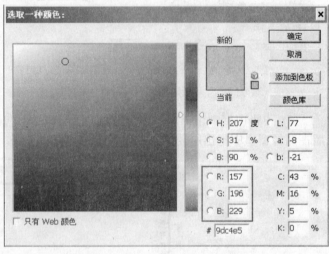

图 3.62 【填充】对话框　　　　　　图 3.63 【选取一种颜色】对话框

（4）单击【确定】按钮，关闭对话框，得到如图 3.64 所示的效果。

（5）执行【视图】|【标尺】菜单命令，去除【标尺】项前的对勾，取消标尺显示。

（6）执行【视图】|【清除参考线】菜单命令，清除所有的参考线。

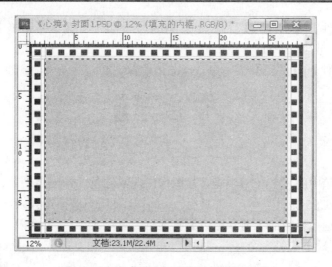

图 3.64　完成描边与填充后的内框区域

4. 减淡内框填充色

用【减淡工具】将内框区域的颜色减淡，操作步骤如下。

(1) 单击工具箱中的【减淡工具】按钮，鼠标指针变为一个圆形。

(2) 在对应的工具选项栏中，将画笔大小修改为 800 个像素，【范围】选项设置为"中间调"，【曝光度】选项设置为 60%，其他参数保持系统默认设置，如图 3.65 所示。

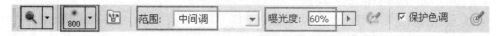

图 3.65　【减淡】工具选项栏设置

(3) 改变图像的比例，使整幅图像都在可见视图内。

(4) 拖动鼠标，先沿图像的对角线描出一个左上角到右下角的直线轨迹；然后再以此对角线为对称轴，在左、右两侧分别描绘出另外两条轨迹，如图 3.66 所示。

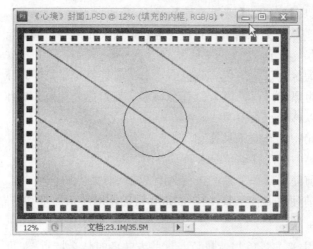

图 3.66　在图像上描绘出三条斜线轨迹

(5) 为增强减淡的效果，可拖动鼠标沿着三条轨迹线重描几次。最终的结果参考如图 3.1 所示。

(6) 执行【文件】|【存储为】菜单命令，在打开的【存储为】对话框中，将当前的操作成果另存为"《心境》封面 2.PSD"。

(7) 执行【文件】|【关闭】菜单命令，关闭图像文档。

课 后 习 题

一、填空题

1. 使用工具箱中的【_____】，能够从图像中选取颜色，并应用于前景色或_____的设置。

2. Photoshop CS5 提供了_____工具组、_____工具组与魔棒工具组，用来创建各类选区。

3. 选框工具选项栏中的【消除锯齿】复选框，只对【_____】有效。

4.【动作】调板中的每一个_____都由一系列的操作命令组成，调板能够_____动作中的命令。

5. 动作组也称为_____，其实质是一个_____。

6. 创建矩形选区时，按住_____键将创建正方形。

二、单项选择题

1. 打开与隐藏图层调板的主菜单命令为(   )。

    A．文件　　　　　　B．选择　　　　　　C．窗口　　　　　　D．图层

2. Photoshop 中的动作是(   )。

    A．图层间的关联　　B．一组操作命令　　C．颜色设置　　　　D．选取工具

3. 下面 (   )属于规则选区工具。

    A．【套索工具】　　B．【直线工具】　　C．【魔棒工具】　　D．【椭圆选框工具】

4. 用以降低图像局部亮度的工具是(   )。

    A．【加深工具】　　B．【减淡工具】　　C．【模糊工具】　　D．【海绵工具】

5. 用以减少图像饱和度的工具是(   )。

    A．【加深工具】　　B．【减淡工具】　　C．【模糊工具】　　D．【海绵工具】

6. 假定当前的前景色为绿色，背景色为蓝色，如果先按一下 D 键，然后再按 X 键，则前颜色与背景色将变为(   )。

    A．前景色为绿色，背景色为蓝色　　　　B．前景色为蓝色，背景色为绿色

    C．前景色为黑色，背景色为白色　　　　D．前景色为白色，背景色为黑色

7. 用(   )可以移动一条参考线。

    A．用工具箱中的选框工具拖动

    B．用工具箱中的【移动工具】拖动

    C．无论当前使用何种工具，按住 Alt 键的同时单击后拖动

    D．无论当前使用何种工具，按住 Shift 键的同时单击后拖动

三、简答题

1. 有哪些方法定义前景色与背景色？这些方法各有什么特点？

2. 如何定义参考线？如何定义网格？二者各有何用途？

3. 规则选区工具主要有哪些？各有什么作用与特点？

4. 如何为一个矩形选区描边？如何填充一个椭圆选区？

5．如何设置选区边界的羽化程度？

6．有哪些方法可以创建出参考线来？如何清除参考线？

7．如何设置网格的间隔距离与单位？

8．【动作】调板有哪两种显示模式？它们各有什么作用与特点？

9．在【动作】调板中如何定义一个动作？如何定义一个动作集？

10．【减淡工具】、【加深工具】及【海绵工具】3 种工具各有什么作用？

第**4**章 抠图操作技法

学习目标

不规则选区的创建也称为抠图。通过本章的学习，读者能够熟练掌握用多种工具与命令进行抠图操作的要点与方法，并且能够综合应用这些工具与命令，在图像中创建与修改不规则的选区。

知识要点

1. 【套索工具】的用法与操作步骤
2. 【多边形套索工具】的用法与操作步骤
3. 【磁性套索工具】的用法与操作步骤
4. 【快速选择工具】的用法与操作步骤
5. 【魔棒工具】的用法与操作步骤
6. 【色彩范围】命令的用法与操作步骤
7. 【橡皮擦工具】的用法与操作步骤
8. 【背景橡皮擦工具】的用法与操作步骤
9. 【魔术橡皮擦工具】的用法与操作步骤

核心技能

1. 灵活运用套索工具组创建选区的技能
2. 灵活运用魔棒工具组创建选区的技能
3. 使用【色彩范围】命令创建选区的技能
4. 灵活运用橡皮擦工具组修改选区的技能

分解的任务进程

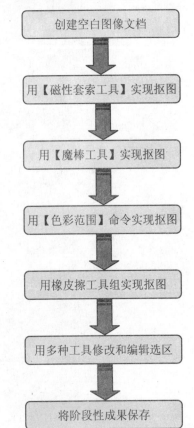

创建空白图像文档

用【磁性套索工具】实现抠图

用【魔棒工具】实现抠图

用【色彩范围】命令实现抠图

用橡皮擦工具组实现抠图

用多种工具修改和编辑选区

将阶段性成果保存

4.1 任务描述与步骤分解

为某个图形对象创建不规则的选区，将该选区中的图像像素提取出来，放置到另外的图层中，或保存为一个独立的图像文档，这一过程称为抠图操作。

Photoshop CS5 为抠图操作提供了多种不同的工具与方法，每种工具和方法都有自己独到的优势与局限性。

现有一个名为"撑伞女孩.BMP"的位图文档，内容如图 4.1 所示。从文档中将打伞女孩的图像从整个背景图像中选取出来，并作为透明图层，保存到一个名为"撑伞女孩.PSD"的文档中。选取后的最终效果如图 4.2 所示。

试着运用【磁性套索工具】、【魔棒工具】、【色彩范围】命令以及橡皮擦工具组这 4 种手法，完成上述的同一项任务。

图 4.1 处理前的原始图像

图 4.2 经过处理后的图像

根据要求，本章的任务可分解为以下 4 个并列子任务。

(1) 运用【磁性套索工具】，将位图中的打伞女孩图像选取出来。

(2) 运用【魔棒工具】，将位图中的打伞女孩图像选取出来。

(3) 执行【色彩范围】命令，将位图中的打伞女孩图像选取出来。

(4) 运用橡皮擦工具组，将位图中的打伞女孩图像选取出来。

下面将对每个子任务的实现过程详加说明。

4.2 磁性套索工具组

与选框工具组创建规则选区的功能不同，套索工具组主要通过跟踪图像区域来创建不规则选区。套索工具组中的【磁性套索工具】能够创建精确的选区，并且能够将选区边界自动吸附到图像的边缘。本节最后介绍如何使用该工具,将打伞女孩图像从素材文档中选取出来,以备后用。

4.2.1 必备知识

套索工具组包含【套索工具】、【多边形套索工具】和【磁性套索工具】三类工具。

1. 套索工具

【套索工具】用来创建以鼠标指针移动路线为基准的任意形状的封闭选区。

【套索工具】的选项栏如图4.3所示。

图4.3 【套索工具】选项栏

选项栏中各选项与参数的意义与作用见第3章中对选框工具组的各个工具选项栏的介绍,此处不再赘述。

【套索工具】的使用步骤如下。

(1) 单击工具箱中的【套索工具】按钮⚲,鼠标指针变为套索形状⚲。

(2) 根据需要,在如图4.3所示的工具选项栏中,设置相关的选项与参数。

(3) 在图像窗口中单击,确定选区的起点。

(4) 按住鼠标左键,沿着要选择图像的边缘拖曳出相应的自由轨迹。

(5) 释放鼠标后,如果轨迹的起点与终点不重合,系统会自动用直线段封闭起点与终点,创建出一个闭合的不规则虚线选区。

(6) 在选区创建完成前,按Esc键,将取消对该选区的创建过程,恢复前面的选区设置;在选区创建完成后,在选区范围外单击,将取消对创建选区的选择。

> **操作技巧:** (1) 在使用【套索工具】创建选区的过程中,按住Alt键不放,将立即切换为【多边形套索工具】状态,鼠标指针自动变为 形状。此时,释放鼠标后,便可单击,以"连点成线"的方式绘制轨迹路径。
>
> (2) 再次按住鼠标不放,然后松开Alt键,将立即切换到最初的【套索工具】状态,鼠标指针恢复为⚲形状,系统再次恢复到鼠标拖曳绘制轨迹的方式。

2. 多边形套索工具

【多边形套索工具】可以创建直线型的自由多边形选区。其选项栏如图4.3所示,与【套索工具】的完全相同。

【多边形套索工具】的使用步骤如下。

(1) 单击工具箱中的【多边形套索工具】按钮 ,鼠标指针变为多边形套索形状 。

(2) 根据需要,在其工具选项栏中,设置相关的选项与参数。

(3) 在图像窗口中单击,确定选区的起点。

(4) 移动鼠标,会拖曳出一根橡皮条,依次在所需多边形选区的关键点处单击,画出相应的多边形选区边线。

(5) 在生成选区的过程中,可随时按Delete键或Backspace键,撤销前面画出的关键点。可一直撤销到起点。

(6) 结束选区创建的方法有多种：拉动橡皮条至起点处，当鼠标指针右下方出现一个小圆圈时单击，创建出一个闭合的多边形虚线选区；或在终点处双击，让系统自动用直线段封闭起点与终点，创建出一个闭合的多边形虚线选区；也可在终点处按住 Ctrl 键，当鼠标指针右下方出现一个小圆圈时单击，或按 Enter 键，也能实现让系统自动用直线段封闭起点与终点。

(7) 在选区创建完成前，按 Esc 键，将取消对该选区的创建过程，恢复前面的选区设置；在选区创建完成后，在选区范围外单击，将取消对创建选区的选择。

> **操作技巧**：在使用【多边形套索工具】创建选区时，按住 Shift 键不放并单击，可以创建出水平、垂直或方向与 45° 角成倍数的边线来。

3. 磁性套索工具

使用【套索工具】和【多边形套索工具】虽然能够创建任意形状的选区，但对于细节丰富且边缘复杂的不规则选区边界的精确描绘，它们却往往变得无能为力。此时需要使用【磁性套索工具】来胜任这一任务。

【磁性套索工具】能够在拖动鼠标的过程中，自动捕捉图像的边缘，最终精确地创建出一个选区。

【磁性套索工具】的选项栏如图 4.4 所示。

图 4.4 【磁性套索工具】选项栏

工具选项栏主要选项的意义说明如下。

1)【羽化】文本框：设置选区边缘晕开的程度。数值越大，羽化效果越强；数值为 0 时不进行羽化。

2)【消除锯齿】复选框：对选区边缘进行平滑。

3)【宽度】文本框：用来定义系统边缘探测的距离范围，即系统将在鼠标指针周围指定的半径范围内寻找反差最大的边缘作为选取的边界。【宽度】取值范围为 1～40，单位为像素。输入的值越大，设置的探测范围就越大，选区边缘探测得越不准确；反之，值越小，探测范围就越小，则边缘探测得越准确。

4)【对比度】文本框：用来定义系统对检测选区边缘的敏感程度，取值范围为 1%～100%。输入的数值越大，系统能识别选区边缘的对比度就越高，能检测出与背景对比度较大的物体边缘。

5)【频率】文本框：用来定义选区边缘关键点出现的频率。取值范围为 1～100。输入的数值越大，系统生成的关键点就越多，越能更快地创建选区边缘。

6)【使用绘图板压力以更改钢笔宽度】按钮 ：此按钮只有在使用绘图板绘图时才有效，用来更改钢笔笔触的宽度。单击该按钮使其呈凹进状态，则笔触的压力增加，会使【磁性套索工具】的【宽度】变小。

📂 **提示：**

在使用【磁性套索工具】选取图像时，设置较小的【宽度】值和较高的【对比度】值会得到较为精确的选区范围，这适合边缘不明显的目标对象的选择；反之，设置较大的【宽度】值和较低的【对比度】值，会得到较为粗糙的选区范围，这适合边缘分明的目标对象的选择。

【磁性套索工具】的使用步骤如下。

(1) 单击工具箱中的【磁性套索工具】按钮，鼠标指针变为磁性套索形状。

(2) 根据需要，在如图 4.4 所示的工具选项栏中，设置相关的选项与参数。

(3) 在图像窗口中的目标对象边缘单击，确定选区起点。

(4) 沿着目标对象的边缘移动鼠标(不需按住鼠标键)，系统会按预设好的【宽度】、【对比度】、【频率】等选项值，分析图像、自动增加关键点，生成轨迹路径。

(5) 在移动鼠标生成路径轨迹的过程中，如果没有很好地将目标对象的边缘吸附到路径上，可单击，手工加入关键点；也可随时按 Delete 键或 Backspace 键，逐个删除采样点与路径片断。

(6) 当回到起点处时，鼠标指针右下方会出现一个小圆圈，此时单击，将创建出一个封闭选区。

(7) 在终点处双击，或按 Enter 键，将结束轨迹路径的生成，起点与终点自动连接以形成封闭的选区；在终点处，按住 Alt 键的同时双击，则以直线点封闭创建的选区。

(8) 在选区创建完成前，按 Esc 键，将取消轨迹路径的创建，恢复前面的选区设置；在选区创建完成后，在选区范围外单击，将取消对创建选区的选择。

4.2.2 应用【磁性套索工具】选取打伞女孩

使用【磁性套索工具】，从"撑伞女孩.BMP"文档中，将打伞女孩的图像选取出来。操作步骤如下。

(1) 启动 Photoshop CS5，执行【文件】|【打开】菜单命令，通过操作【打开】对话框，打开"撑伞女孩.BMP"文档，文档的内容如图 4.1 所示。

(2) 单击工具箱中的【磁性套索工具】按钮。

(3) 设置工具选项栏中的相应选项如图 4.5 所示：【宽度】值设为 3 个像素，【对比度】值设置为 85%，【频率】值设为 80，其他选项保持系统默认。

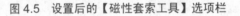

图 4.5　设置后的【磁性套索工具】选项栏

图 4.6　用【磁性套索工具】沿撑伞女孩
图像边缘生成的采样点

(4) 在图像窗口中雨伞伞尖顶端处单击，建立一个磁性点，以此点作为选区的起点。

(5) 从起点开始，沿着雨伞与女孩身体外侧边缘移动鼠标指针，选区的路径轨迹会沿着鼠标移动的路线，自动贴近图像边缘。

(6) 在某些拐点处可以单击鼠标，人为地增加关键点。

(7) 如果选区路径脱离了描绘对象的边缘，按Delete 键删除前段。图 4.6 所示为创建出的部分路径轨迹。

(8) 当选区全部描绘完毕，鼠标再次回到起点处时，鼠标指针右下方出现小圆圈，单击或按 Enter

键，创建出一个以虚线形式封闭的选区，如图 4.7 所示。

（9）执行【编辑】|【复制】菜单命令，将创建出的选区内容复制到粘贴板中。

（10）新建一个图像文档，宽度与高度分别设置为 12 厘米与 17 厘米，分辨率为 300 像素每英寸，颜色模式为 8 位的 RGB 模式，其他参数保持系统默认设置。

（11）确保新建文档窗口为当前活动窗口，执行【编辑】|【粘贴】菜单命令，新建文档自动创建出一个新的图层，图层内容正是保存在粘贴板中的图像。

（12）将新建图层更名为"撑伞女孩"。【图层】调板如图 4.8 所示，图像内容如图 4.2 所示。

（13）执行【文件】|【存储】菜单命令，将新建图像文档以"撑伞女孩.PSD"命名保存。

图 4.7　用【磁性套索工具】创建的选区

图 4.8　新建文档的【图层】调板

提示：

在使用【磁性套索工具】选取图像时，要尽可能贴近所选图像的边缘拖动鼠标，这样所创建的选区会更为精确。

4.3　魔棒工具组

魔棒工具组根据颜色的相似性来选择区域，能够快捷而灵活地选择面积较大的图像区域。本节最后介绍如何使用【魔棒工具】，将打伞女孩图像从素材文档中选取出来。

4.3.1　必备知识

Photoshop 中的选区工具从性质上可分为两类：一类为轨迹选取类，主要包括选框工具组和套索工具组；另一类为颜色选取类，主要包括魔棒工具组、橡皮擦工具组和【色彩范围】命令。

魔棒工具组包含【快速选择工具】和【魔棒工具】两类工具。这两类工具都是通过对图像色彩信息的分析与检查，选取颜色一致或相近的像素，来创建选区的。

提示：

虽然【磁性套索工具】也需要判断图像边缘的色彩，但在影响该工具的多个因素中，鼠标的轨迹仍是占主流的因素，因此将【磁性套索工具】归入轨迹选取工具类中。

1. 快速选择工具

【快速选择工具】在 photoshop 的早期版本中并不存在，它最早出现在 photoshop CS3 中。【快速选择工具】综合了【画笔工具】与【魔棒工具】的功能，可以看作是【魔棒工具】的一个升级工具。

【快速选择工具】既能够像【画笔工具】一样，用画笔笔尖快速描绘选区，又能够像【魔棒工具】一样，在拖曳鼠标时，用与鼠标经过时选择的像素相似的像素来自动查找图像的边缘，向外扩展选区的边界，从而达到快速创建选区的目的。

【快速选择工具】选项栏如图 4.9 所示。

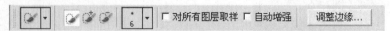

图 4.9 【快速选框工具】选项栏

选项栏中主要选项的意义说明如下。

1) 【设置选区增减模式】按钮组

按钮组由 3 个功能按钮组成，用来设置选区的增减方式。

【新选区】按钮▣：用来控制只能创建一个选区。如果已有一个选区，再创建新选区时，原选区将被自动取消。

【添加到选区】按钮▣：该按钮是系统默认选中的按钮，控制按照相加的运算模式创建选区，即对已有的选区，当拖曳鼠标时，该选区将检索与追踪图像定义的边缘并自动扩展选区的范围。

【从选区减去】按钮▣：用来控制按照相减的运算模式创建选区，即从已有选区中扣除与新建选区重合的区域。

2) 【画笔选取器】按钮

单击该按钮将打开如图 4.10 所示的画笔选取器，在选取器中可设置画笔笔触的大小、硬度、间距、角度、圆度等属性。

3) 【对所有图层取样】复选框

在创建选区时，用来控制【快速选择工具】是只对当前图层中的像素起作用，还是对所有可见图层中的像素都起作用。

4) 【自动增强】复选框

用来减少选区边界的粗糙度，增强选区边界的精度。

5) 【调整边缘】按钮

单击该按钮将打开【调整边缘】对话框，通过该对话框对当前选区的各种属性进行调整。

【快速选择工具】的使用步骤如下。

(1) 单击工具箱中的【快速选择工具】按钮✐。

(2) 在如图 4.9 所示的工具选项栏中，选择合适的选区增减模式，并设置画笔笔触的大小等属性。根据需要，对其他的选项进行相应的设置。

(3) 在图像窗口中的目标对象边缘处单击，拉出一个选区。

(4) 按住鼠标键不放，沿着目标对象的边缘拖曳鼠标进行绘制，选区将随着绘制而不断扩展。

(5) 从【设置选区增减模式】按钮组中选择相应的选区增减模式，对选区进行调整。

(6) 执行【选择】|【取消选择】菜单命令，或者右击执行【取消选择】快捷菜单命令，或者使用 Ctrl+D 快捷键，均可取消选区定义。

图 4.11 所示为用【快速选择工具】，在画笔大小设为 3 的情况下，为小男孩的头部创建出的选区。

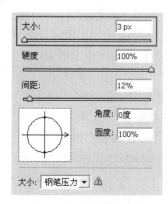

图 4.10　画笔选取器

图 4.11　用【快速选择工具】创建的选区

2.　魔棒工具

【魔棒工具】能够根据图像的色彩范围来确定选区，适用于选择大面积图像区域，是众多选区工具中功能较为强大的一款，能够基于相邻像素颜色的近似程度，快速选择出色彩差异较大的图像区域。

【魔棒工具】的工具选项栏如图 4.12 所示。

图 4.12　【魔棒工具】选项栏

选项栏中主要选项的意义说明如下。

1)【设置选区增减模式】按钮组

按钮组用来设置选区的增减方式，由 4 个功能按钮组成，意义与用法与选框工具组的完全相同。

2)【容差】文本框

用来设置选区的容差值，数值的有效范围为 0～255。容差值代表的是色彩的包容度，容差值越大，表明相邻像素间允许的颜色近似程度越大，用【魔棒工具】创建的选区范围就越广；反之，容差值越小，可选取颜色的范围就越窄，选区的范围也就越小。

3)【消除锯齿】复选框

当使用一种颜色填充选区时，会使选区边缘具有锯齿现象，【消除锯齿】选项能够通过选择部分像素来平滑选区边界，消除锯齿现象。

4)【连续】复选框

用来控制被选像素是否要求连续。选中该复选框，只能在图像中选择连续的近似像素；取消选中该复选框，则图像中的所有近似像素全部被选中，而无论这些像素是否相邻。

5)【对所有图层取样】复选框

选中此复选框，在选取图像创建选区时，不仅分析当前图层中的像素，还要分析所有可见图层中的像素。

【魔棒工具】的使用步骤如下。

(1) 单击工具箱中的【魔棒工具】按钮，鼠标指针变为魔棒形状。

(2) 在如图 4.12 所示的工具选项栏中，设置选区的增减模式，输入适当的容差值。

(3) 根据需要，在工具选项栏中设置其他的选项。

(4) 在图像窗口中的目标对象采样点处单击，系统根据设置的容差值，自动将图像中与采样点颜色一致或相近的像素区域采集下来，包含在生成的选区中。

(5) 使用 Ctrl+D 快捷键，或者执行【选择】|【取消选择】菜单命令，或者右击执行【取消选择】快捷菜单命令，均可取消刚才的选区定义。

在【魔棒工具】选项栏的各个选项中，【容差】是对选区范围影响最大的选项。不同的容差值决定着【魔棒工具】所选范围的大小。图 4.13 与图 4.14 所示是将容差值分别设为 10 与50，然后用【魔棒工具】单击小鹅胸脯位置时所创建出的不同选区效果。

图 4.13　容差值为 10 时【魔棒工具】的选区效果　　图 4.14　容差值为 50 时【魔棒工具】的选区效果

操作技巧：使用【魔棒工具】创建选区时，首先在工具选项栏中单击【添加到选区】按钮，或按住 Shift 键，然后多次单击图像的不同位置，创建出多个选区，并将它们的区域合并起来，从而达到扩大选择范围的效果。

4.3.2　应用【魔棒工具】选取打伞女孩

使用【魔棒工具】，根据颜色的相似性，从"撑伞女孩.BMP"文档中选取打伞女孩的图像。操作步骤如下。

(1) 启动 Photoshop CS5，打开"撑伞女孩.BMP"文档，文档的内容如图 4.1 所示。

(2) 按 F7 键，打开【图层】调板，可以看到当前打开的文档中只包含一个"背景"图层。

(3) 单击工具箱中的【魔棒工具】按钮，鼠标指针立即变为魔棒形状。

(4) 在工具选项栏中设置以下选项：【容差】值设为 10，选中【消除锯齿】与【连续】两个复选框，如图 4.15 所示。

图 4.15　设置后的【魔棒工具】选项栏

(5) 在背景图层中，单击女孩头发左侧某处，使图像的白色背景成为选区，如图 4.16 所示，

(6) 按住 Shift 键，在女孩风衣左右两侧的墨绿色荷叶区域中，分别选中两处(如图 4.17 所示的红色小圆圈位置)并单击，将选区的范围扩展到包含荷叶区域。

图 4.16 用【魔棒工具】创建白色背景选区

图 4.17 将荷叶区域包含到选区内

(7) 执行【选择】|【反向】菜单命令，或按 Ctrl+Shift+I 快捷键，反选选区，得到如图 4.18 所示的效果，使得打伞女孩的像素被包含在反向后的选区中。

(8) 执行【图层】|【新建】|【通过复制的图层】菜单命令，或按 Ctrl+J 快捷键，在【图层】调板中新建一个透明的普通图层。

(9) 将新建图层的默认名"图层 1"更名为"撑伞女孩"，此时的【图层】调板如图 4.19 所示。

图 4.18 执行反选选区后的效果

图 4.19 新建图层后的【图层】调板

(10) 选中背景图层，执行【图层】|【删除】菜单命令或使用【图层】调板工具栏上的【删除图层】按钮，将背景图层删除，只留下"撑伞女孩"图层。此时的【图层】调板如图 4.20 所示。

(11) 由于图像颜色的繁杂性，经过【魔棒工具】筛选后，"撑伞女孩"图层中仍然包含一些零碎的色点、色块与色斑，如图 4.21 所示。

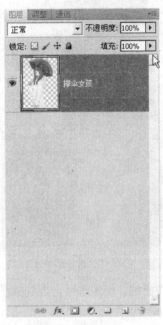

图 4.20　删除背景图层后的【图层】调板　　　图 4.21　　图像中包含的一些处理不彻底的色块

(12) 使用【橡皮擦工具】或【背景橡皮擦】(用法见 4.5 节)，对"撑伞女孩"图层的内容做进一步的加工处理，将图层中残留的多余痕迹全部擦除干净。

图层处理后的内容如图 4.2 所示。

(13) 将图像文档以"撑伞女孩.PSD"为名，保存起来。

4.4　【色彩范围】命令

【色彩范围】命令能够根据图像中颜色的分布特征与色彩的变化关系来自动生成复杂的选区。本节将讲解【色彩范围】命令的用法，最后介绍如何用该命令将打伞女孩图像从素材文档中选取出来。

4.4.1　必备知识

【色彩范围】命令与【魔棒工具】的工作原理极为近似，都是根据取样点的颜色与设定的容差值来确定选区的范围。【色彩范围】命令综合了选区的替换、相加及相减运算，其特点在于：允许在整个图像上或者在已有的局部选区范围内，对特定的色彩或色彩集进行多次选取。

1.　【色彩范围】对话框

使用【色彩范围】命令选取图像中的色彩或色彩集，是通过设置【色彩范围】对话框中的

各个选项来实现的。当打开图像文档，执行【选择】|【色彩范围】菜单命令，便打开了【色彩范围】对话框，如图 4.22 所示。

图 4.22　【色彩范围】对话框

【色彩范围】对话框中各选项的意义及作用说明如下。

1)【选择】下拉列表框

用来设置选择取样颜色的方式。图 4.23 所示为该下拉列表框的选项列表，从中可以选择预设的颜色与色调，也可以查看溢色信息，其中的【取样颜色】选项，能够通过在图像中单击而直接选取取样颜色。

2)【本地化颜色簇】复选框

选中该项能够更精确地进行选取，同时，【范围】文本框变成有效。

3)【颜色容差】文本框

用来控制取样颜色的容差值，容差值的有效范围为 0～200。设定容差值的方式有两种，可以在文本框中直接输入数值，或者通过拖曳下方的滑块来设定。容差值越大，可选择的相似颜色范围越广；容差值越小，可选择的相似颜色范围越窄。通过调整容差值的大小，能够控制相关颜色在选区中的包含数量，从而控制像素的密集与稀疏程度。

4)【范围】文本框

用来增减选区的范围，与【本地化颜色簇】复选框配合使用，有效值的范围为 0%～100%。【范围】值越大，选取的精度越低；【范围】值越小，选取的精度越高。

5)【预览区】单选按钮组

用来控制预览区图像以何种方式显示。选中【选择范围】单选按钮，预览区将以黑白两色来区别显示非选择区域和选择区域的内容。选中【图像】单选按钮，预览区将以彩色方式原样显示当前图像窗口或选区中的图像。

6)【选区预览】下拉列表框

用来设定当前图像窗口的预览方式，以便更直观更精确地表现出将要创建选区的特征。图 4.24 所示为【选区预览】的选项列表，列表中包含 5 种选项，默认选择为【无】。各选项意义说明如下。

(1)【无】：此方式下，无论选择的区域形状是什么，图像都按正常显示。

(2)【灰度】：被选择的区域在图像窗口中以灰度图的方式显示。该方式下，白色像素代表被选中的区域，黑色像素代表未被选中的区域。这种方式也是【色彩范围】对话框中预览区默认的显示方式。

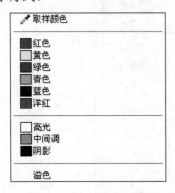

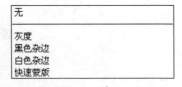

图 4.23 【选择】选项列表   图 4.24 【选区预览】选项列表

(3)【黑色杂边】：在图像窗口中，未被选择的区域以黑色显示，而被选择的区域依照原样进行显示。

(4)【白色杂边】：在图像窗口中，未被选择的区域以白色显示，而被选择的区域依照原样进行显示。

(5)【快速蒙版】：在图像窗口中，未被选择的区域被一层半透明的蒙版色所遮盖，而被选择的区域依照原样进行显示。

7) 命令按钮组

【色彩范围】对话框右上方包含【确定】、【取消】、【载入】和【存储】4 个命令按钮，它们的功能如下。

(1)【确定】：将当前的选项设置应用到目标图像或目标图层中，从而生成相应的选区。

(2)【取消】：放弃当前的选项设置，不生成任何选区。

(3)【载入】：打开一个选项设置文件并启用该文件包含的选项设置。

(4)【存储】：将当前的选项设置保存到一个扩展名为.AXT 的选项设置文件中，以备载入时使用。

8)【取样方式】按钮组

【存储】命令按钮下方并排着 3 个设置取样方式的按钮，用于选区范围的确定、增加或减小。单击其中一个按钮，使其呈凹进状态，则该按钮对应的取样方式会一直有效，直到切换到另一种取样方式时为止。各按钮的功能说明如下。

【吸管工具】按钮：用来完成一次颜色选择。该取样方式下，选区操作是互斥的，当再次操作时，前面确定的选区就会自动被取消，而替代为新建选区。

【添加到取样】按钮：用来增加选取的颜色范围，可多次执行添加取样操作。

【从取样中减去】按钮：用来减少选取的颜色范围，可多次执行减除取样操作。

9)【反相】复选框

选择与当前选中范围相反的区域。

　　操作技巧：(1) 用【色彩范围】命令创建选区时，要向选区中增加颜色，即使不切换到【添加到取样】方式，仍然可以通过按住 Shift 键不放，然后单击图像中要增加颜色所在的像素，实现将对应像素包含到选区中。

　　(2) 要从选区中去除多余颜色，可按住 Alt 键不放，或单击【从取样中减去】按钮，然后单击选区中要去除颜色所在的像素位置，将对应的像素区域从选区中排除。

　　2. 使用取样颜色生成选区

　　【取样颜色】选项是【色彩范围】命令默认的颜色取样方式。该方式下，通过单击便可直接选取要取样的颜色，并根据【颜色容差】范围的设定，从图像中筛选出相近的颜色像素集合，组成最终的选区。

　　用【取样颜色】选项创建选区的操作步骤如下。

　　(1) 打开要操作的图像，选中目标图层或目标图像范围。

　　(2) 从【选择】选项列表中选择【取样颜色】选项。

　　(3) 单击【取样方式】按钮组中的【吸管工具】按钮 。

　　(4) 在图像窗口或【色彩范围】对话框的预览区中，单击相应的图像区域，选取要取样的颜色。

　　(5) 用鼠标拖曳【颜色容差】的滑块，通过改变容差值，调整选取颜色的范围。

　　(6) 切换到【添加到取样】方式下，在图像窗口或【色彩范围】对话框的预览区中单击增添颜色所在的图像区域，来扩大选区范围。

　　(7) 切换到【从取样中减去】方式下，在图像窗口或【色彩范围】对话框的预览区中单击去除颜色所在的图像区域，来减少选区范围。

　　(8) 选项设定完成后，单击【确定】按钮，关闭【色彩范围】对话框，图像窗口中立即出现已创建选区的浮动范围线。

　　3. 使用预设颜色生成选区

　　【色彩范围】命令能够使用系统预设的几种颜色或色调，从图像中选择出特定色彩的像素集合，组成最终的选区。

　　用系统预置的颜色选项来创建选区的操作步骤如下。

　　(1) 打开要操作的图像，选中目标图层或目标图像范围。

　　(2) 从【选择】选项列表中选择系统预置的某个颜色选项或色调范围选项。其中的【溢色】选项仅适用于 RGB 或 Lab 图像。

　　(3) 此时，【颜色容差】选项、【取样方式】按钮组等都变得不可用。

　　(4) 单击【确定】按钮，关闭【色彩范围】对话框。

　　(5) 图像中与选择颜色一致的像素区域自动成为当前选区。

4.4.2　应用【色彩范围】命令选取打伞女孩

　　使用【色彩范围】命令，配合其他选区工具，从"撑伞女孩.BMP"文档中选取打伞女孩的图像。

　　操作步骤如下。

　　(1) 在 Photoshop CS5 中打开"撑伞女孩.BMP"文档，文档的内容如图 4.1 所示。

　　(2) 单击工具箱中的【魔棒工具】按钮，对其工具选项栏做以下设置：【容差】值设为 10，选中【消除锯齿】与【连续】两个复选框。

　　(3) 在背景图层中，单击女孩头部外侧某处，使图像的白色背景成为选区，如图 4.16 所示。

　　(4) 按 Ctrl+Shift+I 快捷键，反选选区。

　　(5) 按 Ctrl+J 快捷键，在【图层】调板中新建一个透明的普通图层"图层 1"，内容如图 4.25 所示。

　　(6) 选中图层 1，执行【选择】|【色彩范围】菜单命令，弹出【色彩范围】对话框。

　　(7) 在【色彩范围】对话框中，从【选择】下拉列表框中选择【取样颜色】选项；选中【本地化颜色簇】复选框；设置【颜色容差】值为 50；选中【图像】单选按钮；从【选区预览】下拉列表框中选择【白色杂边】选项。

　　(8) 单击【色彩范围】对话框右侧的【添加到取样】按钮 ，使其呈凹进状态。

　　(9) 使用带加号的【吸管工具】 ，在预览区中单击女孩右侧的荷叶，确定选取的颜色。可多次单击荷叶区域不同的位置，尽可能多地将该区域包含到要生成的选区中。

　　(10) 此时，图像窗口如图 4.26 所示。当前的【色彩范围】对话框如图 4.27 所示。

图 4.25　新建的普通图层的内容

图 4.26　【白色杂边】预览方式下的图像窗口

图 4.27　【色彩范围】对话框

　　(11) 单击【色彩范围】对话框右上角的【确定】按钮，图像窗口中出现了一个新创建的繁杂选区，选区中排除了多个与取样颜色相差较大的色块与色斑，如图 4.28 所示。

　　(12) 选中【工具箱】中的选框工具组或套索工具组中的相应选区工具，按住 Shift 键后依次选择没能包含到新建选区的色块或色斑，将它们增加到新建选区中。按住 Alt 键的同时，选择多余的像素区域，将它们从新建选区中删除。增减像素区域后的最终选区如图 4.29 所示。

图 4.28　通过【色彩范围】命令创建的选区

图 4.29　增减像素后得到的最终选区

(13) 按 Ctrl+Shift+I 快捷键, 将新建选区反向, 得到如图 4.30 所示的效果。此时, 打伞女孩的像素被包含在反向后的选区中。

(14) 执行【图层】|【新建】|【通过复制的图层】菜单命令, 将反向后的选区复制到【图层】调板中, 成为一个名为"图层 2"的普通图层, 图层内容如图 4.31 所示, 其中仍然包含一些多余的色块与色斑。

(15) 将"图层 2"更名为"撑伞女孩", 然后将"图层 1"删除。

图 4.30　对新建选区反向后的效果

图 4.31　复制的透明图层"撑伞女孩"的内容

(16) 单击【工具箱】中【橡皮擦工具】或【背景橡皮擦工具】, 用选中的工具将"撑伞女孩"中残留的多余痕迹擦除干净(用法见 4.5 节), 图层最后的效果如图 4.2 所示。

(17) 将图像文档以"撑伞女孩.PSD"为名, 保存起来。

(18) 执行【文件】|【关闭】菜单命令, 关闭图像文档。

4.5 橡皮擦工具组

橡皮擦工具组中的工具，能够更改图像的像素，有选择地擦除相同或相近的颜色。本节最后将介绍如何使用该工具组，将打伞女孩图像从素材文档中选取出来。

4.5.1 必备知识

橡皮擦工具组包含三类工具按钮：【橡皮擦工具】按钮 、【背景橡皮擦工具】按钮 及【魔术橡皮擦工具】按钮 。

【橡皮擦工具】类似于日常学习中所用的橡皮，用于擦除图像中不需要的像素。

【背景橡皮擦工具】用于擦除图像中特定的颜色，能够将图像擦除至透明。此工具如果作用于背景图层，将自动将其转换为普通图层。

【魔术橡皮擦工具】用来擦除图像中与鼠标单击处颜色相近的像素。

1. 橡皮擦工具

【橡皮擦工具】用来擦除图像中的区域，它是擦除局部图像的最简单工具。

在普通图层上擦除时，【橡皮擦工具】将清洗掉擦除区域的像素，并将擦除区域设置为透明状态，透过透明区域，能够透视到当前图层下面的那些图层。如果在背景图层或在透明像素被锁定的图层中使用【橡皮擦工具】进行擦除，则擦抹过的地方会用背景色予以填充。

【橡皮擦工具】的选项栏如图 4.32 所示。

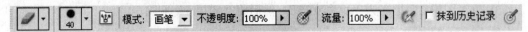

图 4.32 【橡皮擦工具】选项栏

选项栏中主要选项的意义说明如下。

1)【画笔预设选取器】按钮

单击该按钮，将打开如图 4.33 所示的画笔预设选取器，在预设选取器中，可设置画笔的大小、硬度、笔触样式等属性。

2)【模式】下拉列表框

列表框给出了【画笔】、【铅笔】及【块】3 种不同的橡皮擦类型。每种橡皮擦类型对应于一种控制擦除笔画尺寸的擦除样式。当选择了不同的橡皮擦类型，工具选项栏中的选项也会有所不同。

3)【不透明度】文本框

用来控制擦除像素时填充的背景色或透明色的不透明度。

4)【流量】文本框

用来控制擦除像素时填充的背景色或透明色的密集程度。

5)【使用喷枪模式】按钮

用来控制擦除像素是否启用喷枪功能。

6)【抹到历史记录】复选框

选中此选项，可将图像恢复到【历史记录】调板中的任何一个状态。此时，可擦除指定历史记录状态中的区域。

【橡皮擦工具】的使用步骤如下。

(1) 打开要处理的图像文档。

(2) 单击【工具箱】中的橡皮擦工具组按钮，打开如图 4.34 所示的弹出式菜单，选择【橡皮擦工具】选项，鼠标指针成为小圆圈标识。

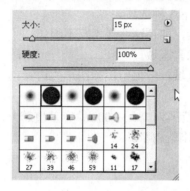

图 4.33 【橡皮擦工具】的画笔预设选取器

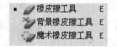

图 4.34 橡皮擦工具组

(3) 根据需要，在其工具选项栏中进行相关选项的设置。

(4) 按住鼠标左键，在图像窗口中的目标对象上拖曳鼠标，开始擦除像素的过程，直至擦除工作全部完成。

> **操作技巧**：使用【橡皮擦工具】时，按住 Shift 键，系统将以自动生成的首尾相连的直线进行擦除。

2. 背景橡皮擦工具

【背景橡皮擦工具】可以擦除图像的背景，并将其抹成透明的区域，【背景橡皮擦工具】可以在擦除背景的同时保留对象的边缘，实现抠图操作，并通过设置不同的取样方式与容差值等选项，来控制对象边缘的透明度与锐利程度。

【背景橡皮擦工具】不受【图层】调板上的【图层锁定】选项按钮的影响，如果【背景橡皮擦工具】操作的是背景图层，操作完成后，背景图层将自动转变为普通图层。

【背景橡皮擦工具】在画笔的取样中心取色，而不受取样中心以外其他颜色的影响。使用【背景橡皮擦工具】能够基于颜色将图像从其背景中精确地分离出来，并可避免擦除前景色。

【背景橡皮擦工具】的选项栏如图 4.35 所示。

图 4.35 【背景橡皮擦工具】选项栏

选项栏中主要选项的意义说明如下。

1)【画笔预设选取器】按钮

单击该按钮，将打开与图 4.33 近似的画笔预设选取器对话框。在预设选取器中，可设置画笔的大小、硬度、间距、角度、圆度、压力特性等属性。

2)【取样模式】按钮组

用来设置所要擦除颜色的取样方式，按钮组包含以下 3 种模式按钮。

【连续】按钮：随着鼠标的移动不断吸取取样颜色，鼠标经过地方的像素均被擦除。

【一次】按钮 ：以鼠标首次单击处作为取样的颜色，然后以该取样颜色为基准，擦除颜色在容差范围内的像素。

【背景色板】按钮 ：以背景色作为取样颜色，可以擦除颜色与背景色一致或相近的像素。

3）【限制】下拉列表框

用来选择抹除操作的范围，下拉列表框包含以下 3 种选项。

【不连续】选项：控制抹除所有的颜色相近像素，即使这些像素互不相邻。

【连续】选项：控制仅抹除与单击处相关联的像素区域。

【查找边缘】选项：抹除与单击处相邻的像素区域，但保留擦除图形的边缘。

4）【容差】文本框

用来控制擦除像素颜色的范围，容差值的有效范围为 1%～100%。容差值越大，擦除的颜色范围就越广；反之，容差值越小，擦除的颜色范围就越窄。

5）【保护前景色】复选框

用来保护前景色，使其不被擦除。

【背景橡皮擦工具】的使用步骤如下。

(1) 打开要处理的图像文档。

(2) 从【工具箱】的橡皮擦工具组中单击【背景橡皮擦工具】按钮 ，鼠标指针变为中心带有加号的小圆圈标识。

(3) 根据需要，在其工具选项栏中进行相关选项的设置。

(4) 按住鼠标左键，在图像窗口中的目标对象上拖曳鼠标，开始擦除像素的过程，直至擦除工作全部完成。

操作技巧：如果要恢复被【背景橡皮擦工具】擦除的区域，可按住 Alt 键不放，然后对要恢复的区域进行涂抹，被擦除的像素便可还原。

---

3. 魔术橡皮擦工具

【魔术橡皮擦工具】较之前两种擦除工具更智能化，它可根据颜色近似程度来擦除不同图层中的图像，并控制将图像擦除成透明的程度，还可通过单击图层迅速地将图像中具有相同或相近颜色的像素擦除，并设置为透明。

如果用【魔术橡皮擦工具】操作的是背景图层，操作完成后，背景图层将自动转变为普通图层。如果操作的是锁定透明的图层，则擦除的像素将被填充为背景色。

📁 提示：

在工作方式上，【魔术橡皮擦工具】与【魔棒工具】具有相似性，它们都基于颜色的相似性来处理像素。只是前者用来擦除图像区域，后者用来选择图像区域。

【魔术橡皮擦工具】的选项栏如图 4.36 所示。

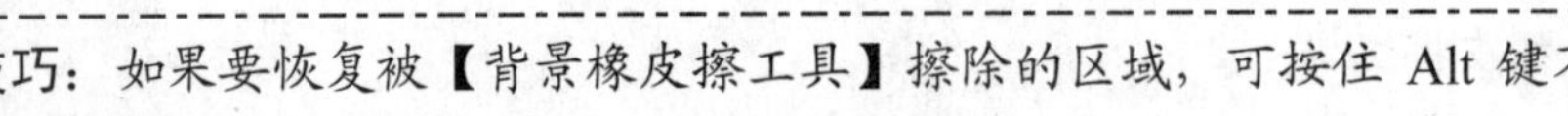

容差: 10　☑ 消除锯齿　☑ 连续　☐ 对所有图层取样　不透明度: 100% ▶

图 4.36 　【魔术橡皮擦工具】选项栏

选项栏中主要选项的意义说明如下。

1）【容差】文本框

用来设置擦除的颜色范围值，容差值可从 0～255。容差值越大，表明可擦除的颜色范围越广；容差值越小，表明可擦除的颜色范围越窄。

2)【消除锯齿】复选框

用来使擦除区域的边缘产生平滑效果。

3)【连续】复选框

用来控制被擦除像素是否要求连续。选中该复选框，只能在图像中擦除与单击处颜色相近且连续的像素；取消选中该复选框，则擦除与单击处颜色近似的所有像素，而无论这些像素是否与单击点相邻。

4)【对所有图层取样】复选框

选中此复选框，【魔术橡皮擦工具】在擦除图像时，不仅擦除当前图层中颜色相近的像素，还要擦除所有图层中符合要求的像素；取消选中此复选框，【魔术橡皮擦工具】只作用于当前图层，不会影响其他图层中的像素。

5)【不透明度】文本框

用来控制【魔术橡皮擦工具】的透明程度。不透明度值越小，更多的图像像素将被保留；不透明度值越大，将产生更透明的效果。

【魔术橡皮擦工具】的使用步骤如下。

(1) 打开要处理的图像文档。

(2) 从【工具箱】的橡皮擦工具组中单击【魔术橡皮擦工具】按钮，鼠标指针成为魔术橡皮擦标识。

(3) 根据需要，在【魔术橡皮擦工具】选项栏中进行相关选项的设置。

(4) 在图像窗口中，移动鼠标指针到要擦除的区域中单击，系统会根据选项的设置，擦除目标像素。

(5) 反复执行(3)、(4)两步，直至擦除工作全部完成。

4.5.2 应用橡皮擦工具组选取打伞女孩

使用【魔术橡皮擦工具】及橡皮擦工具组中其他擦除工具，从"撑伞女孩.BMP"文档中选取打伞女孩的图像。

操作步骤如下。

(1) 在 Photoshop CS5 中打开"撑伞女孩.BMP"文档，文档的内容如图 4.1 所示。

(2) 按 F7 键，打开【图层】调板，可以看到当前打开的文档中只包含一个"背景"图层。

(3) 单击工具箱中的【魔术橡皮擦工具】按钮，鼠标指针成为魔术橡皮擦标识。

(4) 设置工具选项栏中的相应选项：【容差】值设为 30，选中【消除锯齿】与【连续】两个复选框，其他选项保持系统默认，如图 4.37 所示。

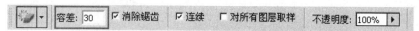

图 4.37　容差值设为 30 的【魔术橡皮擦工具】选项栏

(5) 在背景图层中，单击女孩或雨伞外侧的白色背景区域任意处，则白色背景立即被擦除，并被填充为透明色，如图 4.38 所示。

(6) 由于【魔术橡皮擦工具】操作的是背景图层，操作完成后，背景图层被自动转变为普通图层，图层名由"背景"被更名为"图层 0"，如图 4.39 所示。

图 4.38 擦除了白色背景后的效果　　　　图 4.39 擦除白色背景后的【图层】调板

（7）将工具选项栏中的容差值设置为 150，其他选项保持不变，如图 4.40 所示。

图 4.40 容差值设为 150 的【魔术橡皮擦工具】选项栏

（8）在女孩风衣左右两侧的荷叶区域中，分别在墨绿色像素处单击，颜色在容差范围内的荷叶图像像素全部被擦除，如图 4.41 所示。

（9）经过【魔术橡皮擦工具】擦除后，图层中仍然包含一些零碎的色点、色块与色斑，如图 4.42 所示。

图 4.41 擦除了两侧荷叶像素后的效果　　　　图 4.42 图像中残留的色斑与色块

(10) 在【工具箱】中单击【橡皮擦工具】或【背景橡皮擦工具】，用选中的工具将图像中残留的多余痕迹擦除干净，图层最后的内容如图 4.2 所示。

(11) 将图层的默认名"图层 0"更名为"撑伞女孩"。

(12) 将图像文档以"撑伞女孩.PSD"为名，保存起来。

课 后 习 题

一、填空题

1. 套索工具组包含【＿＿＿】、【＿＿＿】和【磁性套索工具】三类工具。

2.【＿＿＿】能够在拖移鼠标的过程中，自动捕捉图像的边缘，最终精确地创建出一个选区。

3.【＿＿＿】能够基于相邻像素颜色的近似程度，快速选择出色彩差异较大的图像区域。

4.【快速选择工具】综合了【＿＿＿】与【＿＿＿】的功能，可以看作是后者的一个升级工具。

5.【色彩范围】命令根据取样点的颜色与容差值，确定图像选区的范围。它综合了选区的替换、＿＿＿＿＿及＿＿＿＿＿运算。

6.【背景橡皮擦工具】不受【图层】调板上的【＿＿＿】选项按钮的影响。

7. 用【魔术橡皮擦工具】操作背景图层后，背景图层将自动转变为＿＿＿＿＿＿；如果操作的是＿＿＿＿＿＿的图层，则擦除的像素将被背景色填充。

8. 使用【＿＿＿】，能够避免擦除前景色。

二、单项选择题

1. (　　)不能实现不规则选区的创建。
   A.【磁性套索工具】　　　　　　　B.【快速选择工具】
   C.【色彩范围】命令　　　　　　　D.【椭圆选框工具】

2.【色彩范围】对话框中为了调整颜色的范围，应当调整(　　)的数值。
   A. 画笔大小　　　B. 颜色容差　　　C. 范围　　　　　D. 羽化

3. 下面 (　　) 可以选择连续且相似的颜色区域。
   A.【磁性套索工具】　　　　　　　B.【矩形选框工具】
   C.【魔棒工具】　　　　　　　　　D.【椭圆选框工具】

4. 对【色彩范围】对话框各选项的描述中，说法错误的是(　　)。
   A. 颜色容差值的有效范围为 0～255
   B.【范围】文本框并非始终有效
   C.【本地化颜色簇】控制更精确地选取
   D.【选区预览】包含 5 种选项

5. 下面对【背景橡皮擦工具】与【魔术橡皮擦工具】的描述中，说法错误的是(　　)。
   A. 前者可将颜色区域擦除为透明区域
   B. 后者可将所有图层的近似颜色像素擦除为透明
   C. 前者可以在擦除背景的同时保留对象的边缘
   D. 后者是基于颜色的相似性来处理像素

三、判断题

1.【魔棒工具】能够自动捕捉图像边缘。 （ ）

2. 用【背景橡皮擦工具】擦除背景图层后，背景图层转变为普通图层。 （ ）

3.【色彩范围】对话框中的颜色容差值的有效范围为 0～255。 （ ）

4. 在【磁性套索工具】选项栏中，【频率】值的有效范围为 1～100。 （ ）

5.【魔术橡皮擦工具】可以在擦除背景的同时保留对象的边缘。 （ ）

四、简答题

1. 抠图的意义是什么？Photoshop CS5 为抠图提供了哪几类工具？

2.【快速选择工具】与【磁性套索工具】各适合对哪一类图像进行选取？

3. 不规则选区工具主要有哪些？各有什么作用与特点？

4.【魔棒工具】的容差与【色彩范围】命令的颜色容差各有什么意义？有什么区别？

5.【魔棒工具】与【色彩范围】命令具有相似的工作原理，二者各有什么特点？有何不同？

6.【橡皮擦工具】与【背景橡皮擦工具】各有什么用途？

7. 如何用【魔术橡皮擦工具】进行选区定义？举例说明其操作步骤。

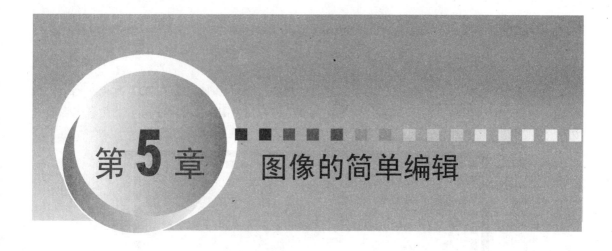

第 **5** 章　图像的简单编辑

　学习目标

通过本章的学习，读者能够熟练掌握用命令与工具编辑、修改图像与选区的操作，能够灵活运用【裁剪工具】裁剪图像，运用【变换】、【变形】、【自由变换】及【操控变形】等重要命令，对图层、选区等对象实施各种变换、变形操作。

　知识要点

1. 图像的编辑操作类型与方法
2. 选区的编辑操作类型与方法
3. 选区的修改操作类型与方法
4. 【裁剪工具】的用法与操作步骤
5. 移动选区的方法与操作步骤
6. 【变换】命令的用法与操作步骤
7. 【自由变换】命令的用法与操作步骤
8. 【变形】命令的用法与操作步骤
9. 【操控变形】命令的用法与操作步骤

　核心技能

1. 对图像与选区进行编辑与修改的技能
2. 运用【变换】命令实现多种变换操作的技能
3. 运用【变形】命令进行图像变形的技能
4. 运用【操控变形】命令灵活变形的技能

　分解的任务进程

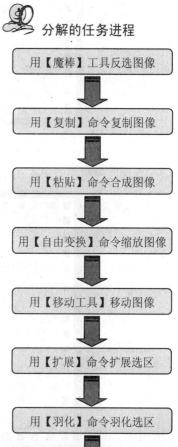

5.1 任务描述与步骤分解

将第 3、4 两章加工而成的 "《心境》封面 2.PSD" 和 "撑伞女孩. PSD" 两个文档中的图像合二为一，即将撑伞女孩的图像适当调整大小与位置后，镶嵌如图 5.1 所示的带有电影胶片边缘效果的背景图像中。

图 5.1 图像文档 "《心境》封面 2.PSD" 的内容

合成后的图像效果如图 5.2 所示。

图 5.2 图像合成后的效果

根据要求，本章的任务可分解为以下两个子任务。

(1) 使用【复制】与【粘贴】命令，将打伞女孩图像与 "《心境》封面 2.PSD" 文档的图像合成在一起。

(2) 运用【变换】或【自由变换】命令，将打伞女孩图像适当缩放，调整到最佳比例。
下面说明每个子任务的实现过程。

5.2　多个图像的合成

图像与选区的编辑操作，在图像处理中具有较高的使用频率。本节将重点介绍修改图像与
画布大小的命令，以及对选区进行编辑与更改操作的命令。最后介绍如何将打伞女孩的图像复
制到背景图像中。

5.2.1　必备知识

Photoshop 中的图像包含完整的文档图像、图层图像、局部的选区图像等多个层次。处理
图像时，要区别对待这些不同层次的对象。操作不同对象时所用的命令与方法会有所不同。例
如，旋转整个图像(即文档的所有图层)，必须使用【图像】|【图像旋转】菜单命令；而旋转图
层或选区中的图像，则要使用【编辑】|【变换】菜单命令。

1. 图像的编辑操作

【图像】菜单命令除提供图像大小与画布大小的更改操作外，还提供了图像的旋转操作。
1) 修改图像大小
使用【图像】菜单命令，能够查看与修改与图像大小有关的多个属性值。
操作步骤如下。
(1) 执行【图像】|【图像大小】菜单命令，打开如图 5.3 所示的【图像大小】对话框。

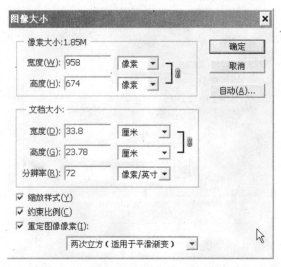

图 5.3　【图像大小】对话框

(2) 单击【自动】按钮，或根据需要，在对话框的【像素大小】、【文档大小】等选项组的
对应文本框中直接输入数值，设置相关的选项。
(3) 单击【确定】按钮，即可完成图像尺寸和分辨率的重置操作。
【图像大小】对话框中主要选项的意义如下。
(1)【像素大小】选项组。显示当前图像的【宽度】和【高度】值及单位。默认单位为"像

素"，也可以选择另一个单位"百分比"，若使用该单位，【宽度】和【高度】值代表的是图像缩放的比例。

(2)【文档大小】选项组。用来设定图像的大小与分辨率。设定时，应先从右侧的列表框中选择单位，然后在左侧的【宽度】、【高度】、【分辨率】3 个文本框输入文档的尺寸值与分辨率值。

(3)【缩放样式】复选框：该项对于应用了样式图层的图像有意义。选中该项，可以在更改了大小的图像中缩放效果。该项只有在选中了【约束比例】选项的前提下才可用。

(4)【约束比例】复选框：用来决定是否锁定图像宽和高的比例。选中该项，图像宽和高的比例便固定下来，不可再被修改。

(5)【重定图像像素】复选框：选中了该项，可以改变图像的大小；否则，【文档大小】选项组中的 3 个选项都将被锁定，即图像的大小将被锁定，同时【像素大小】选项组成为不可编辑状态。

(6)【插入像素算法】下拉列表框：用来选择插入像素的算法类型。该项只有在选中了【重定图像像素】选项的前提下才可用。

(7) 命令按钮组。包含【确定】、【取消】及【自动】3 个按钮。【确定】或【取消】按钮用来决定是否提交对图像大小的更改，【自动】按钮则用来设置自动分辨率。

2) 修改画布尺寸

实际工作中，有时需要增加图像工作区的大小，此时可以通过改变画布的大小来解决这一问题。改变画布大小的操作步骤如下。

(1) 执行【图像】|【画布大小】菜单命令，打开如图 5.4 所示的【画布大小】对话框。

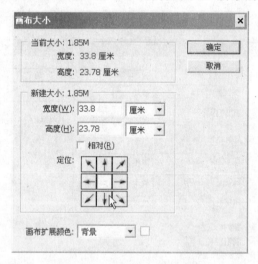

图 5.4 【画布大小】对话框

(2) 此时对话框中显示的宽度与高度值与画布实际的尺寸值相同。可以根据需要，在【宽度】和【高度】文本框中输入新值，并设置其他相关的选项。

(3) 单击【确定】按钮，使画布尺寸改变为更改后的大小。

【画布大小】对话框中主要选项的意义如下。

(1)【当前大小】选项组：显示当前图像文档的大小、画布的宽度和高度值及单位。

(2)【新建大小】选项组：显示新建画布的大小参数。在【宽度】和【高度】文本框中输入数值，可以精确地改变画布的大小。

(3)【相对】复选框：选中此项，则【宽度】和【高度】值表示图像新尺寸与原尺寸的差值，即相对于原图像的宽度和高度值。在【宽度】和【高度】文本框中如果输入正值，则扩大画布；如果输入负值，则裁剪画布。

(4)【定位】按钮组：单击【定位】按钮组中 9 个箭头按钮中的任意一个，可以设置图像在画布中的相对位置，以及选择图像裁剪的区域。

(5)【画布扩展颜色】下拉列表框：用来选择画布扩展后扩展区域的像素颜色，也可用下拉列表框右侧的【颜色】按钮，直接设置扩展区域的颜色。

3) 旋转图像

使用【图像】菜单命令，能够实现对整个图像的旋转操作。

操作步骤如下。

(1) 执行【图像】|【图像旋转】菜单命令，弹出如图 5.5 所示的级联菜单。

(2) 选择其中任一选项，即可按照指定的方式对图像进行相应的旋转。

举例说明：图 5.6 所示为一幅图像，对其分别执行【180 度】和【水平翻转画布】命令，所得的结果分别如图 5.7 和图 5.8 所示。

图 5.5　【图像旋转】命令级联菜单

图 5.6　未执行旋转操作的原图

图 5.7　执行【180 度】旋转命令后的效果　　　图 5.8　执行【水平翻转画布】命令后的效果

(3) 执行【任意角度】命令选项时，将打开如图 5.9 所示的【旋转画布】对话框。

(4) 在对话框的【角度】文本框中输入要旋转的角度值。

(5) 然后从两个单选按钮中选择一个，定义旋转的方向为【顺时针】还是【逆时针】。

(6) 单击【确定】按钮，即可对图像实施旋转操作。

举例说明：对如图 5.6 所示的图像使用【任意角度】命令，在【旋转画布】对话框中，按照如图 5.9 所示的数值设置选项参数，然后单击【确定】按钮，得到如图 5.10 所示的效果。

提示：

(1) 按任意角度旋转图像时，在【旋转画布】对话框中输入的旋转角度值，范围从-359.99度到 359.99 度。

(2) 输入的旋转角度值的正负号，代表着图像的旋转方向。其中正号代表按逆时针方向旋转图像；负号代表按顺时针方向旋转图像。

图 5.9 【旋转画布】对话框　　　　　　　　图 5.10　逆时针旋转 60 度后的效果

2. 选区的编辑操作

使用【编辑】主菜单提供的命令，借助剪贴板能够实现选区图像的剪切、复制、粘贴、清除等操作。

1) 剪切选区

在当前的图像窗口中创建了目标选区后，执行【编辑】|【剪切】菜单命令，或按 Ctrl+X 快捷键，可将选区中的图像剪切掉，暂时保存在剪贴板中备用。

2) 复制选区

在图像窗口中创建了目标选区后，执行【编辑】|【拷贝】菜单命令，或按 Ctrl+C 快捷键，可将选区中的图像进行复制，生成一个新的图像副本，并将图像副本保存到剪贴板中备用。

3) 粘贴选区

当没有选区定义时，执行【编辑】|【粘贴】菜单命令，或按 Ctrl+V 快捷键，可将最近一次存入在剪贴板中的图像内容粘贴到当前图像窗口的中心位置，并自动在当前图像文档中建立一个新的对应图层。如果先定义了选区，再执行【粘贴】命令，则将剪贴板中保存的图像内容粘贴到选区内，同时自动建立一个新的对应图层。

4) 贴入选区

当创建了目标选区后，执行【编辑】|【贴入】菜单命令，或按 Shift+Ctrl+V 快捷键，可将最近一次存入剪贴板中的图像内容粘贴到目标选区中，同时自动建立图层蒙版。

5) 清除选区

在图像窗口中创建了目标选区后，执行【编辑】|【清除】菜单命令，可将目标选区的内容从图像中清除掉，但并不将内容存入粘贴板中。

> **操作技巧：**(1) 选中工具箱中的【移动工具】，按住 Alt 键，将目标选区中的图像从当前位置拖曳到另一个位置，能够完成选区图像的复制操作。
>
> (2) 选中工具箱中的【移动工具】，将目标选区中的图像从当前文档拖曳到另外的图像文档中，也能够完成选区图像的复制操作。
>
> (3) 即使不选中【移动工具】，只须按住 Ctrl+Alt 组合键，将选区图像从当前文档拖曳到其他图像文档中，也能够完成选区图像的复制操作。

3. 选区的更改操作

对于图像窗口中创建的选区，可以使用羽化、平滑、扩展、收缩等命令，对其进行修改操作。

1) 羽化选区

羽化操作能够使选区的边缘变得更为平滑，产生一种柔和的渐变效果。

关于羽化操作，前面的章节已经讲过如何使用选区工具选项栏中的【羽化】选项来实现的方法。现在介绍如何通过【选择】主菜单来实现选区的羽化操作。

羽化选区的操作步骤如下。

(1) 在当前图像窗口中选中要操作的目标选区。

(2) 执行【选择】|【修改】|【羽化】菜单命令，打开如图 5.11 所示的【羽化选区】对话框。

(3) 在【羽化半径】文本框中输入数值，用来设定选区的羽化效果；【羽化半径】值越大，选区的边缘平滑度越高，柔和效果越明显。

(4) 单击【确定】按钮，将羽化功能应用到目标选区。

羽化选区操作的示例可参考第 2 章。

2) 平滑选区

使用【色彩范围】命令或【魔棒工具】创建出来的选区，往往会残留一些破碎零星的像素区域，影响视觉效果。【平滑】命令能够有效地修正这一缺陷，改善显示的效果。

平滑选区的操作步骤如下。

(1) 在当前图像窗口中选中要消除的那些破碎零星的小区域。

(2) 执行【选择】|【修改】|【平滑】菜单命令，打开如图 5.12 所示的【平滑选区】对话框。

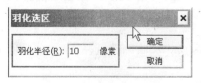

图 5.11　【羽化选区】对话框

图 5.12　【平滑选区】对话框

(3) 在【取样半径】文本框中输入数值，对选区边界进行平滑处理；【取样半径】值越大，平滑的效果越好。

(4) 单击【确定】按钮，对目标选区进行平滑处理。

平滑选区操作前后的效果分别如图 5.13 和图 5.14 所示。

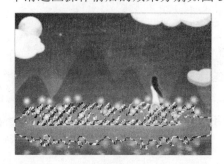

图 5.13　选区在平滑操作前的效果

图 5.14　选区在平滑操作后的效果

3) 扩展选区

扩展选区操作能够使目标选区的范围向外均匀扩展。

扩展选区的操作步骤如下。

(1) 在当前图像窗口中创建目标选区。

(2) 执行【选择】|【修改】|【扩展】菜单命令，打开如图 5.15 所示的【扩展选区】对话框。

(3) 在【扩展量】文本框中输入以像素为单位的数值，用来设定选区扩展的效果；【扩展量】值越大，扩展的面积越大。

(4) 单击【确定】按钮，将目标选区按设定的扩展量进行扩大。

4) 收缩选区

收缩选区命令的功能和扩展选区操作的功能正好相反，该命令能够使目标选区的范围向内均匀收缩。

收缩选区的操作步骤如下。

(1) 在当前图像窗口中选中要消除的那些破碎零星的小区域。

(2) 执行【选择】|【修改】|【收缩】菜单命令，打开如图 5.16 所示的【收缩选区】对话框。

(3) 在【收缩量】文本框中输入以像素为单位的数值，用来设定选区收缩的效果；【收缩量】值越大，收缩的面积就越大。

(4) 单击【确定】按钮，将目标选区按设定的收缩量进行缩小。

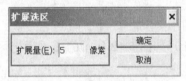

图 5.15 【扩展选区】对话框　　　　　　　图 5.16 【收缩选区】对话框

图 5.17 为选中的竹子区域，对该区域进行扩展选区操作和收缩选区操作后，分别得到如图 5.18 和图 5.19 所示的效果。

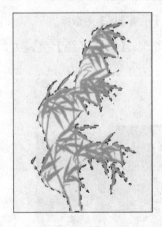

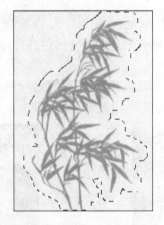

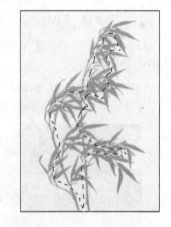

图 5.17　创建出的选区　　　　图 5.18　扩展选区 25 个像素　　　　图 5.19　收缩选区 15 个像素

5) 创建边界选区

与扩展选区和收缩选区的操作不同，边界选区不是在原有选区的基础上进行放大或收缩，而是以原有选区边缘线为中轴线，以指定的【宽度】值为直径，重新创建出的一个特定宽度的缓冲区。边界选区的宽度由设置的【宽度】值决定，【宽度】值越大，创建出的边界选区的直径就越大。

创建边界选区的操作步骤如下。

(1) 在当前图像窗口中选中要以其边缘线做中轴线的目标选区。

(2) 执行【选择】|【修改】|【边界】菜单命令，打开如图 5.20 所示的【边界选区】对话框。

(3) 在【宽度】文本框中输入数值，用来设定边界选区的生成直径。

(4) 单击【确定】按钮，立即创建出所需的边界选区。

将一条蓝色小鱼图像选中，如图 5.21 所示，以 10 个像素为边界宽度值，创建出一个边界选区，该边界选区就是图中两条虚线所包含的区域。

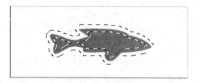

图 5.20 【边界选区】对话框　　　　　图 5.21 创建出的边界选区效果

6) 扩大选取

扩大选取操作是在原有目标选区的基础上，将图像中与原有目标选区的颜色和对比度一致或相近的外部连续区域，扩展包含进当前目标选区的范围内，从而生成范围更广的新选区。颜色相近的范围决定于容差值的设置。

使用【选择】|【扩大选取】菜单命令可实现扩大选取的操作。

7) 选取相似

与扩大选取操作的功能近似，选取相似操作是在整个图像内选取与原目标选区的颜色和对比度一致或相近的像素，并将它们扩展为目标选区集合的元素。与扩大选取操作的不同之处在于：选取相似操作所扩张的范围是整个图像区域，并不像扩大选取操作那样，仅仅局限于相邻的区域。因此，选取相似能够创建出多个离散的选区来。

使用【选择】|【选取相似】菜单命令可实现选取相似的操作。

5.2.2　复制一个图像到另一个图像中

使用【魔棒工具】，从"撑伞女孩.PSD"文档中将打伞女孩的图像选取出来，然后使用【编辑】菜单中的【复制】与【粘贴】命令，将打伞女孩的图像放入"《心境》封面 2.PSD"文档图像的中央。

操作步骤如下。

(1) 启动 Photoshop CS5，打开"《心境》封面 2.PSD"与"撑伞女孩.PSD"两个文档。

(2) 将"撑伞女孩.PSD"图像窗口切换为当前活动窗口。

(3) 隐藏背景图层，显示并选中"撑伞女孩"图层。

(4) 选择工具箱中的【魔棒】工具，在其工具选项栏中，将【容差】值设置为 10，其他选项保持系统默认；在女孩图像外侧的透明区域处单击，打伞女孩图像以外的透明区域被自动选中，如图 5.22 所示。

(5) 执行【选择】|【反向】菜单命令或按 Ctrl+Shift+I 快捷键，将打伞女孩的图像转变为选择区域，如图 5.23 所示。

图 5.22　打伞女孩外部的透明区域被选中　　　　　　图 5.23　经过反选操作后的效果

（6）执行【编辑】|【复制】菜单命令，或按快捷键 Ctrl+C，将打伞女孩的图像复制到粘贴板中。

（7）关闭"撑伞女孩.PSD"图像文档窗口。

（8）将"《心境》封面 2.PSD"图像窗口切换为当前活动窗口。

（9）执行【图层】|【新建】|【图层】菜单命令，打开【新建图层】对话框。

（10）将新建图层的名字修改为"打伞的女孩"，其他参数保持系统默认，如图 5.24 所示。

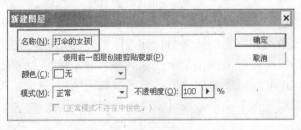

图 5.24　【新建图层】对话框

（11）此时的【图层】调板如图 5.25 所示。

（12）保持新建图层的选中状态，执行【编辑】|【粘贴】菜单命令，或按 Ctrl+V 快捷键，从"打伞的女孩"图层的缩览图中，可隐约看到新增的打红伞女孩的像素，如图 5.26 所示。

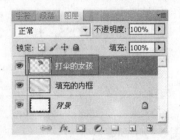

图 5.25　新建的空白图层　　　　　　　　　图 5.26　添加图像后的新建图层

(13) 当前的图像窗口如图 5.27 所示，打伞女孩的图像出现在窗口中央。

图 5.27　当前的图像窗口

提示：

将两个或两个以上的图像窗口排列显示在 Photoshop 工作区中，并使它们同时可见。在一个图像窗口中选中某个图像对象，按住鼠标左键，将图像拖曳到另一个图像窗口中，释放鼠标后，拖动的目标对象将在另一个图像文档中自动创建出一个新的图层。这是合成多个图像较为快捷的做法。

5.3　图像的编辑操作

可以根据应用的需要，对图层或选区进行移动、变换、变形等多种编辑操作，以改变图像的形态，获得所需的效果。本节最后将介绍如何将打伞女孩图层进行大小变换、选区扩展与羽化处理，以使其能够较和谐地与背景图像融合在一起。

5.3.1　必备知识

本节将详细介绍图像与选区最常用到的裁剪、移动、变换与自由变换等操作。

1. 裁剪图像

裁剪图像类似于用剪刀对图像中选定的矩形框边缘进行裁剪，以修剪去除一些多余的部分。

Photoshop 提供了两种方式对图像进行裁剪。

【方式 1】用【裁剪工具】裁剪图像。

工具箱中的【裁剪工具】是用来对图像进行裁剪的常用工具。

用【裁剪工具】裁剪图像的操作步骤如下。

(1) 单击工具箱中的【裁剪工具】按钮，鼠标指针变为 形状标识。

(2) 在使用【裁剪工具】选定图像之前，工具选项栏如图 5.28 所示。

图 5.28　创建裁剪框之前的【裁剪工具】选项栏

(3) 可以在工具选项栏中的 3 个文本框中输入图像的宽度、高度与分辨率值。要清除这些选项的设置，就单击【清除】按钮；要恢复选项的先前设置值，就单击【前面的图像】按钮。

(4) 设置完成后，在图像要裁剪的起始处单击，并按住鼠标左键，拉出一个指定宽度和高度的矩形裁剪框。

(5) 如果不在选项栏中输入宽度和高度值，就可以根据需要，在图像要裁剪的起始处单击，然后拖动鼠标拉出一个矩形裁剪区域，将需要保留的图像部分圈起来。

(6) 释放鼠标后，要裁剪的像素区域变成蒙版状态，保留的图像区域以原色显示。同时，工具选项栏发生改变，成为如图 5.29 所示的状态。

图 5.29　创建裁剪框之后的【裁剪工具】选项栏

(7) 根据需要，在如图 5.29 所示的工具选项栏中设置相应的选项。

(8) 裁剪框的 4 个角及每条边线的中点，都会有一个控制柄。如果要改变裁剪区域的大小，可以拖动任意一个控制柄来实现。

(9) 裁剪框的正中心为中心点控制柄，要想移动整个裁剪区域的位置，可以通过单击并拖动这个中心点控制柄来实现。

(10) 调整好裁剪区域的大小和位置后，按 Enter 键或单击工具选项栏右侧的【确认】按钮，进行裁剪操作。

(11) 按 Esc 键或单击工具选项栏右侧的【取消】按钮，将放弃裁剪操作。

创建裁剪框前的【裁剪工具】选项栏主要选项说明如下。

(1)【宽度】与【高度】文本框。用来精确输入裁剪矩形区域的尺寸或高宽比例。

(2)【分辨率】文本框。用来设置图像裁剪的分辨率值。

(3)【单位】下拉列表框。用来设置图像裁剪的分辨率单位，可用的选项包括【像素/英寸】与【像素/厘米】两种。

(4)【前面的图像】按钮。用来自动恢复前面施加裁剪操作时所设置的宽度、高度及分辨率等参数值。

(5)【清除】按钮。将裁剪区域的宽度、高度及分辨率等当前值清零，从而使用户能够用鼠标自由拖出一个随意大小的裁剪区域。

创建裁剪框后的【裁剪工具】选项栏主要选项说明如下。

(1)【裁剪区域】单选按钮组。包含【删除】和【隐藏】两个单选按钮。其中【删除】按钮将裁剪框以外的部分从图像中删除掉；【隐藏】按钮将裁剪框以外的部分隐藏起来。隐藏部分并不会被删除，还可以被移动出来。

若图像中只有一个背景图层的话，两个按钮选项都将不可用，除非将背景图层转变为普通图层。

(2)【裁剪参考线叠加】下拉列表框。用来为裁剪框设定参考线的类型与数目。下拉列表菜单中共有以下 3 个选项。

【无】选项：不对裁剪框设置参考线。

【三等分】选项：为裁剪框设置 3 行 3 列的参考线网格。

【网络】选项：为裁剪框设置均分的参考线网格。

(3)【屏蔽】复选框。决定对裁剪框以外的像素是否进行屏蔽处理，并通过设置【颜色】与【不透明度】的属性值，定制屏蔽的图案特性，将裁剪区域隐藏掉或使其色彩变暗，从而突出显示要保留的区域。

(4)【颜色】按钮。用来选择一种颜色，作为遮盖被剪裁区域的色彩。

(5)【不透明度】数值文本框。对用来遮盖被剪裁区域的颜色的不透明度百分比值进行设定。

(6)【透视】复选框。使保留的图像区域具有透视效果。如果希望对图像进行弯曲、旋转等变形，可选中该复选框，然后可以通过拖动裁剪框周围的控制柄来编辑图像。

(7)【确认】按钮 ✔。确认当前图像的裁剪操作。

(8)【取消】按钮 ⊘。取消当前图像的裁剪操作。

举例说明：裁剪同一幅图像，对工具选项栏中的选项分别进行如图 5.30 与图 5.31 所示的两种不同的设置，相应的，分别得到如图 5.32 与图 5.33 所示的裁剪区域效果。

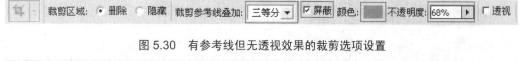

图 5.30　有参考线但无透视效果的裁剪选项设置

图 5.31　没有参考线但有透视效果的裁剪选项设置

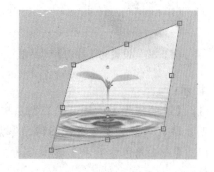

图 5.32　与图 5.30 设置对应的裁剪区域　　　图 5.33　与图 5.31 设置对应的裁剪区域

> **操作技巧**：在使用【裁剪工具】裁剪图像时，如果将裁剪框上的控制柄拖动到画布有效区域之外，则可以快速地扩展图像的画布大小。

【方式 2】用【裁切】菜单命令裁剪图像。

【裁切】命令能够对一个基于色彩或透明度的图像进行裁剪。该命令能够裁剪掉图像周围的黑边或白边，也可以将透明背景或背景色剪切掉，却不会对图像的质量造成任何损耗。

用【裁切】命令裁剪图像的操作步骤如下。

(1) 执行【图像】|【裁切】菜单命令命令，打开如图 5.34 所示的【裁切】对话框。

(2) 在【裁切】对话框中的【基于】单选按钮选项组中，选择裁剪基于的颜色或透明像素。

(3) 然后在【裁切】复选框选项组中选择要剪掉图像的范围属性；根据需要，可以选择裁剪掉一边、两边或三边的像素区域，如果 4 个复选框全部选中，则裁剪框四周的像素将都被裁剪掉。

(4) 单击【确定】按钮，关闭对话框，执行剪裁操作。

举例说明：裁剪如图 5.35 所示的一幅四周带有白边的图像，执行【裁切】命令，在【裁切】对话框中设置选项如图 5.36 所示，单击【确定】按钮后，得到如图 5.37 所示的结果。

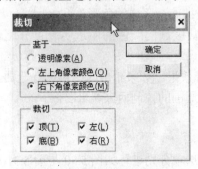

图 5.34 【裁切】对话框

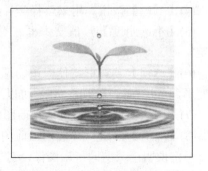

图 5.35 四周带有白边的图像

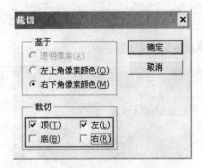

图 5.36 设置的【裁切】对话框

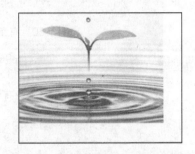

图 5.37 用【裁切】命令裁剪后的图像

提示：

(1)【透明像素】选项，只在图层中有透明区域时才有效；选择此项，可裁剪掉图像边缘的透明区域，只留下包含有效图像的像素最少的矩形区域。

(2)【左上角像素颜色】选项与【右下角像素颜色】选项，主要用于去除图像的白边或杂色边缘。

2. 移动选区图像

如果要将选区中的图像移动到当前文档中同一图层的其他位置，只须使用【移动工具】，直接拖曳选区对象到目标位置即可。如果要将选区中的图像移动到工作区中的其他文档中，只须使用【移动工具】拖曳选区对象到目标文档中，即可在不同的文档间实现选区对象的复制操作。

在同一图层中实现选区对象移动的操作步骤如下。

(1) 为要移动的图像区域创建选区。

(2) 单击工具箱中的【移动工具】按钮，鼠标指针变为 形状标识；也可以按住 Ctrl 键，将当前的工具状态切换为【移动工具】状态。

(3) 移动鼠标指针至选区内部，鼠标指针将变为 形状标识。

(4) 按住鼠标左键，拖曳选区对象。

(5) 当选区对象被拖曳到目标位置时，释放鼠标，所选图像移动完成。

(6) 执行【选择】|【取消选择】菜单命令，取消选区定义。

📁 提示：

在背景图层中移动选区图像，完成移动后，原来位置的空白区域将自动被当前背景色所填充；在普通图层中移动选区图像，原来位置的空白区域将自动设置成透明镂空状态。

使用【编辑】菜单命令，也能够实现选区对象的移动。具体做法为：先对选区对象执行【编辑】|【剪切】命令，将其剪切到剪贴板；然后执行【编辑】|【粘贴】命令，将剪贴板中的图像粘贴到要移动的目标位置。

操作技巧：在同一图层中移动选区对象时，当处于【移动工具】状态时，如果按住 Alt 键，然后移动鼠标指针至选区内部，鼠标指针将变成 ▶ 形状标识；此时按住鼠标左键并拖曳选区，可实现选区图像的复制操作。当处于选区工具状态时，按住 Alt+Ctrl 组合键不放，然后用鼠标拖曳选区图像，也能够实现选区图像的复制操作。

3. 变换与自由变换概述

变换与自由变换命令能够对单一图层、多个图层、蒙版、图层中的部分区域、路径、矢量图形、Alpha 通道、选区等对象进行缩放、旋转、扭曲、斜切及透视等变换操作。

对于不同的操作对象，变换所需进行的选择方式会有所不同。

(1) 对于单一图层，只须在【图层】调板中选中该图层即可；如果操作的为背景图层，还需要先将其转换为普通图层。

(2) 对于图层中的部分区域，先要在【图层】调板中选中目标图层，然后再选中要变换的区域。

(3) 对于多个图层，需要在【图层】调板中，将它们彼此链接起来。

(4) 对于图层蒙版或矢量蒙版，先要在【图层】调板中将蒙版与图层间的链接取消。

(5) 对于路径或矢量图形，需要使用【选择工具】选择整个对象，或使用【直接选择工具】选择路径片段。

(6) 对于 Alpha 通道，只须在【通道】调板中选中相应的 Alpha 通道即可。

(7) 对于选区，只要选区已经创建完成，直接对其实施变换操作即可。

4. 非变形的变换操作

在图像处理过程中，经常需要对整个图层或选区中的对象进行变换操作。

变换操作由【编辑】|【变换】菜单命令来完成。【变换】菜单包含如图 5.38 所示的级联菜单，其中前 5 条命令在使用方式上极为相似，因此放在一起加以说明。而【变形】命令在功能与使用上不同于其他 5 条命令，因此将单独予以说明。

针对选区中的图像，变换操作的实现步骤如下。

(1) 在当前图像窗口中创建目标选区。

(2) 执行【编辑】|【变换】菜单命令，弹出如图 5.38 所示的级联菜单，选择前 5 个选项中的任意一个。

(3) 选区的周围会出现 1 个矩形定界框、8 个控制柄和 1 个中心标记，如图 5.39 所示。

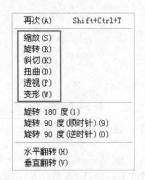

图 5.38 【变换】命令的级联菜单

图 5.39 出现定界框的区域

(4) 此时，相应命令的工具选项栏出现在主菜单栏下方，如图 5.40 所示。

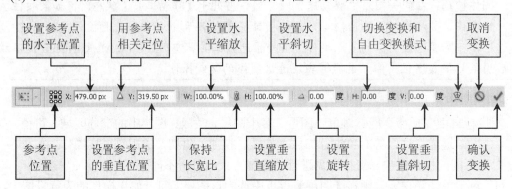

图 5.40 【变换】中非【变形】命令的工具选项栏

(5) 在工具选项栏中设置各个选项，或者直接拖动控制柄来调整选区图像的变换。

(6) 如果最终希望取消操作，按 Esc 键或单击工具选项栏右侧的【取消】按钮。

(7) 如果最终确认要对选区图像应用变换效果，按 Enter 键或单击工具选项栏右侧的【确认】按钮。

【变换】菜单的前 5 个选项的说明如下。

(1)【缩放】命令。该命令用来扩大或缩小目标选区，可以相对于参考点分别向各个方向缩放，也可以同时向中心点缩放。

操作方法如下。

执行【缩放】命令；将鼠标指针移到定界框上相应的控制柄上，拖曳该控制柄；到达缩放的目标位置后，释放鼠标即可。

在拖曳定界框 4 个边角上的控制柄时，如果按住 Shift 键，将按宽和高的同等比例进行缩放；如果按住 Alt+Shift 组合键，将同时向中心点缩放。

(2)【旋转】命令。该命令能够使目标选区围绕着参考点旋转，其功能与执行【图像】｜【图像旋转】命令的功能基本一致，只是后者能够对整个文档图像或多个图层进行操作。

操作方法如下。

执行【旋转】命令；将鼠标指针移到定界框以外，此时鼠标指针变为弯曲的双向箭头形状↻；按住鼠标左键并拖曳，可使目标选区按任意角度进行旋转；当对旋转的角度满意时，释放鼠标即可。

执行【旋转】命令时，按住 Shift 键，可将旋转的角度限制为 15 度的倍数。

(3)【斜切】命令。该命令能够使目标选区沿水平方向或垂直方向进行倾斜。

操作方法如下。

执行【斜切】命令；将鼠标指针移到定界框相应边线中心处的控制柄上；按住鼠标左键并拖曳控制柄，使选区对象沿着水平或垂直方向倾斜移动。

(4)【扭曲】命令。该命令能够使目标选区向任意方向扩展变形。该命令如果对目标选区不施加更多的控制，那么它产生的效果与【斜切】和【透视】命令产生的效果相似。

操作方法如下。

执行【扭曲】命令；将鼠标指针移到相应的控制柄上；按住鼠标左键并拖曳控制柄，使选区对象沿着不同的方向进行扩展。图 5.41 所示为该操作的效果。

(5)【透视】命令。该命令能够使目标选区产生具有深度感的效果。

操作方法如下。

执行【透视】命令；按住鼠标左键并拖曳一个控制柄，将选区对象沿着某个方向移动，则与其对称的另一个控制柄也将沿相反的方向自动移动，从而产生透视的效果。图 5.42 所示为该操作的效果。

图 5.41　【扭曲】命令的效果

图 5.42　【透视】命令的效果

5.　变形操作

【变换】菜单中的【变形】命令能够使整个图层或目标选区产生带有弧度的弯曲变形效果。针对非背景图层或选区，实现【变形】操作的步骤如下。

(1) 在【图层】调板中选中目标图层，或在当前图像窗口中创建目标选区。

(2) 执行【编辑】|【变换】|【变形】菜单命令。

(3)【变形】命令的工具选项栏如图 5.43 所示。其中【变形】下拉列表框中包含 17 个选项，用来定义不同的变形种类。

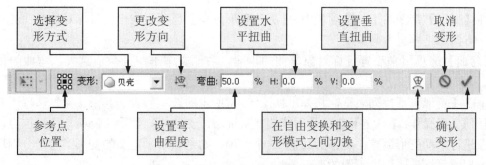

图 5.43　【变形】命令的工具选项栏

(4) 从【变形】下拉列表框中选择【自定】选项，其他参数保持不变，这样可实现手工自由变形。

(5) 与此同时，图层四周或目标选区周围出现一个矩形定界框，框区内出现由 4 条横向边线与 4 条纵向边线组成的"九宫格"。"九宫格"包含 8 个变形控点，4 个顶点处的控制柄。对图层与目标选区执行【变形】命令后的效果分别如图 5.44 和图 5.45 所示。

图 5.44　对图层执行【变形】命令的效果　　　图 5.45　对选区执行【变形】命令的效果

(6) 将鼠标指针移到相应的控制柄或变形控点上。

(7) 按住鼠标左键并沿某个方向拖曳控制柄或变形控点，使目标图层或目标选区产生带有弧度的弯曲效果。

(8) 将目标对象调整完成后，按 Enter 键或单击工具选项栏右侧的【确认】按钮，完成相应的变形操作。

图 5.46 和图 5.47 所示为对图层与目标选区进行自定义变形操作后的效果。

图 5.46　对图层变形后的效果　　　　　图 5.47　对选区变形后的效果

在【变形】命令的工具选项栏中，【更改变形方向】选项用来设定目标对象弯曲的中心轴是水平方向还是垂直方向。

【弯曲】选项用来设置目标对象弯曲的程度，右侧文本框中的数值越大，弯曲的程度就越大。

单击【变形】下拉列表框，将弹出如图 5.48 所示的选项列表。其中【无】选项不对目标进行任何变形操作；【自定】选项是系统的默认选项，支持用户使用控制柄与变形控点，对目标对象进行手动变形调整；剩下的其他 15 个选项，则是系统预定义的变形类型，分别用来为目标图层或目标选区设置不同的变形类型。

图 5.49 所示为执行了【变形】命令但并未做任何变形操作的图层效果。

图 5.48　【变形】下拉列表框的选项列表

图 5.49　未做变形操作的原图

而图 5.50 到图 5.53 为执行了 4 种不同变形类型后的图层效果。

图 5.50　使用【贝壳】变形的效果

图 5.51　使用【鱼形】变形的效果

图 5.52　使用【挤压】变形的效果

图 5.53　使用【扭转】变形的效果

6.　自由变换操作

　　如果希望在一次操作中连续地应用多种变换操作，则需执行【自由变换】菜单命令。该命令与【变换】菜单命令的功能与操作基本相同，只是操作时不必再通过菜单命令的选取来切换操作命令，只须配合使用键盘上的功能按键，便可在不同的变换命令间快速切换，同时与鼠标拖动操作结合起来，更方便、更快捷地完成目标对象的缩放、旋转、扭曲、斜切、透视或变形操作。

针对非背景图层或选区，实现【自由变形】操作的步骤如下。

(1) 在【图层】调板中选中目标图层，或在当前图像窗口中创建目标选区。

(2) 执行【编辑】|【自由变换】菜单命令。

(3)【自由变换】命令的工具选项栏如图 5.54 所示，它与【变换】命令的工具选项栏基本一致。

图 5.54 【自由变换】命令的工具选项栏

(4) 若要缩放目标对象，单击并拖曳控制柄；按住 Shift 键，将按比例缩放。

(5) 若要旋转目标对象，将鼠标指针移到定界框以外，按住鼠标左键并向希望旋转的方向上拖曳，可任意角度旋转目标对象；旋转时按住 Shift 键，将会限制旋转度数的增量为 15 度。

(6) 若要扭曲目标对象，按住 Ctrl 键的同时单击并拖曳控制柄；按住 Alt 键的同时单击并拖曳控制柄，可实现目标对象的对称性扭曲。

(7) 若要斜切目标对象，按住 Ctrl+Shift 组合键的同时单击并拖曳 4 条边线中心处(而不是 4 个对角点处)的控制柄。

(8) 若要透视目标对象，按住 Alt+Ctrl+Shift 组合键的同时单击并拖曳一个控制柄。

(9) 若要变形目标对象，单击工具选项栏上的【在自由变换和变形模式之间切换】按钮，然后对目标对象进行变形操作即可。

(10) 按 Esc 键或单击工具选项栏上的【取消】按钮，将取消变换。

(11) 按 Enter 键或单击工具选项栏上的【确认】按钮，将进行变换。

7. 操控变形操作

【操控变形】是 Photoshop CS5 新增的命令，其功能十分强大，能够在图像上建立网格，然后在指定的位置部署图钉，通过拖曳这些图钉，产生奇特的变形效果。

针对非背景图层或选区，实现【操控变形】操作的步骤如下。

(1) 在【图层】调板中选中目标图层，或在当前图像窗口中创建目标选区。

(2) 执行【编辑】|【操控变形】菜单命令，目标对象上被分割出网格。

(3)【操控变形】命令的工具选项栏如图 5.55 所示。

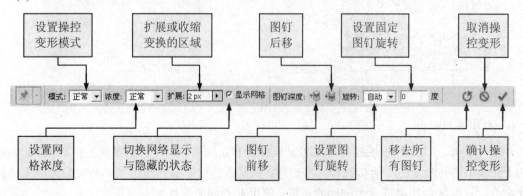

图 5.55 【操控变形】命令的工具选项栏

(4) 打开【模式】下拉列表框,从【刚性】、【正常】与【扭曲】3 个选项中选取所用的操控变形模式,系统默认模式为【正常】。

(5) 打开【浓度】下拉列表框,从【较少点】、【正常】与【较多点】3 个选项中选取网格的密度,来控制操控变形的质量。网格越密,变形越精细,系统默认选项为【正常】。

(6) 设置【扩展】选项的数值。数值增大,网格区域将扩展;数值减小,网格区域将收缩。

(7) 选中【显示网格】复选框,将在目标对象上显示出网格,如图 5.56 所示,以便更直观地观察变形的效果;否则,不显示网格。

(8) 在网格中移动鼠标指针,当指针变为 ✖ 形状时单击,便可在单击处添加一枚图钉,如图 5.56 所示;将鼠标指针移动到要删除的图钉上,按住 Alt 键,指针变为剪刀形状,此时单击可将图钉移除;单击工具选项栏上的【移去所有图钉】按钮 ↻,可将当前目标对象上的所有图钉全部删除。

(9) 单击并拖曳一枚图钉,可对该图钉周围的图像进行操控变形。

(10) 按 Esc 键或单击工具选项栏上的【取消】按钮,将取消操控变形。

(11) 按 Enter 键或单击工具选项栏上的【确认】按钮,将进行操控变形。

图 5.57 所示为使用【操控变形】命令为女孩面部实施瘦脸变形后的效果,图像上的黄色圆圈,为添加的图钉。

图 5.56　在图像网格中添加图钉

图 5.57　女孩瘦脸变形后的效果

5.3.2　对打伞女孩图像进一步处理

使用【自由变换】命令与移动方法,调整打伞女孩图像的大小与位置。

操作步骤如下。

(1) 在【图层】调板中,确保"打伞的女孩"图层处于选中状态。

(2) 执行【编辑】|【自由变换】菜单命令(快捷键为 Ctrl+T),则打伞女孩的图像自动成为选区,其周围出现矩形定界框,如图 5.58 所示。

(3) 按住 Shift 键(目的是在缩放时能够保持高与宽的同等比例),拖动定界框 4 个边角上的控制柄,将女孩图像缩小到适当大小。

> **操作技巧:** (1) 通过操作选区的定界框,能够实现对选区的缩放、旋转、变形等各种变换操作。
>
> (2) 在调整选区的控制柄时,按住 Alt 键,可以对选区进行透视斜切变换;按住 Shift 键,可以对选区进行等比例缩放变换。

(4) 单击工具箱中的【移动工具】按钮 ，系统将弹出如图 5.59 所示的操作确认信息框，询问是否对选区应用刚才的变换。

图 5.58　带有调整框的变换选区　　　　　图 5.59　　操作确认信息框

(5) 在信息框中单击【应用】按钮，使变换生效。

(6) 此时的鼠标指针应变为  形状标识，否则，只须单击工具箱中的【移动工具】按钮即可。

(7) 将鼠标移动到打伞女孩图像中，单击并按住鼠标左键，将图像拖动到当前窗口的合适位置，松开鼠标后，打伞女孩图像即被移动到所需的位置。

(8) 选择工具箱中的【魔棒】工具，在其工具状态栏中，将【容差】值设置为 10，其他选项保持系统默认。

(9) 在女孩图像外侧任意处单击，打伞女孩图像以外的所有区域被自动选中；执行【选择】|【反向】菜单命令，将打伞女孩的图像转变为选区。

(10) 执行【选择】|【修改】|【扩展】菜单命令，打开【扩展选区】对话框。

(11) 在【扩展量】文本框中输入数值 15，如图 5.60 所示。

(12) 单击【确定】按钮，将打伞女孩图像选区向外扩展 15 个像素。

(13) 执行【选择】|【修改】|【羽化】菜单命令，打开【羽化选区】对话框。

(14) 在【羽化半径】文本框中输入数值 15，如图 5.61 所示。

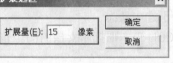

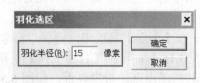

图 5.60　【扩展选区】对话框　　　　　　图 5.61　【羽化选区】对话框

(15) 单击【确定】按钮，对当前的目标选区应用羽化效果。

(16) 执行【选择】|【取消选择】菜单命令，取消选区定义。

经过变换、移动及羽化之后的最终效果如图 5.2 所示。

(17) 执行【文件】|【存储为】菜单命令，将当前的操作成果另存为"《心境》封面 3.PSD"。

　　操作技巧：如果要移动选区对象，移动前，若没有单击【移动工具】按钮，而是直接移动鼠标指针到选区对象内部单击，然后按住鼠标左键并拖动，则移动的是空选区而不是图像对象。

课 后 习 题

一、填空题

　　1.【变换】与【自由变换】命令能够对各种对象进行【缩放】、【＿＿＿】、【＿＿＿】、【＿＿＿】、【＿＿＿】和【变形】等变换操作。

　　2.【自由变换】命令与【＿＿＿】命令相比，只须用功能按键，便可切换命令。

　　3. 旋转整个图像，必须使用【＿＿＿】|【＿＿＿】菜单命令；旋转图层或选区中的图像，则必须使用【＿＿＿】|【＿＿＿】菜单命令。

　　4.【选择】|【修改】菜单命令包含【羽化】、【＿＿＿】、【＿＿＿】、【＿＿＿】及【边界】等命令。

　　5. 执行【变形】菜单命令后，图层或选区周围会出现一个＿＿＿，内部出现"九宫格"，"九宫格"包含 8 个＿＿＿、4 个＿＿＿。

二、单项选择题

　　1. 能够实现图像复制的工具是(　　)。
　　　　A.【缩放工具】　　B.【钢笔工具】　　C.【套索工具】　　　　D.【移动工具】

　　2. 对选区进行【缩放】与【旋转】变换操作，需要执行(　　)菜单命令。
　　　　A.【选择】|【变换选区】　　　　　　B.【编辑】|【自由变换】
　　　　C.【编辑】|【变换】　　　　　　　　D.【选择】|【修改】

　　3. 使用【裁剪工具】，选取了图像的裁剪范围后，按住(　　)键能够完成裁剪操作。
　　　　A. Esc　　　　　B. Enter　　　　　C. Alt　　　　　　D. Shift

　　4. 在现有选区的基础上，使选区向外扩展特定像素大小，可以执行 (　　)菜单命令。
　　　　A.【选择】|【修改】|【扩展】　　　　B.【选择】|【修改】|【羽化】
　　　　C.【选择】|【修改】|【平滑】　　　　D.【选择】|【修改】|【收缩】

　　5. 在【旋转画布】对话框的【角度】文本框中，可以输入的角度范围为 (　　)。
　　　　A. 0.00~359.99 度　　　　　　　　B. −180~180 度
　　　　C. −359.99~359.99 度　　　　　　D. −360~360 度

三、判断题

　　1. 移动选区时，如果按住 Ctrl 键，可进行垂直、水平或是 45 度移动。　　　　　　(　　

　　2. 利用【缩放】命令，能够改变当前图层的大小。　　　　　　　　　　　　　　　(　　

　　3.【裁剪工具】必须与选区配合使用，才能对图像进行裁剪操作。　　　　　　　　(　　

　　4. 通过工具箱中的【移动工具】，能够移动背景图层的位置。　　　　　　　　　　(　　

　　5. 只有选取了图像后，才能够使用【拷贝】命令。　　　　　　　　　　　　　　　(　　

　　6.【自由变换】命令能够对背景图层起作用。　　　　　　　　　　　　　　　　　(　　

　　7. 在【图像大小】对话框中，不可以改变图像的分辨率。　　　　　　　　　　　　(

8. 执行【操控变形】命令时，要删除指定的图钉，必须按住 Ctrl 键后再单击鼠标，才能将图钉移除。 （　　）

9. 【任意角度】命令不仅能旋转整个图像，还可以对图层进行旋转操作。 （　　）

10. 使用【自由变换】命令改变了图像选区的大小后，按 Enter 键能够完成变换操作。
（　　）

四、简答题

1. 图像大小与画布大小之间有什么关联？两者有哪些区别？

2. 举例说明调整图像大小命令与调整画布大小命令的用法与步骤。

3. 复制图像的主要方法有哪些？各有什么特点？

4. 用【裁剪工具】和用【裁切】命令裁剪图像，各有什么特点？两种操作方式有何区别？

5. 【变形】、【自由变换】及【操控变形】三组命令各有什么功能与特点？操作结果有何不同？功能上能否相互取代？如何取代？

6. 变换命令与自由变换命令能够针对哪些对象进行变换操作？

7. 扩大选取操作与选取相似操作各有什么作用？举例说明两者的操作步骤。

8. 羽化选区操作与平滑选区操作各有什么作用？举例说明两者的操作步骤。

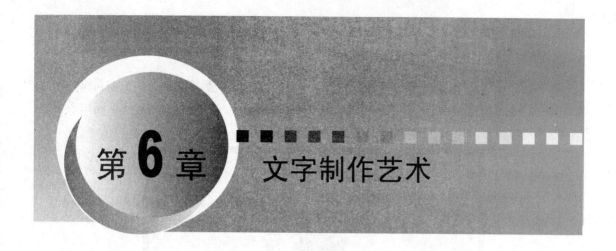

第6章 文字制作艺术

学习目标

　　文字的输入与编辑是本章的主题。通过本章的学习，读者能够熟练掌握两种文字工具与两种文字蒙版工具的性能与用法，并能够熟练运用工具选项栏、【字符】与【段落】调板，对文字属性进行设置与修改；同时，还要求掌握文字变形、文字特效的制作技术。

知识要点

1. 文字工具的类别与用途
2. 文字工具选项栏主要选项的作用
3. 输入与编辑点文字的操作步骤
4. 输入与编辑段落文字的操作步骤
5. 使用【字符】调板定义文字属性
6. 使用【段落】调板定义文本格式
7. 使用文字蒙版工具创建文字选区的方法
8. 文字图层的操作与转换
9. 图层样式的应用与基本操作
10. 变形文字的方法与步骤

核心技能

1. 点文字编辑与属性设置的技能
2. 段落文字编辑与属性设置的技能
3. 运用【图层样式】创建图层特效的技能
4. 运用【文字变形】命令创建特效字的技能

分解的任务进程

打开背景图像文档

↓

创建标题点文字图层

↓

对标题设置文字特效

↓

输入期号与时间段落文字

↓

文字图层合并为普通图层

↓

诗歌文字变形为雨幕字

↓

对诗句图层进行编组

↓

将阶段性成果保存

6.1　任务描述与步骤分解

以第 5 章生成的"《心境》封面 3.PSD"文档内容为背景，在此基础上，为期刊封面制作具有文字特效的标题，用段落文字方式输入期号与出版日期，并将期刊的主题诗歌制作成雨幕字的效果。最终得到如图 6.1 所示的文字效果。

图 6.1　《心境》期刊封面的文字效果

根据以上要求，本章的任务可分解为以下 5 个子任务。

(1) 以点文字方式输入期刊的标题。

(2) 使用图层样式，为标题设置文字特效。

(3) 以段落文字方式输入期刊的期号与出版时间。

(4) 将文字图层合并起来并转换为普通图层。

(5) 利用文字变形技术制作具有雨幕字效果的主题诗歌。

下面说明每个子任务的实现过程。

6.2　文字工具与文字类型

适当的文字运用，可以增强图像的表达效果，使图像能够更清晰、更充分地传达出其内在的含义。本节介绍各种文字工具及文字工具选项栏，最后介绍如何使用文字工具，创建文字图层，以及如何输入点文字并设置文字属性。

6.2.1　必备知识

Photoshop CS5 提供了丰富的文字工具，用来为图像添加各类文字，创建文字图层。

1. 文字工具组

Photoshop 工具箱中的文字工具组提供了 4 种文字工具，它们被指定了同一个快捷键 T，如图 6.2 所示。

使用横排(或直排)文字工具，单击图像，会出现一个插入光标，此时可以在图像中输入与编辑文字，并会自动创建一个文字图层。文字图层在【图层】调板中被表示成带有字母 T 的图标或缩览图的形式，如图 6.3 所示。

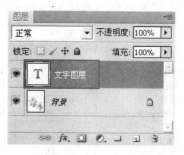

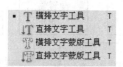

图 6.2　文字工具组　　　　　　　　　　　　　图 6.3　文字图层

使用横排(或直排)文字蒙版工具，单击图像，同样会出现插入光标，并能够在当前图层中输入与编辑文字。只是图像进入了类似快速蒙版的状态，被蒙上了一层半透明的红色。当选择了工具箱中的其他工具后，蒙版状态的文字转换为带有边界且浮动的文字形状选区，该文字选区如同其他选区一样，能够进行移动、复制、描边、填充、变换、取消等操作。

这些文字工具的功能与效果示例见表 6-1。

表 6-1　文字工具功能一览

工具	功能描述	效果示例	工具	功能描述	效果示例
横排文字工具 T	在图像中建立水平方向的文字对象，并自动在【图层】调板中创建文字图层	心之窗	直排文字工具 T	在图像中建立垂直方向的文字对象，并自动在【图层】调板中创建文字图层	心之窗
横排文字蒙版工具 T	在当前图层中建立水平文字形状的文字选区，不创建新的图层	心之窗	直排文字蒙版工具 T	在当前图层中建立垂直文字形状的文字选区，不创建新的图层	心之窗

2. 文字工具选项栏

选中任一种文字工具后，可先在对应的文字工具选项栏中设置好文字的字体样式、大小、颜色等字符属性及段间距等段落格式，然后输入文字，则文字会自动使用预置的格式。

也可先用某种文字工具输入文字，然后选中文字，再在对应的文字工具选项栏中对文字的格式进行设置，并提交这些格式设置，使这些格式应用于选中的文字。

　　操作技巧：选择文字的方法如下：先在工具箱中单击横排(或直排)文字工具；然后将鼠标移动到要选择文本的开始或结尾处单击，并拖曳鼠标；在要选择文本的结尾或开始处释放鼠标，则文本被选中。

4 种文字工具的工具选项栏基本是相同的，只有个别选项略有区别。图 6.4 所示为【直排文字工具】的选项栏。

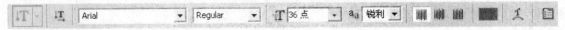

图 6.4 【竖排文字工具】选项栏

下面以如图 6.5 所示的【横排文字工具】选项栏为例，介绍主要选项的意义与功能。

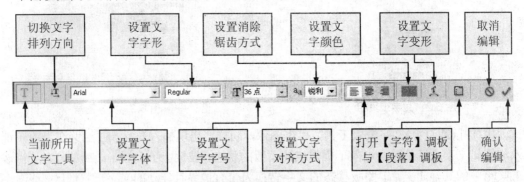

图 6.5 【横排文字工具】选项栏

(1) 【切换文本取向】按钮。单击该按钮，可对文本的方向进行切换，即可将原本水平方向的文本转换为垂直方向，或将原本垂直方向的文本转换为水平方向。

(2) 【设置文本文字属性】列表框组。该组包含 3 种列表框，分别用来选择(也可直接输入)字体类型、字体形态、字体大小。

(3) 【设置消除锯齿的方法】下拉列表框。该项可对文本边缘的平滑程度进行设置。下拉列表框包括【无】、【锐利】、【犀利】、【浑厚】与【平滑】5 个选项命令。其中选项【无】表明不对文字进行任何增强平滑的设置；其他 4 个选项则用不同的算法对文字边缘进行平滑，如【浑厚】选项会使文字的轮廓更粗一点，使文字的区域更宽一些。

(4) 【设置文本对齐方式】按钮组。单击按钮组中的按钮，使文本按相应的方式对齐。对于水平文字或水平文字蒙版，文本对齐方式包括左对齐、居中对齐和右对齐 3 种方式；对于垂直文字或垂直文字蒙版，文本对齐方式包括顶端对齐、居中对齐和底端对齐 3 种方式。

(5) 【设置文本颜色】按钮。单击该按钮，打开如图 6.6 所示的【选择文本颜色】对话框，通过该对话框，对文字层中文本的色彩进行设置或修改。

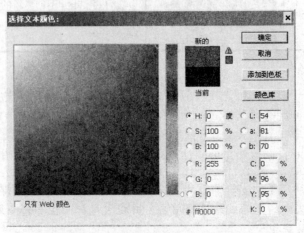

图 6.6 【选择文本颜色】对话框

(6)【创建文字变形】按钮。对于输入的文本，可以对它的形状进行多种变形操作，以满足不同的外观需求。

在【图层】调板中选中文本所在的图层，单击【创建文字变形】按钮，打开如图 6.7 所示的【变形文字】对话框。

在对话框中，单击【样式】下拉列表框，将弹出如图 6.8 所示的下拉式选项列表，列表提供了不同风格的变形类型，用来对文字实施各种弯曲或扭曲操作。

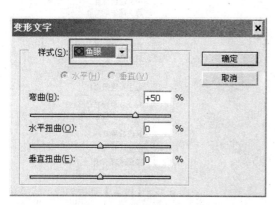

图 6.7 【变形文字】对话框

图 6.8 【样式】选项列表

在【变形文字】对话框中，包含 3 个带有数值调杆的文本框。通过单击或拖动滑块，或直接在文本框中输入数值，来改变相应的属性值。3 个属性值的意义如下。

【弯曲】值，用来调整文本的弯曲程度。

【水平扭曲】值，用来调整文本水平扭曲的程度。

【垂直扭曲】值，用来调整文本垂直扭曲的程度。

完成各项设置后，单击对话框右侧的【确定】按钮，目标图层中的文本立即会产生相应的变形效果。

> 操作技巧：要对文本实施变形操作，除应用【创建文字变形】按钮外，还可以通过执行【图层】|【文字】|【文字变形】菜单命令来实现。

(7)【切换字符和段落面板】按钮。单击该按钮，将打开如图 6.9 所示的【字符】调板和如图 6.10 所示的【段落】调板。这两个调板被组合在一起，分别对字符属性与段落格式进行设置与调整。

图 6.9 【字符】调板

图 6.10 【段落】调板

单击【字符】或【段落】调板右上角的按钮,将打开如图 6.11 与图 6.12 所示的弹出式菜单。

图 6.11 【字符】调板的弹出式菜单   图 6.12 【段落】调板的弹出式菜单

(8)【取消所有当前编辑】按钮 与【提交所有当前编辑】按钮 。只有选中文字工具并单击图像,使文字工具选项栏切换到编辑模式时,这两个按钮才会出现在工具选项栏的右端。单击这两个按钮,将分别实现取消或确认对文本的创建与修改操作。

3. 文字类型

Photoshop 将创建的文字分为点文字与段落文字两种,两种文字类型之间能够相互转换。

1) 点文字

点文字是在某点输入的横向或竖向文字,主要用于输入一个字或几个字,也可以输入少量的一行或者不成段落的几行文本。

点文字不会自动换行,只能通过 Enter 键换行;若输入了多行文本,则每行文本彼此间都各自独立。

建立点文字的步骤如下。

(1) 从工具箱中选中【横排文字工具】或【直排文字工具】。

(2) 在对应的工具选项栏中设置文字的各种属性。

(3) 在当前图像的文本输入起始位置单击,出现闪动的文字插入光标,系统处于点文字的编辑状态。

(4) 输入文本,若需另起一行,按 Enter 键。

(5) 单击工具选项栏最右侧的【提交所有当前编辑】按钮,确认当前的输入,退出文本编辑状态;单击工具选项栏中的【取消所有当前编辑】按钮,取消或删除当前的文本输入,退出文本编辑状态。

图 6.13 和图 6.14 所示为横向点文字与纵向点文字的示例。

操作技巧:单击工具选项栏中的【切换文本取向】按钮,可在横向文字与竖向文字之间进行切换。

图 6.13　两行的横向点文本　　　　　　　　图 6.14　两列的纵向点文本

2) 段落文字

段落文字用于输入大段的需要换行或分段的文本。段落文字能够在一定的界限范围内，输入多个段落文本，并对文本进行相应的段落调整，进行段间距、首行缩进等各种段落格式的设置。

段落文字工具有自动换行的功能。

建立段落文字的步骤如下。

(1) 从工具箱中选中【横排文字工具】或【直排文字工具】。

(2) 在对应的工具选项栏中设置文字的各种属性。

(3) 在当前图像的文本输入区域处单击并拖曳出一个虚线矩形，称为文本框。文本框四周的边线上带有 8 个控制柄，可控制文本框的大小与旋转方向。

(4) 如果在单击与拖曳鼠标的同时按住 Alt 键，释放鼠标时，将弹出如图 6.15 所示的【段落文字大小】对话框，在【宽度】和【高度】文本框中输入相应的数值来指定文本框的大小。

(5) 输入段落文本，当光标到达文本框每行的最右侧时，文本将自动换行。

(6) 单击工具选项栏最右侧的【提交所有当前编辑】按钮，确认当前的输入，退出文本编辑状态；单击工具选项栏中的【取消所有当前编辑】按钮，取消或删除当前的文本输入，退出文本编辑状态。

图 6.16 所示为段落文本的示例。

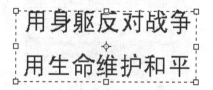

图 6.15　【段落文字大小】对话框　　　　　图 6.16　在文本框中的段落文本

操作技巧：(1) 在输入段落文字的过程中，用户可根据需要调整文本框的大小，调整的方法如下：将鼠标指针移到文本框的某个控制柄上，当鼠标指针变成双向箭头时，拖曳鼠标即可。

(2) 按住 Shift 键不放，用鼠标拖曳文本框的控制柄，可以成比例地调整文本框的大小。

(3) 按住 Ctrl 键不放，用鼠标拖曳文本框 4 个边角的控制柄，不仅可以调整文本框的大小，同时也会扩大或缩小段落文字。

(4) 按住 Ctrl 键不放，用鼠标拖曳文本框 4 条边框线中心的控制柄，可对文本框进行斜切变形；拖动时，如果再按住 Shift 键，可限制斜切变形的幅度或方向。

3) 点文字与段落文字的互转

借助于【图层】|【文字】菜单命令，可以实现点文字与段落文字间的互转操作。

在【图层】调板中选中要转换的点文字图层，执行【图层】|【文字】|【转换为段落文本】菜单命令，可以将图像中的点文字转换成段落文字。

在【图层】调板中选中要转换的段落文字图层，执行【图层】|【文字】|【转换为点文本】菜单命令，可以将图像中的段落文字转换为点文字。

📁 提示：

判断当前的文本类型是点文字还是段落文字的方法如下：用横排(或直排)文字工具单击当前的文本，如果有文本框显示，表明此文本为段落文字；如果没有文本框显示，则表明此文本为点文字。

6.2.2 生成期刊标题文字

创建标题图层，并应用点文字输入期刊标题名称——心境。

操作步骤如下。

(1) 启动 Photoshop CS5，打开图像文档"《心境》封面 3.PSD"。

(2) 执行【窗口】|【图层】菜单命令，或按 F7 键，打开【图层】调板。

(3) 单击【图层】调板最下方的【创建新图层】命令按钮 ⏚，新建"图层 1"；在【图层】调板中双击新图层的名称，进入文字编辑状态，输入新名称"标题"，替换掉此图层的默认名；此时，"标题"图层在【图层】调板中呈现为普通图层，如图 6.17 所示。

(4) 保持"标题"图层的选中状态，单击工具箱中的【横排文字工具】按钮，鼠标指针变为 🅸 形状，相应的工具选项栏出现在主菜单下面。

(5) 在当前图层的左下方单击，画布上出现闪动的文字插入光标，系统处于点文字的编辑状态；此时，"标题"图层的缩览图中出现了一个字符"T"，表明"标题"图层已经由普通图层自动转换为文字图层，如图 6.18 所示。

图 6.17 新建的"标题"图层

图 6.18 "标题"图层转换为文字图层

(6) 切换到相应的输入法，在文字插入光标处输入刊物的标题名称——心境。

(7) 拖曳鼠标，选中刚输入的文字，或按住 Shift 键，用光标移动键选中这两个字。

(8) 在对应的工具选项栏中设置文字的各种属性：在【设置字体系列】列表框中选择字体为【黑体】，在【设置字体大小】复合列表框中输入字号值 120，在【设置消除锯齿的方法】列表框中选择【浑厚】选项，设置【左对齐文本】方式；单击【设置文本颜色】按钮，打开【选择文本颜色】对话框，设置文本颜色为蓝色，如图 6.19 所示。

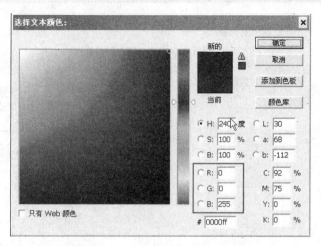

图 6.19　【选择文本颜色】对话框

设置后的文本工具选项栏如图 6.20 所示。

图 6.20　设置后的文本工具选项栏

(9) 单击工具选项栏最右侧的【提交所有当前编辑】按钮，确认并结束当前的操作。与此同时，文字插入光标消失，文字编辑状态自动取消。

> **操作技巧：** 按 Enter 键或 Ctrl+Enter 组合键，也可单击工具箱中的其他工具按钮，都能够确认并结束当前的文字编辑操作。按 Esc 键，则取消当前的文字编辑操作。

6.3　图层样式与文字特效

图层样式不仅适用于普通图层，而且能够应用到文字图层上，从而制作出特殊的文字效果。本节最后将介绍使用图层样式为文字图层设置文字特效的方法与步骤。

6.3.1　必备知识

图层混合模式与图层样式在图像处理过程中的应用非常广泛，特别在制作文字特效与图像合成方面，具有强大的功能。图层混合模式在第 2 章中已经讲述，本节重点介绍图层样式及其在文字图层上的应用。

1．图层样式与样式图层

使用图层样式，能够为图层中的图像创建阴影、发光、斜面、浮雕、叠加及描边等效果，从而赋予图像更为奇特的视觉效果。

对图层应用了图层样式后，该图层就转变为样式图层；在【图层】调板中，样式图层名称右侧会出现一个 *fx* 图形标识。双击该标识，将打开【图层样式】对话框，从而可以修改图层样式。

图 6.21 所示为应用了图层样式的两个文字图层与一个普通图层；图 6.22 所示为 3 个图层堆叠后的显示效果。

图 6.21 【图层】调板中的样式图层　　　　　图 6.22　应用了图层样式的图层效果

图层样式通常只对普通图层与文字图层起作用，背景图层就不可以应用图层样式。如果要对其他类型的图层应用图层样式，需要先将这些图层转换为支持图层样式的图层类型。

2. 设置图层效果

为图层添加图层效果的方法有多种，主要方法如下。

(1) 单击【图层】调板底端的【添加图层样式】按钮 fx，如图 6.23 所示，打开弹出式菜单，从菜单中选择相应的图层样式命令选项。

(2) 执行【图层】|【图层样式】菜单命令，从下级子菜单中选择相应的图层样式命令选项。

(3) 执行【窗口】|【样式】菜单命令，打开如图 6.24 所示的【样式】调板，从调板中单击要应用的图层效果按钮。

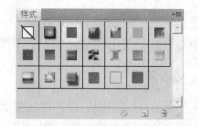

图 6.23 【图层】调板中的 fx 按钮　　　　　图 6.24　【样式】调板

无论以哪种方法操作，都将打开【图层样式】对话框。对于普通图层，通过双击【图层】调板中的图层缩览图，也可以打开该对话框。

通过【图层样式】对话框，能够为图层设置不同的效果。

以默认的【混合选项】为例，对如图 6.25 所示的【图层样式】对话框的主要选项说明如下。

(1)【样式】复选框组。该复选框组位于对话框左侧，共包含 10 个样式选项。选中其中一个选项，对话框右侧面板中就会显示出对应的控制选项。

(2)【常规混合】选项组。【混合模式】下拉列表框中列出了不同的混合模式。通过拖动【不透明度】右侧的三角形滑块或在文本框中直接输入数字，可改变图层中所有像素的不透明度。

（3）【高级混合】选项组。该选项组包含较多的控制选项，下面依次加以说明。

① 【填充不透明度】控制选项，只对图层中原有的像素起作用。

② 【通道】选项，用来对不同的色彩模式执行各种混合设置。当图像为 RGB 色彩模式时，R、G、B 3 个原色通道复选框将出现；当图像为 CMYK 色彩模式时，C、M、Y、K 4 个通道选项将出现。

③ 【挖空】下拉列表框，用来设置图层穿透的效果，其下拉列表中包含【无】、【浅】和【深】3 个选项命令，用来指明是否设定穿透效果，以及穿透的程度。

④ 【挖空】选项组，包含 5 个复选框，用来进一步定义图层穿透的各种效果。

（4）【混合颜色带】下拉列表框，用来设置本图层与下面图层的颜色混合效果，下拉列表中包含【灰色】、【红】、【绿】与【蓝】4 个单一通道选项。

（5）【本图层】色阶条表示选中图层像素的色阶范围，两端的滑块用来指定图层中将要混合并出现在图像中的像素范围。

（6）【下一图层】色阶条表示当前所选图层下面所有可视图层像素的色阶范围，两端的滑块用来指定当前图层下面所有可视图层中将要与当前图层中像素混合并出现在图像中的像素范围。

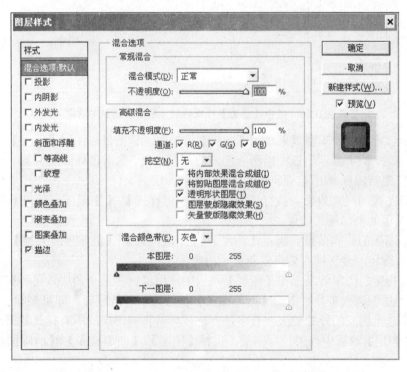

图 6.25　选中【混合选项】样式后的【图层样式】对话框

当选择的【样式】选项发生变化时，【图层样式】对话框右侧面板中的控制选项将随着发生改变。图 6.26 所示为选中【描边】图层效果后的【图层样式】对话框。

3. 图层样式的基本命令

图层样式的基本操作命令包括隐藏、显示、删除、复制、粘贴等。

（1）隐藏选定图层的图层效果。在【图层】调板中，单击目标图层名称下方【效果】前的

眼睛图标 👁，使图标消失，即可隐藏该图层的所有图层效果。单击目标图层中某个图层效果名称前的眼睛图标 👁，使图标消失，即可隐藏该图层效果。

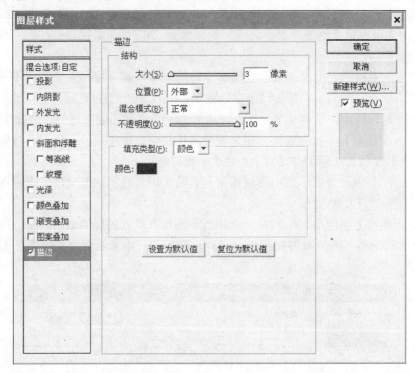

图 6.26　选中【描边】样式后的【图层样式】对话框

(2) 显示选定图层的图层效果。在【图层】调板中，单击目标图层【效果】前的空白，使眼睛图标 👁 出现，即可显示出该图层所有隐藏的图层效果。单击目标图层中某个图层效果名称前的空白，使眼睛图标 👁 出现，即可显示出隐藏的图层效果。

(3) 隐藏图像的样式效果。执行【图层】|【图层样式】|【隐藏所有效果】菜单命令，即可隐藏所有图层的全部样式效果。

(4) 显示图像的样式效果。执行【图层】|【图层样式】|【显示所有效果】菜单命令，即可将隐藏所有图层的全部样式效果重新显示出来。

(5) 删除指定的图层效果。在【图层】调板中，用鼠标在某个图层效果所在的行上单击，并拖曳到【图层】调板工具栏中的【删除图层】按钮上，释放鼠标，即可删除该图层效果。

(6) 清除选定图层的样式效果。有多种方法，可对目标图层的所有样式效果进行删除。

① 在【图层】调板中选中目标图层，执行【图层】|【图层样式】|【清除图层样式】菜单命令即可。

② 在【图层】调板中选中目标图层，右击，弹出快捷菜单，执行【清除图层样式】菜单命令即可。

③ 用鼠标在目标图层的【效果】行上单击，并拖曳到【图层】调板工具栏中的【删除图层】按钮上，释放鼠标，即可删除该图层的全部样式效果。

④ 在【图层】调板中选中目标图层，打开【样式】调板，单击【样式】调板工具栏中的【清除样式】按钮 🚫 即可。

(7) 复制图层样式。有两种方法可对目标图层的样式效果进行复制。

① 在【图层】调板中选中目标图层，执行【图层】|【图层样式】|【拷贝图层样式】菜单命令即可。

② 在【图层】调板中选中目标图层，右击，弹出快捷菜单，执行【拷贝图层样式】菜单命令即可。

(8) 粘贴图层样式。有两种方法可将粘贴板中的图层样式粘贴到指定的图层中。

① 在【图层】调板中选中要添加样式效果的图层，执行【图层】|【图层样式】|【粘贴图层样式】菜单命令即可。

② 在【图层】调板中，右击要添加样式效果的图层，弹出快捷菜单，执行【粘贴图层样式】菜单命令即可。

提示：

使用复制与粘贴图层样式的命令，能够将一个图层的样式效果复制并应用到另一个图层中。如果被粘贴的图层原来就有自己的图层样式，则粘贴过来的图层样式会替代原来的图层样式。

6.3.2　为文字图层制作特效

为期刊标题名称制作带有阴影的立体字效果。

操作步骤如下。

(1) 保持"标题"图层的选中状态，单击【图层】调板最下方的【添加图层样式】命令按钮，如图 6.27 所示，弹出如图 6.28 所示的弹出式菜单。

图 6.27　【添加图层样式】按钮　　　　　图 6.28　【添加图层样式】按钮的弹出式菜单

(2) 选择弹出式菜单中的【投影】命令选项，打开如图 6.29 所示的【图层样式】对话框。

(3) 在对话框左侧的【样式】栏中，同时选中【投影】和【斜面和浮雕】两个复选框。

(4) 单击【投影】复选框，在对话框中间的【投影】栏中，按照图 6.29 所示的参数进行设置。主要设置的参数包括：阴影的混合模式设置为【正常】，阴影颜色设置为黄色(RGB(255, 255, 0))，阴影的位移距离设置为 20 px，模糊处理前图层蒙版的扩大比例设置为 75%，阴影的大小设置为 95px，其他参数保持系统默认。

(5) 单击【斜面和浮雕】复选框，在对话框中间的【斜面和浮雕】栏中，按照图 6.30 所示对【结构】与【阴影】的相关参数进行设置，主要内容包括：【样式】设置为【浮雕效果】，【方法】设置为【平滑】，阴影的深度设置为 70%，斜面方向设置为向上，斜面大小设置为 30 px，光源高度设置为 45 度，其他参数保持系统默认。

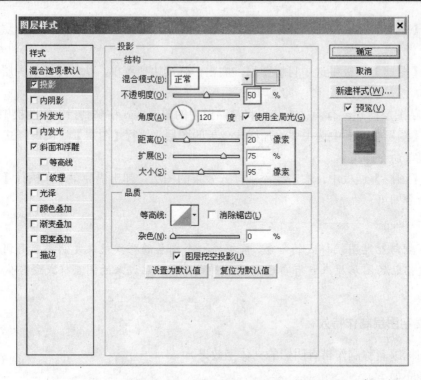

图 6.29 对【图层样式】对话框的【投影】选项进行设置

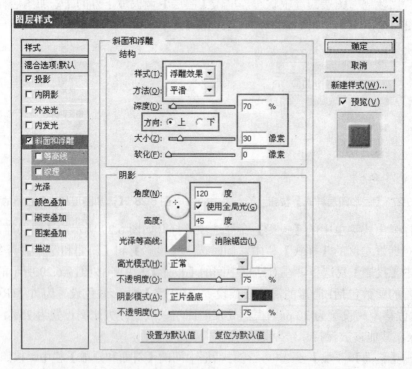

图 6.30 对【图层样式】对话框的【斜面和浮雕】选项进行设置

(6) 单击【图层样式】对话框右侧的【确定】按钮，关闭对话框。

(7) 图像窗口中立即出现如图 6.31 所示的立体阴影字效果。

(8) 与此同时，图层样式的设置被记录在【图层】调板中，如图 6.32 所示。

图 6.31　立体阴影字效果　　　　图 6.32　包含样式效果的图层

6.4　文字属性的设置

使用文字工具创建出的文本，具有字符属性与段落格式。通过对文字属性的设置，能够使文本呈现出更为美观的效果。本节最后将介绍输入段落文字并设置其属性的步骤。

6.4.1　必备知识

除使用文字工具选项条设置字符特性与段落格式外，还可以使用【字符】调板与【段落】调板，以及调板的弹出式菜单，来完成更为丰富的文本属性设置。

1. 字符属性设置

无论在文字输入过程中，还是在文字已输入完成后，都可以根据需要随时设置或改变文字的字体样式、大小、颜色等单个字符的属性。

可以通过文字工具选项栏、【字符】调板及【字符】调板的弹出式菜单来设置文字字符的属性。

(1) 使用【字符】调板。执行【窗口】|【字符】菜单命令，或单击文字工具选项栏中的【切换字符和段落面板】按钮，均可打开【字符】调板。使用调板改变属性设置非常方便，甚至不需要选定文本或【文字工具】。

【字符】调板中各个选项的功能描述如图 6.33 所示。

调板中的主要选项说明如下。

【字体大小】选项，默认以点为度量单位，也可将度量单位设置为像素或毫米，设置的方法为：执行【编辑】|【首先项】|【单位与标尺】菜单命令，打开【首先项】对话框，从【单位与标尺】选项卡中设置。

【行距】选项，用来控制文本之间的行间距，默认值为【自动】。行间距实际上是两行文本之间的基线距离，基线位于文字下方，是一条不可见的直线。

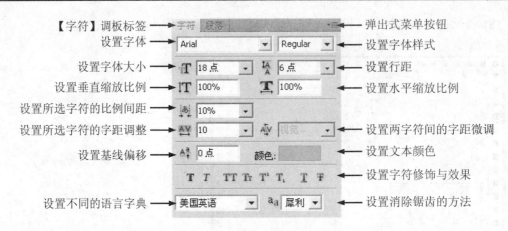

图 6.33 【字符】调板选项说明

【缩放比例】选项，用来改变字符宽度与高度的比例。【缩放比例】包含水平与垂直两种类型。改变【水平缩放比例】，将使字符变窄或变宽，改变【水平缩放比例】，将使字符变高或变低。

【所选字符的比例间距】选项，用来按指定的百分比值减少字符两侧的间距，但不会缩放字符本身的宽度与高度。

【所选字符的字距】选项，用来控制文本的字符间距。正数值将会增加字符间距，使字符彼此更加分离；负数值将会减小字符间距，使字符彼此更加靠近。

【字距微调】选项，用来控制一对字符之间的字符间距。正数值将会增加字符对的间距，使两个字符的间距加大；负数值将会减小字符对的间距，使两个字符的间距减少。

【基线偏移】选项，用来控制文字与文字基线的距离。正数值将会增加字符与基线的距离，使字符上移或右移；负数值将会减少字符与基线的距离，使字符下移或左移。

【文本颜色】选项，用来对选中的文字设定颜色。对文字图层，不能填充渐变色或图案，除非先将文字图层进行栅格化。

【语言字典】选项，用来选择不同的语言类别，从而也选择了不同的语法规则。不同类别的语言，对于连字符与拼写规则的处理，会有所不同。

【消除锯齿方式】选项命令，用来设置消除锯齿的方法，这些方法包含【无】、【锐利】、【犀利】、【浑厚】与【平滑】5 种选项。

(2) 使用【字符】调板的弹出式菜单。单击【字符】调板右上角的按钮，将打开如图 6.11 所示的弹出式菜单。菜单中的命令，为字符属性提供了更多的选项。

主要选项说明如下。

【仿粗体】选项，用来对文本字体进行加粗处理。

【仿斜体】选项，用来将文本字体变成斜体效果。

【分数宽度】选项，用来对字符间距进行调整，以产生最好的印刷排版效果。

【无间断】选项，用来强制一行文本最后的单词不被自行断开。

【复位字符】选项，用来对【字符】调板的所有选项重新设为默认值。

2. 段落属性设置

利用【段落】调板或【段落】调板的弹出式菜单命令，能够对文本的对齐方式、缩进方式等段落格式进行控制。

(1) 使用【段落】调板。【段落】调板能够对整段文字进行操作，调板上的多数选项只适用于段落文字。

执行【窗口】|【段落】菜单命令，或单击文字工具选项栏中的【切换字符和段落面板】按钮，均可打开【段落】调板。

【段落】调板中各个选项的功能描述如图 6.34 所示。

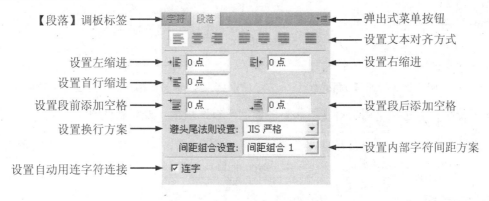

图 6.34 【段落】调板选项说明

调板中的主要选项说明如下。

【文本对齐方式】选项组，用来控制段落的对齐方式。其中前 3 个选项对于段落各行有效；中间 3 个选项对于段落的最后一行有效；最后一个选项对于段落各行进行分散对齐。当切换【横排文字工具】与【直文字工具】时，选项组的内容将随之变化。

【左缩进】与【右缩进】选项，用来使文本段落左(顶端)边距或右(底部)边距缩进。

【首行缩进】选项，用来只缩进文本段落的第一行。对于横排文字，【首行缩进】与左缩进有关；对于直排文字，【首行缩进】与顶端缩进有关。

【段前添加空格】与【段后添加空格】选项，用来在选定的段落前或后添加附加的空格。

【换行方式】选项，用来从【无】、【JIS 宽松】与【JIS 严格】3 种换行方案中选择一种，对文本段落加以应用。

【内部字符间距方式】选项，用来从【无】和 4 种组合方案中选择一种，对文本段落加以应用。

【连字】选项，用来设置在英文单词换行时，是否在行尾字符后面自动加上连字符。

(2) 使用【段落】调板的弹出式菜单。单击【段落】调板右上角的按钮，将打开如图 6.12 所示的弹出式菜单。

菜单中的主要选项说明如下。

【罗马式溢出标点】选项，用来控制如何处理悬挂标点。

【对齐】选项，用来对段落文本的对齐参数，如字间距、行距、字形缩放比例等，进行设定。执行该命令，将打开如图 6.35 所示的【对齐】对话框。

【连字符连接】选项，用来控制段落文本中如何指定连字符，以及指定用分隔符连接字符的条件。执行该命令选项，将打开如图 6.36 所示的【连字符连接】对话框。

【Adobe 单行书写器】与【Adobe 多行书写器】选项，用来提供两种文本编排方式，为文本段落指定对齐方式与是否应用连字符。其中前者提供了一种逐行编排文字的方法；而后者能够使字符间距更均匀且连字符更少。

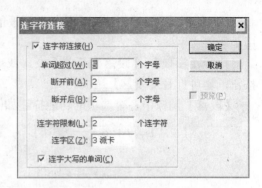

图 6.35 【对齐】对话框   图 6.36 【连字符连接】对话框

【复位字符】选项，用来对【段落】调板的所有选项重新设为默认值。

> **操作技巧**：当按同样设置修改多个图层的文字属性时，按住 Shift 键，依次选取这多个图层，为它们创建一个关联，然后一次性地加以修改即可。

6.4.2　创建段落文字

创建另一个新的图层，并应用段落文字，输入期刊的期号与出版日期。

操作步骤如下。

(1) 选中"背景"图层。

(2) 单击工具箱中的【横排文字工具】按钮，用鼠标在图像右下方拖曳出一个文本输入框。

(3) 释放鼠标后，插入光标自动出现在文本输入框左上方，如图 6.37 所示。

图 6.37　鼠标拉出的文本输入框

(4) 此时，【图层】调板中出现一个名为"图层 1"的新图层。双击新图层名称，进入文字编辑状态，输入新名称"期号与出版日期"，来更换图层的默认名。

(5) 切换到相应的输入法，在文本输入框中输入如下的两行文字(如果文字已经准备好，可以直接粘贴过来)：

第 9 期(总 115 期)

2012 年 9 月出版

(6) 选中输入的文字，在文字工具的状态栏中设置文字的各种属性：设置字体为【宋体】，设置字号为 28，设置消除锯齿的方法为【平滑】，设置文本对齐方式为【居中对齐文本】，设置文本颜色为红色。

(7) 如果有必要，可打开【字符】调板与【段落】调板，对文字与段落的相关属性进行设置与调整。

(8) 单击工具选项栏最右侧的【提交所有当前编辑】按钮，确认并结束当前的操作，与此同时，文字插入光标消失，文字编辑状态自动取消。

所得的图像效果如图 6.38 所示。

图 6.38　期号与出版日期的文字效果

6.5　文字图层的操作

文字图层是一类特殊的图层。文字图层创建后，可以更改文字方向，在点文字与段落文字之间相互转换，还可以对文字图层实施复制、删除、成组、合并等常规的图层操作，甚至还能够对文字图层进行缩放、旋转、斜切等变换操作。

本节最后将介绍如何创建段落文字图层，以及将文字图层合并后转换成普通图层的技术。

6.5.1　必备知识

文字图层与普通图层并不是同一类型的图层，两者具有不同的特性。普通图层包含的是栅格图像的像素信息，具有一定的分辨率，放大后图像的边缘会出现锯齿形状；文字图层则保留了文字轮廓的矢量特征，在文字缩放与调整时，能够最大限度地保持图形的清晰与不变形。另一个较大的区别在于：文字图层只可用来编辑文本内容，设置文字属性；而普通图层编辑的对象是像素，能够对像素实施复杂的特效处理。

1. 文字图层的基本操作

文字图层创建后，文本的颜色默认采用当前的前景色，也可使用工具选项栏上的【设置文本颜色】按钮修改文本颜色。

选中当前要操作的文字图层后右击，弹出快捷菜单，菜单中包含一些文字图层常用的操作命令，如图 6.39 与图 6.40 所示。

图 6.39　文字图层的快捷菜单(部分)　　　　图 6.40　文字图层的快捷菜单(续)

1) 选取文字图层的内容

通过鼠标拖曳与键盘操作等方式，能够对文字图层的内容进行编辑与修改。编辑文字，首先要选取待操作的文本。

选取文字的方法如下：选中当前要操作的文字图层；在工具箱中单击【横/直排文字工具】；然后将鼠标移动到要选择文字的开始或结尾处，按住鼠标左键并拖曳鼠标，直到到达要选中文字的结尾或开始处；此时释放鼠标，鼠标拖曳所经过的文字都将被选中。

2) 更改文字图层的方向

文字图层的方向决定了文本相对于图像窗口或文本框的方向。【横排文字工具】将创建出横向文字，文字左右水平排列；【直排文字工具】将创建出竖向文字，文字上下垂直排列。

当任何一种方向的文字输入后，可随时对文字的方向进行更改。

更改文字图层方向的方法如下：选中当前要操作的文字图层，或直接选中要改变方向的文本；执行【图层】|【文字】菜单命令中的【水平】或【垂直】命令，目标图层中的文字方向即刻发生转变。

3) 移动文字图层

对于已经输入完成的文本，无论它是哪种类型，都可移动其位置。

移动文字图层的方法如下：选中当前要操作的文字图层；在工具箱中单击【移动工具】；将鼠标移到文本对象上方，单击并拖曳鼠标，将文本对象拖到目标位置；还可以使用键盘上的4 个方向键，用来精细地微调文字位置。

4) 查找和替换文本内容

在图像中输入的大量文字，如果其中出现了相同的错误，可以使用【查找和替换】命令，对文字进行修改。

查找与替换字符的方法如下：选中需要查找与替换的文字内容；然后执行【编辑】|【查找和替换文本】菜单命令；系统弹出如图 6.41 所示的【查找和替换文本】对话框；在对话框中分别输入要查找和替换的文本内容即可。

2．文字图层的转换

文字图层是一种较为特殊的图层，这类图层能
够移动、复制、堆叠、合并，但许多图像的编辑操
作却不能作用于它们。要想使用这些操作，必须先
对文字图层做一些必要的转换。

1) 文字图层转换为普通图层

文字图层是基于矢量的，该类图层禁止某些命
令(如【填充】与【描边】命令)或工具(如绘画工具)
的使用；而且，文字图层中的对象，无法使用【扭曲】与【透视】变换效果。有时需要对文字
图层做某些特效处理，如需要对文字使用滤镜效果，此时，就要先把文字图层栅格化为普通图
层，然后再进行相关的操作。

文字图层转换为普通图层的方法如下：选中当前要转换的文字图层；执行【图层】|【栅
格化】|【文字】菜单命令，或执行【栅格化文字】快捷菜单命令；矢量化的文字线条即刻被
像素化，成为图像对象；与此同时，【图层】调板中的图层标识也相应地发生改变。

文字图层转换为普通图层后，文字就不再是字符，不可再用文字工具对其内容加以编辑与
修改。

2) 文字图层转换为工作路径

由文字图层创建工作路径的方法如下：选中当前要转换的文字图层；执行【图层】|【文
字】|【创建工作路径】菜单命令，或执行【创建工作路径】快捷菜单命令；系统自动沿着文
字边界产生了一个工作路径；此时，如果在【图层】调板中隐藏或删除文字图层，将会看到一
个与文字图层内容一致的路径；执行【窗口】|【路径】菜单命令，打开【路径】调板，在调
板中将会看到新创建的路径对象。

图 6.42 所示为建立的"文字图层"的内容；为该文字图层创建工作路径，并将"文字图
层"隐藏，如图 6.43 所示。

图 6.42　新建文字图层的内容

图 6.43　隐藏新建的文字图层

此时，在图像窗口中，可以看到新建工作路径的效果，如图 6.44 所示。打开【路径】调
板，新创建的工作路径如图 6.45 所示。

通过创建工作路径，能够使用路径编辑工具将文字作为矢量图形进行编辑，从而制作出一
些特殊的文字变形。

3) 文字图层转换为形状

文字图层转换为形状对象的方法如下：选中当前要转换的文字图层；执行【图层】|【文

字】|【转换为形状】菜单命令，或执行【转换为形状】快捷菜单命令；文字图层立即被添加了矢量蒙版，成为形状图层；与此同时，【图层】调板中的图层标识也相应地发生改变。

图 6.44　新建的工作路径

图 6.45　【路径】调板

文字图层转换为形状对象后，文字就不再是字符，不可再用文字工具对其内容加以编辑与修改。

6.5.2　文字图层的合并与转换

将点文字图层与段落文字图层合并起来，并转换为普通图层。

操作步骤如下。

(1) 在如图 6.46 所示的【图层】调板中，按住 Shift 键，同时选中"标题"与"期号与出版日期"两个文字图层，执行【图层】|【合并图层】菜单命令(或按 Ctrl+E 组合键)，将两个文字图层合并成一个普通图层。

(2) 执行合并命令后，合并的图层自动以"期号与出版日期"命名。

(3) 修改合并后的图层名，重新命名为"刊物名称与期号"，如图 6.47 所示。

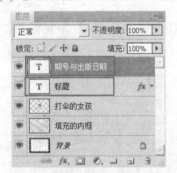

图 6.46　含两个文字图层的【图层】调板

图 6.47　文字图层被合并成普通图层

6.6　特殊效果的文字

路径文字与变形文字这两种特殊的文字技术，能够创建出特殊的文字效果。文字选区结合填充、描边等操作，也能够创建出绚丽多彩的视觉效果。本节最后将介绍使用文字变形技术制作出雨幕字的过程。

6.6.1　必备知识

路径文字能够使文字沿着特殊的路径排列，变形文字使文字呈现弯曲或延伸的特殊状态，文字选区则是用文字蒙版工具创建出来的一种特殊的选区，这类选区与文字具有相同的形状。

1．路径文字

路径文字并非一种文字类型，它只是沿着一条闭合或开放路径的边缘输入的一串文本。路径与文字之间并无像素关联，可以将路径看做是文字的引导轨迹。

当沿着路径输入横向文本时，字符基线将沿着与路径垂直的方向伸展；当沿着路径输入竖向文本时，字符基线将沿着与路径平行的方向伸展。

创建路径文字的步骤如下。

(1) 从工具箱中选中【钢笔工具】或形状工具组中的某种工具，绘制出一条路径。

(2) 在打开的【字符】调板中，或在文字的工具选项栏中，设置文字的字体、字号等属性。

(3) 从工具箱中选中【横排文字工具】或【直排文字工具】。

(4) 鼠标指针将变为带有文字基线标识的 $\check{\ }$ (横排文字)或 $\backsim$ (直排文字)形状。

(5) 移动鼠标指针，将文字基线置于路径一端。

(6) 单击后路径上将出现文字插入光标。

(7) 输入文本，使文本沿着路径排列。

(8) 输入完成后，单击工具选项栏上的 ✔ 按钮，确认当前路径文本的输入；或者单击工具选项栏上的 ◎ 按钮，取消路径文本的输入。

图 6.48 所示为用【自定形状工具】绘制的一个心形状的路径，图 6.49 所示为输入的路径文字效果。

图 6.48　带有文字插入光标的心形路径

图 6.49　路径文字效果

📖 提示：

(1) 路径文本沿路径排列的形态与绘制路径的工具和绘制路径的方向有关。当用【钢笔工具】或【直线工具】绘制路径时，文字将沿着绘制的方向排列。当绘制路径的方向为从左到右(或从上到下)时，文字按正向排列；反之，当绘制路径的方向为从右到左(或从下到上)时，文字按反向排列。

(2) 当文本到达路径末尾时，文字将自动换行。

2．变形文字

通过文字工具选项栏中的【创建文字变形】按钮 ⬆，能够对文字图层的形状进行多种变形操作，以满足不同的外观需求。

变形操作针对的是文字图层上的所有文字，不能只应用于选中的部分文字。变形后的文字仍可被修改与编辑。

如果执行变形操作的是段落文字图层，则变形后的文本框不可以再被调节大小或拖动变形。

变形文字的操作步骤如下。

(1) 在【图层】调板中选中要变形的文字图层。

(2) 执行【图层】|【文字】|【文字变形】菜单命令，或执行【文字变形】快捷菜单命令，打开【变形文字】对话框。如果当前选中的是【横排文字工具】或【直排文字工具】，直接在工具选项栏中单击【创建文字变形】按钮，也能打开【变形文字】对话框。

(3) 单击对话框中的【样式】下拉列表框，打开选项菜单。

(4) 从选项菜单中的 15 个变形命令中，选中某个命令选项。

(5) 在【变形文字】对话框中，通过改变【弯曲】、【水平扭曲】及【垂直扭曲】等选项的值，设置文字弯曲或扭曲的参数。

(6) 完成设置后，单击【确定】按钮，目标图层中的文本将产生相应的变形效果。

图 6.50 与图 6.51 给出了两种不同文字变形的效果。

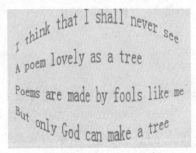 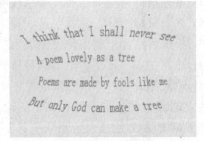

图 6.50 执行【凸起】命令的效果　　　　图 6.51 执行【挤压】命令的效果

3. 文字选区

使用【横排文字蒙版工具】和【直排文字蒙版工具】，能够在当前图层中，创建出一个文字选区。文字选区能够像其他任何选区一样，进行移动、复制、填充、描边等操作。

创建文字选区的步骤如下。

(1) 新建一个图层。

(2) 从工具箱中选中【横排文字蒙版工具】或【直排文字蒙版工具】。

(3) 在文字工具选项栏中，设置文字的字体、字号等属性。

(4) 移动鼠标到图像窗口单击，插入光标或拖曳出文本框。

(5) 输入文本，文字显示为背景色；图像窗口中显示出一层半透明的红色，代表蒙版内容。

(6) 输入完成后，单击工具选项栏上的✔按钮，确认当前文本的输入。

(7) 此时，可使用菜单命令、工具，或使用【图层】调板最下方的【添加图层样式】命令按钮，对文字选区进行填充、描边等操作。

(8) 执行【选择】|【取消选择】菜单命令，或按 Ctrl+D 组合键，取消文字选区的选中状态。

图 6.52 与图 6.53 所示分别为对一个文字选区进行描边与用渐变色填充后的效果。

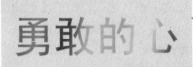

图 6.52 对文字选区描边后的效果　　　图 6.53 对文字选区渐变填充后的效果

6.6.2　用变形文字技术制作雨幕字

输入封面主题诗歌——《心境》的每一行诗句，并将这些诗句制作成雨幕字的效果。

操作步骤如下。

(1) 打开标尺，拉出如图 6.54 所示的辅助参考线，将图像分割出 12 个条状的文字输入区，使这些文字输入区对称地分布在打伞女孩图像的左右两侧。

图 6.54　拉出的辅助参考线

(2) 在工具箱中单击【直排文字工具】按钮，鼠标指针变换为竖排文字光标，相应的工具选项栏出现在主菜单下面。

(3) 在最右侧的那个文字输入区顶端单击，【图层】调板中新建了一个系统默认命名的文字图层；与此同时，单击处出现一个闪动的文字插入光标，系统处于点文字编辑状态。

(4) 输入《心境》诗歌的第一行文字——喜欢孤寂是一处绝妙的风景。

(5) 选中输入的第一行诗句，按图 6.55 所示，在对应的工具选项栏中设置文字的各种属性：设置【字体系列】属性值选择为【Adobe 楷体 Std】，设置【字体大小】属性值选择为【18 点】，设置【消除锯齿的方法】属性值选择为【浑厚】，文字对齐方式设置为【顶对齐文本】，文本颜色设置为红色。

图 6.55　设置后的文本工具选项栏

(6) 在工具选项栏中单击【创建文字变形】按钮，打开如图 6.56 所示的【变形文字】对话框。在对话框中单击【样式】下拉列表框，打开如图 6.57 所示的选项菜单。选择菜单中的【旗帜】命令选项。

(7) 在【变形文字】对话框中，选中【垂直】单选按钮，将【弯曲】程度的属性值调整到 +100%，如图 6.56 所示。

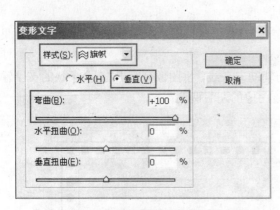

图 6.56　设置后的【变形文字】对话框　　　　　图 6.57　【样式】的选项菜单

(8) 单击【确定】按钮，关闭【变形文字】对话框，第一行诗歌文字呈现如图 6.58 所示的效果。

图 6.58　应用【旗帜】样式的文字效果

(9) 打开【图层】调板，输入的这行诗歌文字被自动创建到一个新的变形文字图层中，图层的默认名称为第一行诗歌的内容，如图 6.59 所示。

(10) 将新建的变形文字图层的名称更名为"第 1 句"，如图 6.60 所示。

图 6.59　新建的变形文字图层　　　　　图 6.60　对变形文字图层更名

(11) 按相似的步骤，分别输入诗歌的所有内容，并设置相似的字符属性与变形效果。

(12) 对于诗歌的第 8、第 10 两行，由于文字较少，为减少两行文字的弯曲程序，在设置文字变形效果时，将【弯曲】参数值调整为+60%。

(13) 诗歌每一行的内容都被单独创建到一个新的变形文字图层中。以"第 *n* 句"(*n* 为诗句的行号)的形式分别修改这些新图层的名称，得到如图 6.61 所示的【图层】调板。

(14) 按住 Ctrl 键或 Shift 键，在【图层】调板中，通过单击的方式同时选中 10 行诗句所对应的图层。

(15) 执行如图 6.62 所示的【图层】|【图层编组】主菜单命令。

图 6.61 输入诗歌后的【图层】调板

图 6.62 【图层】主菜单命令

(16) 系统立即创建出一个名为"组 1"的新图层组，所有诗句对应的图层被自动放入新建的图层组中，如图 6.63 所示。新图层组缩览图左侧将出现向右的三角形图标，单击该图标，三角形的方向指向下方，同时，此图层组包含的所有图层将被展开并列出；再次单击三角形图标，此图层组包含的图层又被隐藏起来。

(17) 双击新建图层组的名称，用新的组名——"《心境》诗句"来替代默认的组名，得到如图 6.64 所示的【图层】调板。

(18) 选中那些位置不太到位的图层，用键盘上的方向键进行精确的移动与调整。

(19) 执行【视图】|【清除参考线】菜单命令，清除所有的参考线，按 Ctrl+R 快捷键，取消标尺显示，最终得到如图 6.1 所示的效果。

(20) 执行【文件】|【存储为】菜单命令，将当前的操作成果另存为"《心境》封面 4.PSD"。

图 6.63　新建的图层组

图 6.64　对图层组更名

课 后 习 题

一、填空题

1．使用文字蒙版工具，能够在当前图层中创建＿＿＿＿＿＿，并对其进行移动、复制、填充、描边等操作。

2．使用文字工具可以在图像中输入与编辑文字，并创建一个在【图层】调板中被表示成带有＿＿＿＿＿＿字母的＿＿＿＿＿＿。

3．判断当前的文本是点文字还是段落文字的方法为：用文字工具单击当前的文本，如果有文本框显示，表明此文本为＿＿＿＿＿文字；否则，表明此文本为＿＿＿＿＿文字。

4．路径文字是沿着一条闭合或开放路径的边缘输入的一串文本。路径与文字之间并无＿＿＿＿＿关联，可以将路径看做是文字的＿＿＿＿＿轨迹。

5．变形操作针对的是＿＿＿＿＿＿上的所有文字，不能只应用于选中的部分文字。变形后的文字仍可被＿＿＿＿＿。

6．对图层应用了图层样式后，该图层就转变为＿＿＿＿＿。

二、单项选择题

1．不应作为设置文字颜色的方法是(　　)。

　　A．栅格化文字图层后，用指定颜色填充文字选区

　　B．使用图层样式中的颜色叠加

　　C．通过单击工具选项栏中的【设置文本颜色】按钮，打开对话框进行颜色修改

　　D．选中文字后使用【颜色】调板修改颜色

2．下面关于【横排文字工具】的说法错误的是(　　)。

　　A．能够创建纵向文字　　　　　　　　B．能够创建横向文字

　　C．能够创建文字图层　　　　　　　　D．能够创建文字选区

3．对于没有栅格化的段落文字，不可以进行以下(　　)操作。

　　A．缩放　　　　　　B．扭曲　　　　　　C．斜切　　　　　　D．旋转

4．使用【横排文字蒙版工具】创建的是(　　)。

　　A．横向点文字　　B．横向段落文字　　C．文字选区　　　　D．文字图层

5. 段落文字转换为点文字的命令为( )。

    A.【图层】|【文字】|【变换】   B.【图层】|【文字】|【转换为形状】

    C.【图层】|【转换】|【点文本】   D.【图层】|【文字】|【转换为点文本】

6. 不会产生新图层的方法是( )。

    A. 单击【图层】调板最底端的【创建新图层】按钮

    B. 使用文字工具在图像中添加文字

    C. 双击【图层】调板空白处,在弹出的对话框中输入新图层名称

    D. 用鼠标将图像从当前图像窗口拖动到另一个图像窗口中

7. 对于文字图层中文字信息的修改,以下( )说法不正确。

    A. 可以改变文字颜色   B. 栅格化文字图层后,可以改变文字字体

    C. 可以改变文字内容   D. 可以改变文字大小

三、简答题

1. 工具箱中的文字工具组提供了哪几种文字工具?各有什么作用?

2. 如何创建点文字与段落文字?两类文字各有什么特点?

3. 点文字与段落文字如何转换?

4.【字符】调板和【段落】调板各有什么作用?各包含哪些主要属性选项?

5. 举例说明复制图层样式的操作步骤。

6. 文字图层的转换操作包括哪些?

7. 文字选区有何作用?如何创建文字选区?

8. 何为图层样式?何谓样式图层?两者有何关系?

9. 如何创建路径文字与变形文字?两者各有什么特点?

10. 举例说明如何用文字工具选项栏实现文字变形。

第7章 矢量图形与路径操作

 学习目标

通过本章的学习，读者能够熟练掌握形状工具组、路径工具组及路径选择工具组中各个工具的用法，能够灵活实现矢量图形的创建与修改，以及路径的创建与调整，并能够完成路径与选区的转换与应用。

 知识要点

1. 矢量图形的概念
2. 形状图层的概念
3. 工作路径的概念
4. 形状工具的工具选项栏
5. 形状工具组中各类工具的用法
6. 路径工具组中各类工具的用法
7. 路径选择工具组中各类工具的用法
8.【路径】调板的功能与用法
9. 路径的基本操作

 核心技能

1. 应用形状工具创建各类形状的能力
2. 应用路径工具绘制路径的能力
3. 利用锚点与方向控制柄调整路径的能力
4. 对路径进行各类基本操作的能力

分解的任务进程

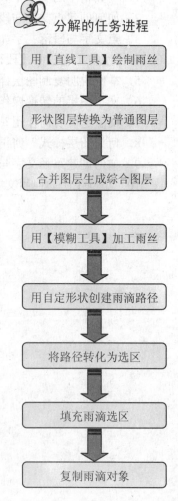

用【直线工具】绘制雨丝

形状图层转换为普通图层

合并图层生成综合图层

用【模糊工具】加工雨丝

用自定形状创建雨滴路径

将路径转化为选区

填充雨滴选区

复制雨滴对象

7.1 任务描述与步骤分解

本章将以第 6 章生成的"《心境》封面 4.PSD"文档内容为背景，在此基础上，为期刊封面制作雨丝与雨滴的效果，并以"《心境》封面 5.PSD"命名保存。图像文档最终的效果如图 7.1 所示。

图 7.1 《心境》封面 5.PSD 文档的图像效果

根据要求，本章的任务可分解为以下 5 个关键子任务。

(1) 绘制出一系列的雨丝线段。

(2) 将形状图层转换为普通图层。

(3) 使用【自定形状工具】创建封闭路径。

(4) 将路径转换为选区并进行填充与复制操作。

下面对每个子任务的实现过程详加说明。

7.2 矢量图形与路径

Photoshop 的主要功能是处理像素图像，但同时也提供了绘制与编辑矢量图形与路径的功能。本节将介绍矢量图形与路径的相关概念，各种形状工具及路径工具的作用与功能，以及它们的工具选项栏，最后介绍如何使用【直线工具】绘制雨丝线段。

7.2.1 必备知识

用形状工具能够绘制各种矢量图形，并自动创建形状图层，而形状图形的轮廓通常由路径确定。

1. 基本概念

1) 矢量图形

矢量图形也称为向量图形或几何图形，是由锚点与路径组成的另一类图像。矢量图形采用的是一种面向对象的绘图机制。在矢量图形中，直线、曲线、文字等要素一律以向量数据(即形状的数学方法)的形式存储与表达，而不是以栅格像素的方式描述。

图 7.2 所示为绘制的太阳与松树两幅矢量图形。

矢量图形显示效果清晰光滑，输出质量高，具有以下诸多特点。

(1) 矢量图形由连线与内部填充组成，与设备分辨率无关，可以任意缩放，却不会影响图形边缘的平滑程度，也不会产生锯齿与马赛克现象。

(2) 矢量图形文件的尺寸仅与图形中包含的要素多少与复杂程度有关,而与图像的大小无关。

(3) 矢量图形在打印输出时，打印效果取决于打印机的输出分辨率，而不是 Photoshop 文件的分辨率。

2) 形状图层

形状图层是使用形状工具或钢笔工具，在【形状图层】绘图模式下创建矢量图形对象时，所生成的一类特殊的独立图层。形状图层与其他图层的不同之处在于：形状图层是具有矢量蒙版的一种填充图层，其中矢量蒙版定义形状的轮廓，通过编辑图层矢量蒙版，可以改变图形的形状。

在【图层】调板中，形状图层显示为以下两个缩览图。

(1) 定义形状填充颜色的缩览图。双击该缩览图，将打开【拾色器】对话框，该对话框用来调整形状区域的填充颜色。

(2) 定义形状几何轮廓的矢量蒙版缩览图。双击该缩览图以外的区域，将打开【图层样式】对话框，该对话框用来对形状设置各种效果。

与如图 7.2 所示矢量图形对应的【图层】调板如图 7.3 所示。

图 7.2　矢量图形效果

图 7.3　【图层】调板中的形状图层

3) 路径

路径又称为工作路径，是一种矢量对象，该对象由形状工具或钢笔工具绘制出的一系列的点、直线段或曲线段构成，其形状由锚点标记。路径提供了一种精确勾勒或绘制图像的方法。

利用路径可以绘制复杂的图形，完成那些不能由绘图工具完成的工作；利用路径，可以精确地建立选区或矢量蒙版，并通过对路径选区的描边与填充操作，来创建栅格图像；路径和选区可以相互转换，从而提供另一种对图像处理的有效手段。

2. 形状工具组与路径工具组

形状工具组由【矩形工具】、【圆角矩形工具】、【椭圆工具】、【多边形工具】、【直线工具】和【自定形状工具】6 种工具组成，如图 7.4 所示。通过这些工具，能够在普通图层或形状图层中绘制出常见的矢量图形，因此，形状工具组也可称为矢量图形工具组。

路径工具组也被称为钢笔工具组，由【钢笔工具】、【自由钢笔工具】、【添加锚点工具】、【删除锚点工具】和【转换点工具】5 种工具组成，如图 7.5 所示。通过这些工具，能够创建出工作路径，并通过对锚点的增删等操作对路径进行编辑。

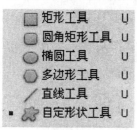

图 7.4 形状工具组

图 7.5 路径工具组

形状工具组中各个工具的功能与效果示例见表 7-1。

表 7-1 形状工具功能一览

工具	功能描述	效果示例	工具	功能描述	效果示例
矩形工具	绘制各种矩形或正方形		圆角矩形工具	绘制各种圆角矩形或圆角正方形	
椭圆工具	绘制各种椭圆或正圆		多边形工具	绘制各种多边形或星形	
直线工具	生成带有或不带箭头的多种角度的直线段		自定形状工具	绘制各种不规则图形或自定义图案	

路径工具组中各个工具的功能与效果示例见表 7-2。

表 7-2 路径工具功能一览

工具	功能描述	效果示例	工具	功能描述	效果示例
钢笔工具	以单击的方式创建路径或矢量图形		自由钢笔工具	以拖曳鼠标的方式徒手绘制路径或矢量图形	
添加锚点工具	在已有的路径上单击以增加锚点		删除锚点工具	在已有的路径上单击以减少锚点	
转换点工具	用于改变相连接路径的弯曲度				

3. 形状与路径的工具选项栏

所有的形状工具具有相似的工具选项栏。在路径工具组中，只有【钢笔工具】与【自由钢笔工具】两种工具具有选项栏，其他 3 种工具则不具备选项栏。

在 Photoshop CS5 中，形状工具与前两种路径工具的选项栏具有一些共同的选项。下面以【矩形工具】选项栏为例，介绍这些形状工具与部分路径工具选项栏中各重要选项的意义与作用。

1) 矢量图形状态下的工具选项栏

图 7.6 所示为【形状图层】绘图模式下，选择了【矩形工具】后工具选项栏的状态。

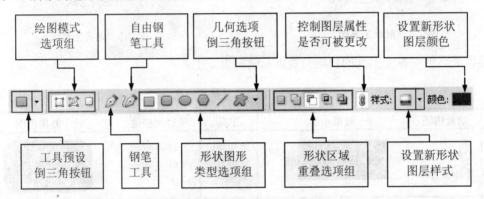

图 7.6 【矩形工具】选项栏

(1) 【工具预设】倒三角按钮。单击该按钮，将弹出如图 7.7 所示的【工具预设】面板。选中面板左下方的【仅限当前工具】复选框，面板中将仅显示当前所用工具的系统预设方案；取消取中此复选框，面板中将显示出所有工具的系统预设方案。

(2) 【绘图模式】选项按钮组。该组包含如下 3 种不同的绘图模式。

【形状图层】模式：当选中该选项，使用形状工具绘制图形时，将自动创建形状图层。每个形状图层中，可以绘制多个矢量形状。

【路径】模式：当选中该选项，在图像中拖曳鼠标时，将在当前图层中创建一个工作路径。工作路径将出现在【路径】调板中，如果不被存储，它只是一个定义形状几何轮廓的临时的路径，并不是图像的组成部分。

【填充像素】模式：当选中该选项，使用形状工具时，将在当前图层中，创建由当前前景色填充的像素形状(也称栅格图像)。这类像素形状无法如矢量对象一样，进行编辑与修改。当使用【钢笔工具】或【自由钢笔工具】时，【填充像素】模式不可用。

(3) 【钢笔工具】按钮。该选项用来启用【钢笔工具】。【钢笔工具】是一种矢量绘图工具，能够通过单击的方式绘制出精确的直线与平滑流畅的曲线，从而组成各种矢量形状。同时，【钢笔工具】也可以像形状工具一样，绘制出具有颜色填充的形状图形。

(4) 【自由钢笔工具】按钮。该选项用来启用【自由钢笔工具】。【自由钢笔工具】在功能上与【钢笔工具】类似，只是该工具在使用时，是通过拖曳鼠标的方式绘制路径或矢量图形，而不是以单击的方式。

(5) 【形状图形类型】选项按钮组。该选项组共包含 6 种选项按钮，分别与形状工具组中的 6 种形状工具一一对应。通过单击该选项组中的选项按钮，就能够在各种形状工具之间轻松地加以切换，而不需再通过工具箱重新选择。

(6)【几何选项】倒三角按钮。单击该按钮，将弹出与当前所用工具类型相对应的选项面板，从面板中设置重要的参数，来调整所用工具的属性。

所用工具不同，对应的选项面板也会不同。图 7.8 所示为【矩形工具】的【矩形选项】面板。

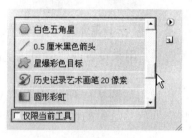

图 7.7 【工具预设】面板

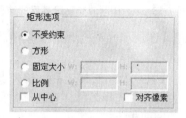

图 7.8 【矩形选项】面板

(7)【形状区域重叠】选项按钮组。该按钮组由五类选项按钮组成，分别用来设置两个形状区域进行叠加的运算模式。当在一个已有的形状区域中创建另一个形状时，Photoshop 会将这两个重叠的形状重新组合成一个新的形状区域。新的形状区域可以是两个重叠区域的并集、交集，也可以是去掉重叠部分后的区域，这主要取决于重叠运算模式的选择。

【创建新的形状图层】按钮▣：该选项按钮是系统默认选中的按钮。当在已有的形状区域之上再创建新的形状区域时，新建形状区域会叠加在原形状区域之上，两者独立存在，彼此间不产生任何集合运算。

【添加到形状区域】按钮▣：对于两个形状，将它们区域的并集作为重叠的结果。

【从形状区域减去】按钮▣：对于两个形状区域，从前一区域中减除后一个区域，将所得的差集作为重叠的结果。

【交叉形状区域】按钮▣：对两个形状区域，将它们的交叉区域作为重叠的结果。

【重叠形状区域除外】按钮▣：对两个形状区域，从它们合并后的区域中扣除相交的部分，作为重叠的结果。

举例说明：用【自定形状工具】绘制一个天蓝色蝴蝶的形状，其区域表示为 A，如图 7.9 所示。再用【直线工具】绘制一条 12 个像素粗细的水平直线段，表示为 B，使 B 横穿 A 区域。在 5 种不同的重叠运算模式下，A、B 两个形状区域重叠后的结果分别如图 7.10 到图 7.14 所示。

图 7.9　A 区域

图 7.10　A、B 区域直接叠加的结果

图 7.11　A、B 区域相加运算后的结果

图 7.12　A、B 区域相减运算后的结果

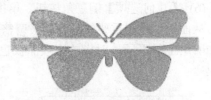

图 7.13　A、B 区域交叉运算后的结果　　　图 7.14　去掉重叠区域后的结果

(8) 【图层属性锁定/解锁】按钮。该选项是一个开关选项，用来设置或清除可以更改图层的属性。

(9) 【设置新图层样式】下拉列表框。选择该选项，将弹出如图 7.15 所示的【样式选项】面板。从面板中选择某种样式选项，当前图层中的图形将立即应用选中的样式；再次选择该选项，将关闭面板。

样式实际是【样式】调板中保存的图形效果预设方案。执行【窗口】|【样式】菜单命令，打开如图 7.16 所示的【样式】调板，也可以从调板中选择某种样式，实现同样的功能。

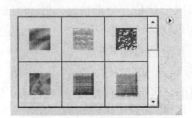

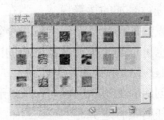

图 7.15　【样式选项】面板　　　　　图 7.16　【样式】调板

(10) 【设置新图层颜色】色块按钮。单击该色块按钮，将弹出如图 7.17 所示的【拾色器】对话框。使用该对话框，可以调整形状图形的颜色。

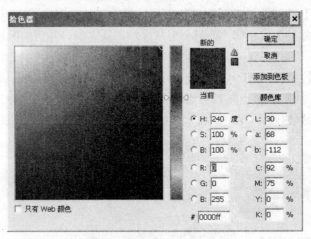

图 7.17　【拾色器】对话框

2) 路径状态下的工具选项栏

对于【矩形工具】选项栏，当切换到【路径】绘图模式时，工具选项栏的状态将改变为如图 7.18 所示。

图 7.18　【矩形工具】选项栏

在该工具选项栏中,【设置新图层样式】和【设置新图层颜色】两个选项业已消失;同时,【形状区域重叠】选项按钮组相应地变换为【路径区域重叠】选项按钮组。

【路径区域重叠】选项按钮组包含 4 种选项按钮,各个按钮的意义与功能说明如下。

【添加到路径区域】按钮：将新的路径区域合并到原有的路径区域。

【从路径区域减去】按钮：将新的路径区域从原有的路径区域中移除。

【交叉路径区域】按钮：将结果路径限制为新路径区域与原有路径区的交叉区域。

【重叠路径区域除外】按钮：从合并后的路径区域中排除重叠的部分。

3) 栅格图像状态下的工具选项栏

对于【矩形工具】选项栏,当切换到【填充像素】绘图模式时,工具选项栏的状态将改变为如图 7.19 所示。

图 7.19 【矩形工具】选项栏

在该工具选项栏中,取消了【区域重叠】选项按钮组,同时增加了【模式】、【不透明度】和【消除锯齿】这 3 个针对位图图像的选项。

7.2.2　制作雨丝

使用【直线工具】,绘制出一系列的间断线段,作为雨丝。

操作步骤如下。

(1) 从工具箱中选中【直线工具】。

(2) 在相应的工具选项栏中设置选项如下：选择【形状图层】，【粗细】值设置为 4px,形状图层的叠加方式设置为【创建新的形状图层】，【颜色】设为白色,如图 7.20 所示。

图 7.20　设置后的【直线工具】选项栏

(3) 为精确定位绘制的图形,首先执行【视图】|【标尺】菜单命令,打开标尺工具;用鼠标从标尺上拉出 4 条相应的垂直参考线,如图 7.21 所示。

图 7.21　在图像中拉出 4 根垂直参考线

(4) 在打伞的女孩图像的上方单击并拖曳鼠标，绘制出一根雨线段。

(5) 按 F7 键打开【图层】调板，可以看到系统已自动为这根雨线段创建出一个新的形状图层，图层默认的名称为"形状 1"，且该图层自动处于选中状态。

(6) 按照同样的方法，依次绘制出其他 3 根雨线段，使它们组成一条间断的雨丝。

(7) 顺着每一条参考线，完成其他的 3 组雨丝的绘制。

(8) 执行【视图】|【清除参考线】菜单命令，删除 4 条参考线，此时的图像如图 7.22 所示。

(9) 每绘制出一根雨线段，都将自动在【图层】调板中创建一个对应的形状图层，图 7.23 显示出前 6 根雨线段所在的图层。

图 7.22　绘制出的 4 组雨丝效果

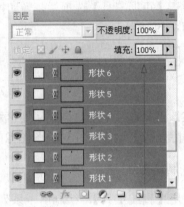

图 7.23　与雨线段对应的形状图层

7.3　矢量图形的创建

使用形状工具或钢笔工具，能够绘制矢量图形。形状工具提供了固定几何图形的创建手段。本节将着重介绍各种形状工具的功能与用法，最后介绍如何转换图层，对图层编组，并使用【模糊工具】进一步加工雨线图形。

7.3.1　必备知识

要想使用形状工具创建矢量图形，首先要在工具箱中选中所用的形状工具；其次要在工具选项栏中单击【形状图层】选项按钮，切换到矢量绘图模式下；然后就可以在图像中拖动鼠标，绘制新的形状图形。

每当用形状工具或钢笔工具生成矢量图形时，Photoshop 都会自动创建相应的形状图层。同时，矢量图形将自动被填充为前景色，因此，在创建图形之前，应设置好前景色。

下面介绍形状工具组中各种工具的用法。

1. 【矩形工具】用法

【矩形工具】的主要功能是绘制矩形或正方形。在工具箱中选中该工具后，切换到【形状图层】绘图模式下，它的工具选项栏如图 7.6 所示。

单击工具选项栏中的【几何选项】倒三角按钮，将弹出如图 7.8 所示的【矩形选项】面板。

【矩形选项】面板中主要选项的意义说明如下。

(1)【不受约束】选项：选中此项，可以在图像窗口中用鼠标拖曳出任意高度与宽度的矩形。

(2)【方形】选项：选中此项，在图像窗口中拖曳鼠标，能够绘制出任意大小的正方形。

(3)【固定大小】选项：选中此项后，在 W 文本框与 H 文本框中分别输入矩形的宽度值与高度值；然后在图像窗口中单击，即可按预设的尺寸创建出一个大小确定的矩形。右击 W 或 H 文本框，可在弹出的选项菜单中选择宽度与高度的单位。

(4)【比例】选项：选中此项后，在 W 文本框与 H 文本框中分别输入矩形的宽度与高度的比例因子；然后在图像窗口中拖曳鼠标，即可按预设的宽高比例绘制出一个矩形。当 W 与 H 的值均为 1 时，将绘制出正方形。

(5)【从中心】选项：选中此项后，在图像窗口中绘制矩形时，鼠标单击的起始位置即为矩形的中心点坐标。

(6)【对齐像素】选项：选中此项后，矩形的边缘将与像素的边界自动对齐，从而确保矩形图形的边缘不会出现锯齿效果。

创建矩形矢量图形的步骤如下。

(1) 单击工具箱中的【矩形工具】按钮，鼠标指针立即变成十字形标识╋。

(2) 在相应的工具选项栏中，选中【形状图层】绘图模式，设置图形的填充颜色；根据需要，对其他选项进行设置。

(3) 单击工具选项栏中的【几何选项】倒三角按钮，在弹出的【矩形选项】面板中设置相关的选项属性值。

(4) 在图像窗口中拖曳鼠标(对于【固定大小】选项，则为单击)，绘制出所需的矩形。

图 7.23 与图 7.24 所示分别为绘制出的红色长方形与红色正方形图形。

图 7.24　长方形图形示例　　　　　　　图 7.25　正方形图形示例

操作技巧：绘制矩形时，先按住 Shift 键，再拖曳鼠标时，就能够绘制出正方形图形来。

2.【圆角矩形工具】用法

【圆角矩形工具】的主要功能是绘制圆角矩形或圆角正方形。在工具箱中选中该工具，或在形状工具选项栏中选中圆角矩形形状类型后，切换到【形状图层】绘图模式下，它的工具选项栏如图 7.26 所示。

其中【半径】选项用来决定圆角矩形边角的平滑度。【半径】值的有效范围为 0～1 000，单位为像素。【半径】值越大，圆角矩形的边角越平滑。

图 7.26　【圆角矩形工具】选项栏

单击工具选项栏中的【几何选项】倒三角按钮，将弹出如图 7.27 所示的【圆角矩形选项】面板。该面板与【矩形选项】面板基本相同，此处不再说明。

创建圆角矩形矢量图形的步骤可参考矩形的创建步骤，此处不再赘述。

图 7.28 所示为绘制出的两个圆角矩形图形。

图 7.27 【圆角矩形选项】面板

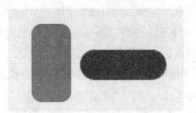

图 7.28 圆角矩形图形示例

3.【椭圆工具】用法

【椭圆工具】的主要功能是绘制椭圆形或正圆形。在工具箱中选中该工具，或在形状工具选项栏中选中椭圆形状类型后，切换到【形状图层】绘图模式下，它的工具选项栏如图 7.29 所示。

图 7.29 【椭圆工具】选项栏

单击工具选项栏中的【几何选项】倒三角按钮，将弹出如图 7.30 所示的【椭圆选项】面板。该面板与【矩形选项】面板基本相同，并且创建椭圆图形的步骤与创建矩形的步骤近似，此处不再赘述。

图 7.31 所示为绘制出的椭圆与正圆矢量图形。

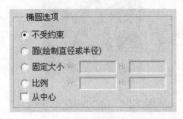

图 7.30 【椭圆选项】面板

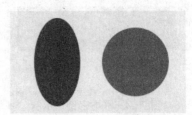

图 7.31 椭圆与正圆图形示例

操作技巧：绘制椭圆时，先按住 Shift 键，再拖曳鼠标时，就能够绘制出正圆图形来。

4.【多边形工具】用法

【多边形工具】的主要功能是绘制由直线段构成的多边形或星形。在工具箱中选中该工具，或在形状工具选项栏中选中多边形形状类型后，切换到【形状图层】绘图模式下，它的工具选项栏如图 7.32 所示。

图 7.32 【多边形工具】选项栏

其中【边】选项用来指定绘制多边形或星形的边数。

单击工具选项栏中的【几何选项】倒三角按钮，将弹出如图 7.33 所示的【多边形选项】面板。

【多边形选项】面板中主要选项的意义说明如下。

(1)【半径】选项：选中此项，并在右侧的文本框中输入半径值后，在图像窗口中拖曳鼠标，便只能绘制出固定大小的多边形或星形。半径值越大，多边形或星形区域就越大。

(2)【平滑拐角】选项：选中此项后，在图像窗口中拖曳鼠标，能够绘制出圆角效果的多边形或星形。

(3)【星形】选项：选中此项后，拖曳鼠标可以绘制出星形图形。

(4)【缩进边依据】选项：该选项只有在【星形】选项被选中时才可用。在此项的文本框中输入一个 1%～99%之间的百分比值，用来指定多边形各边向中心点缩进的程度。

(5)【平滑缩进】选项：该选项只有在【星形】选项被选中时才可用。选中此项，可以使多边形各边向中心点平滑地缩进。

图 7.34 所示为绘制出的 3 种具有不同选项设置的六边形图形。

图 7.33 【多边形选项】面板

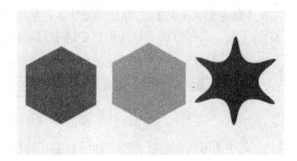

图 7.34 多边形图形示例

5.【直线工具】用法

【直线工具】的主要功能是绘制带有或不带有箭头的直线段。在工具箱中选中该工具，或在形状工具选项栏中选中直线形状类型后，切换到【形状图层】绘图模式下，它的工具选项栏如图 7.35 所示。

其中【粗细】选项用来指定所绘制直线的粗细值，单位为像素。

图 7.35 【直线工具】选项栏

单击工具选项栏中的【几何选项】倒三角按钮，将弹出如图 7.36 所示的【箭头】面板。

【箭头】面板中主要选项的意义说明如下。

(1)【起点】与【终点】选项：选中此类选项，在图像窗口中拖曳鼠标，将绘制出起点处或终点处带有箭头的直线段。

(2)【宽度】与【长度】选项：在此类选项右边的文本框中输入相应的百分比值，以指定箭头宽度或长度与直线段宽度或长度的百分比。如若设【宽度】的值为 500%，则表明箭头宽度是直线宽度的 5 倍。

(3)【凹度】选项：在此项右边的文本框中输入一个百分比值，以指定箭头形状向中轴线凹陷的程度。当凹度值为正值时，箭头尾部向内凹进；当凹度值为负值时，箭头尾部向外凸出；当凹度值为 0%时，箭头尾部平齐，不凹陷也不凸出。

图 7.37 所示为绘制出的 3 种设置有不同箭头选项的直线段图形。

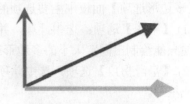

图 7.36 【箭头】面板　　　　　　　　　　图 7.37　直线图形示例

操作技巧：绘制直线段时，可先按住 Shift 键，然后再拖曳鼠标绘线，从而能够保证绘制出的为直线段或倾斜度为 45 度的线段。

6.【自定形状工具】用法

【自定形状工具】的主要功能是绘制系统预先存储的图案或自定义的图案。在工具箱中选中该工具，或在形状工具选项栏中选中自定形状类型后，切换到【形状图层】绘图模式下，它的工具选项栏如图 7.38 所示。

图 7.38　【自定形状工具】选项栏

其中【形状】选项用来选择所要绘制的预存图案。单击该选项右侧的下拉列表框，将弹出如图 7.39 所示的【自定形状】面板。

单击面板右侧的三角按钮，将打开面板的弹出式菜单，如图 7.40 所示。

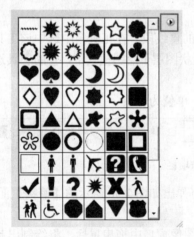

图 7.39　【自定形状】面板　　　　图 7.40　【自定形状】面板的弹出式菜单

【自定形状】面板的弹出式菜单中，有些命令选项能够改变面板中形状图案的显示方式。图 7.41 与图 7.42 所示的分别为选用了【大缩览图】与【大列表】选项时，【自定形状】面板的显示效果。

单击工具选项栏中的【几何选项】倒三角按钮，将弹出如图 7.43 所示的【自定形状选项】面板。该面板与【矩形选项】面板基本相同。

图 7.44 所示为绘制出的几个自定形状图形。

图 7.41 面板的【大缩览图】显示方式

图 7.42 面板的【大列表】显示方式

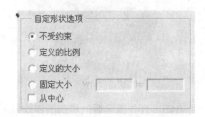

图 7.43 【自定形状选项】面板

图 7.44 自定形状图形示例

7.3.2 对雨丝图形进一步加工

将雨丝线段的形状图层转换为普通图层，并对转换后的图层编组，然后用【模糊工具】对雨线图形做进一步的加工。

操作步骤如下。

(1) 在【图层】调板中，选中所有雨线段所对应的形状图层。

(2) 执行【图层】|【栅格化】|【图层】菜单命令，将这些形状图层进行栅格化。栅格化后的图层转变为普通图层，每个图层的缩览图也将发生变化，如图 7.45 所示。

(3) 将所有的雨线段图层编成一个组：选中所有的雨线段图层，执行【图层】|【图层编组】菜单命令，系统创建出一个名为"组 1"的新组，所有的雨线段图层被自动放入新建的组中。

(4) 双击新建组的名称，用新的组名——"雨线"来替代默认的组名，【图层】调板如图 7.46 所示。

图 7.45 栅格化后的雨线段图层

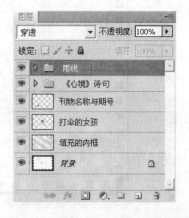

图 7.46 更名后的"雨线"图层组

(5) 打开雨线图层组，选中组下所有的雨线段图层；执行【图层】|【合并图层】菜单命令，所有的雨线段图层被自动合并为一个名为"形状 16"的图层。

(6) 双击合并后的图层名称，将其默认名称更改为"雨丝"，如图 7.47 所示。

(7) 此时雨丝的图像效果并没有太大变化，如图 7.48 所示。

图 7.47　合并多个雨线段图层为一个图层　　　　图 7.48　合并图层后的局部图像效果

(8) 选中"雨丝"图层，单击工具箱中的【模糊工具】按钮，鼠标光标变成圆形标识。

(9) 在对应的工具选项栏中，设置选项如下：打开【画笔预设】选取器，设置画笔的笔触为【柔边圆】类型，大小为 15px，将【绘画模式】设置为【变亮】效果，其他属性值保持默认，如图 7.49 所示。

图 7.49　设置后的【模糊工具】工具选项栏

(10) 用光标在每根雨丝上来回拖动几次，使雨丝的线条变得更为柔和一些，效果如图 7.50 所示。

图 7.50　对雨丝应用【模糊工具】后的效果

提示：

模糊锐化工具组用来模糊或锐化图像，工具组包含以下 3 种工具。

(1)【模糊工具】用来降低相邻像素的对比度，将过于生硬的边缘进行软化，使图像变得柔和与模糊。工具用法如下：按住鼠标左键，在图像拖动鼠标进行涂抹即可。

(2)【锐化工具】与【模糊工具】功能相反，用于增强相邻像素的对比度，强化图像的边缘效果。

(3)【涂抹工具】则通过像素间的互相融合，使画面产生水彩般的晕眩效果，常用于对规则对象的扭曲拉伸等形变。

7.4　路径的创建与修改

路径由一系列闭合或开放的直线段或曲线段构成，主要用于绘制复杂的图形轨迹，生成特殊的文字效果，以及建立复杂的图像选区。

本节着重介绍创建与编辑路径的各类工具的功能与用法，最后介绍如何使用【自定形状工具】，创建小雨滴形状的工作路径。

7.4.1　必备知识

在编辑路径时，需要用路径选择工具组中的工具对工作路径或路径的构成元素进行选择。而绘制与调整路径的工具主要集成在路径工具组中。

1. 与路径相关的概念

下面给出与路径紧密关联的几个重要概念。

(1) 路径。路径也称为工作路径，由锚点组成。通常可将路径分为直线路径与曲线路径两种。

(2) 锚点。锚点也称为节点，通常是用来定义路径中每条线段开始和结束的关键点。通过锚点来固定路径；通过锚点的移动，能够修改路径，改变路径的形状。

(3) 封闭路径与开放路径。在路径创建中，第一个绘制的锚点为路径的起点，最后一个绘制的锚点为路径的终点。当起点和终点为同一个锚点时，路径就是封闭的；否则，路径就是开放的。

(4) 路径片断。直线或曲线路径中相对独立的一条线段或若干条连续线段的集合，称为一个路径片断，也称为一个子路径。可以将路径片断作为一个独立的对象，对其实施移动、复制、编辑等操作。

(5) 方向控制柄与方向控制点。在曲线路径中，每个选中的锚点会显示一根或两根方向控制柄，方向控制柄也称方向线。方向控制柄的端点称为方向控制点。

方向控制柄始终与曲线相切；每一条方向控制柄的斜率决定了曲线的斜率；每一条方向控制柄的长度则决定了曲线的纵深度；而方向控制柄与方向控制点的位置，决定了曲线的形状；拖动方向控制点，可以调整曲线的弯曲度。

(6) 平滑点与角点。曲线路径的锚点分为平滑点与角点两种。

平滑点是连接连续曲线路径的锚点。当移动平滑点上的一条方向控制柄时，该平滑点两侧的曲线同时被调整。

角点是连接非连续曲线路径的锚点。当移动角点上的一条方向控制柄时，该角点两侧的曲线中，只有方向控制柄一边的曲线被调整，而另一边的曲线不变化。

各个概念如图 7.51 所示。

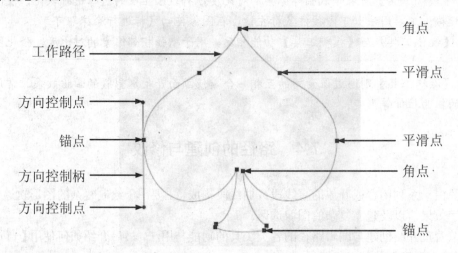

图 7.51　路径概念示意图

2．与路径相关的工具组

形状工具组和路径工具组都可用来创建与编辑路径。绘制路径时，首先要在工具箱或工具选项栏中选中所用的工具；其次要在工具选项栏中单击【路径】按钮，切换到路径绘图模式下；然后就可以在图像窗口中对路径进行绘制与编辑操作了。

路径工具组作为一种矢量绘图与编辑工具组，能够绘制出直线和平滑流畅的曲线，并可对绘制的线段进行精确的调整与编辑。如果想描绘某个图像的轮廓或绘制具有复杂曲线的较为自由的图形时，可以考虑选用【钢笔工具】或【自由钢笔工具】。要修改与调整工作路径，可以考虑选用【添加锚点工具】和【删除锚点工具】。

路径创建成功后，在【路径】调板中将出现对应的工作路径对象，如图 7.52 所示。

路径选择工具组主要用来选择路径或路径片断，并对选中的目标进行编辑与修改。工具组包含【路径选择工具】与【直接选择工具】两种工具，如图 7.53 所示。

图 7.52　包含路径对象的【路径】调板　　　　图 7.53　路径选择工具组包含的选择工具

【路径选择工具】用来对路径或路径片断进行选择、移动、排列、组合与复制等操作。当路径片断上的锚点全部呈现黑色正方形图标时，表明路径片断被选中。

相应的工具选项栏如图 7.54 所示。

图 7.54　【路径选择工具】的选项栏

【路径选择工具】选项栏主要选项说明。

(1)【显示定界框】选项：用来控制在选中的路径对象周围是否显示矩形定界框。选中该项，在选择的路径对象周围会显示出一个矩形定界框，利用该定界框，能够对选择的路径对象进行移动与变形。

(2)【路径组合模式】选项组：用来设置多个路径对象间的相加、相减、相交或反交等组合运算模式。组合模式设置完成后，还需要单击【组合】按钮，才能最终完成路径对象的组合。

(3)【组合】按钮：按照某种组合模式，执行路径对象的组合操作。

(4)【路径排列】选项组：分别提供了 3 种水平方向与 3 种垂直方向上对齐路径对象的方式选项。只有选择的路径对象不少于两个时，选项组中的按钮才可用。

(5)【路径分布】选项组：分别提供了 3 种在水平方向上或 3 种在垂直方向上均匀分布路径对象的方式选项。只有选择的路径对象不少于 3 个时，选项组中的按钮才可用。

【直接选择工具】用来对路径的线段、锚点、方向控制点等对象进行选择。该工具没有对应的工具选项栏。

【直接选择工具】的用法如下。

(1) 在工具箱或工具选项栏中选中【直接选择工具】，鼠标指针变为白色箭头标识。

(2) 单击要选择目标所在的路径，路径上的锚点全部显示为空心的小矩形。

(3) 将鼠标指针移动到目标锚点上单击，该锚点变化为实心小矩形，表明已被选中。

(4) 用鼠标拖曳选中的锚点，可以调整锚点的位置，修改路径的形态。

(5) 按住 Shift 键，依次单击要选择的锚点，便可选择多个锚点。

(6) 按住鼠标左键，拖曳出一个矩形选框，可将选框中包含的多个锚点选中。

(7) 按住 Alt 键，单击路径，可选中路径上的全部锚点。

下面着重介绍路径工具组中 5 种工具的用法。

3.【钢笔工具】用法

【钢笔工具】以单击鼠标的方式创建锚点，绘制路径或矢量图形。

使用【钢笔工具】创建工作路径的步骤如下。

(1) 在工具箱或工具选项栏中选中【钢笔工具】，鼠标指针变为图形标识。

(2) 在工具选项栏中单击【路径】按钮，切换到路径绘图模式下。

(3) 此时，相应的工具选项栏如图 7.55 所示。

图 7.55　路径绘图模式下的【钢笔工具】选项栏

(4) 移动鼠标到图像窗口中单击，即可创建出一个锚点。

(5) 连续单击即可创建出由直线构成的工作路径。

(6) 多次拖曳鼠标即可创建出由曲线构成的工作路径。

【钢笔工具】选项栏中主要选项的说明如下。

(1)【自动添加/删除】选项。用来控制【钢笔工具】是否具有添加锚点与删除锚点的功能。当选中该复选框时，移动鼠标指针到工作路径上，指针图标将变为右下角带有小加号的钢笔图形标识，此时单击便会在当前位置处增加一个锚点；将鼠标指针放到工作路径的锚点上，指针图标将变为右下角带有小减号的钢笔图形标识，此时单击便会将锚点删除。

如果未选中该复选框，仍可右击，弹出如图 7.56 和图 7.57 所示的快捷菜单，通过执行相应的菜单命令，来完成添加锚点或删除锚点的功能。

(2)【橡皮带】选项。单击工具选项栏中的【几何选项】倒三角按钮，将弹出如图 7.58 所示的【钢笔选项】面板，面板中包含【橡皮带】复选框。

选中【橡皮带】复选框，在绘制路径时，系统将自动在锚点之间显示连接的线段，从而使用户能够更为直观地观察到将要形成的工作路径。

图 7.56　快捷菜单 1　　　　　图 7.57　快捷菜单 2　　　　　图 7.58　【钢笔选项】面板

使用【钢笔工具】，通过创建锚点，能够快速地绘制出一系列的直线段。

使用【钢笔工具】创建直线路径的步骤如下。

(1) 在工具箱或工具选项栏中选中【钢笔工具】，鼠标指针变为 ✎× 图形标识。

(2) 在工具选项栏中单击【路径】按钮，切换到路径绘图模式下。

(3) 在图像窗口中移动鼠标指针，到要绘制直线的开始位置，单击添加第一个锚点。

(4) 移动鼠标指针到第二个锚点位置单击，添加第二个锚点，同时，系统自动产生一条直线段，连接起两个锚点。

(5) 继续移动并单击，增加锚点，创建其他的直线轨迹。

(6) 最后增加的锚点为当前选中状态，呈现出实心正方形的图标，而前面那些锚点呈现出空心正方形的图标，如图 7.59 所示。

(7) 在绘制过程中，可随时移动鼠标到要删除的锚点上，然后按 Delete 键将其删除，同时，与被删锚点相连的两条直线段会自动合并为一条。

(8) 按住 Ctrl 键并在绘制的直线轨迹以外单击，可结束路径的绘制。

(9) 要封闭一条路径轨迹，可将鼠标指针移动到第一个锚点上，当鼠标指针变为右下角带有小圆圈的图标时单击即可结束绘制，并自动封闭路径。

> **操作技巧**：绘制直线路径时按住 Shift 键，可保证创建的直线段为水平线、垂直线或为 45 度角倍数角度的直线。

使用【钢笔工具】还能够灵活地绘制出复杂的曲线路径。

使用【钢笔工具】创建曲线路径的步骤如下。

(1) 在工具箱或工具选项栏中选中【钢笔工具】，鼠标指针变为 ✎× 图形标识。

(2) 在工具选项栏中单击【路径】按钮，切换到路径绘图模式下。

(3) 在图像窗口中将鼠标指针移动到要绘制曲线的开始位置。

(4) 单击，鼠标的落点成为曲线的第一个锚点。

(5) 移动鼠标到第一条曲线段的结束位置单击，鼠标的落点成为曲线的第二个锚点。与此同时，第一个与第二个锚点之间自动出现一条连线。

(6) 按住鼠标左键，鼠标指针变为黑色箭头标识▶，此时拖曳鼠标，将出现以第二个锚点为中心的方向控制柄，控制柄会随着鼠标位置的变动而围绕着第二个锚点不断转动，同时，两个锚点之间的连线成为曲线，曲线的形状与弯曲度会随着控制柄位置的变动而不断改变。

(7) 在合适的位置处释放鼠标，两个锚点之间的第一段曲线便创建完成。

(8) 按照与(3)～(7)相似的步骤，创建其他的路径锚点，生成另外的曲线段。

(9) 在绘制过程中，可随时移动鼠标到要删除的某个锚点上，然后按 Delete 键，删除相关的曲线段或路径片断。

(10) 按住 Ctrl 键的同时，在已绘制的曲线轨迹外单击，将结束路径的绘制，如图 7.60 所示。

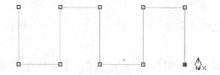

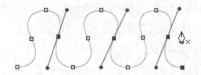

图 7.59　用【钢笔工具】绘制的直线路径　　图 7.60　用【钢笔工具】绘制的曲线路径

(11) 要封闭一条路径轨迹，需将鼠标指针移动到曲线的第一个锚点上，当鼠标指针变为右下角带有小圆圈的图标时单击，即可结束绘制并自动封闭路径。

> **操作技巧**: (1) 绘制曲线路径时，按住 Shift 键，可保证方向控制柄的角度为 45 度的倍数。
>
> (2) 将鼠标指针移动到方向控制柄的控制点上，按住 Alt 键的同时，按住鼠标左键沿反方向拖曳，可改变方向控制柄的方向。
>
> (3) 沿与方向控制柄相同的方向拖曳鼠标，能够创建出一条呈 S 型的曲线；沿与方向控制柄相反的方向拖曳鼠标，能够创建出一条平滑的曲线。

4. 【自由钢笔工具】用法

【自由钢笔工具】以拖曳鼠标的方式，随意绘制路径轨迹。该工具的用法类似于【铅笔工具】，只须在图像上创建一个初始点，然后随意拖动鼠标，即可徒手绘制路径。

使用【自由钢笔工具】创建工作路径的步骤如下。

(1) 在工具箱或工具选项栏中选中【自由钢笔工具】✐，鼠标指针变为✐图形标识。

(2) 在工具选项栏中单击【路径】按钮，切换到路径绘图模式下。

(3) 此时，相应的工具选项栏如图 7.61 所示。

图 7.61　路径绘图模式下的【自由钢笔工具】选项栏

(4) 根据需要，在工具选项栏中设置相应的选项，此处暂不选中【磁性的】复选框。

(5) 移动鼠标指针到图像的起始位置上，按住鼠标左键开始拖动，形成路径的轨迹。

(6) 松开鼠标，轨迹终止。

(7) 用鼠标将轨迹拖曳到起始点处，即可封闭路径。

【自由钢笔工具】选项栏中有一个重要的选项——【磁性的】复选框。如果选中该复选框，【自由钢笔工具】就变成了"磁性"钢笔工具，鼠标指针的图标将变为 🖎。

"磁性"钢笔工具的用法类似于【磁性套索工具】，可自动跟踪图像的边缘线，形成路径的轨迹。

比【磁性的】复选框功能更强的设置方法是：单击工具选项栏中的【几何选项】倒三角按钮，将弹出如图 7.62 所示的【自由钢笔选项】面板；通过设置面板中的各个选项，能够获取更为强大的"磁性"钢笔工具效果。

【自由钢笔选项】面板中主要选项的说明如下。

(1)【曲线拟合】选项：用来控制拖动鼠标时产生的路径与鼠标指针移动轨迹间的相似程度。选项值的范围介于 0.5～10 之间，选项值越小，路径上产生的锚点就越多，拟合的灵敏度就越高，路径的形状就越精确。

(2)【磁性的】选项：使自由钢笔带有磁性，能够自动跟踪图像的颜色边界。只有选中该选项，后面的 4 个选项才可用。

(3)【宽度】选项：用来决定带有磁性的自由钢笔产生磁性的宽度范围。【宽度】选项的值为 1～256 之间的一个像素数。

(4)【对比】选项：用来决定带有磁性的自由钢笔对颜色边缘的灵敏度。【对比】选项的值为 1%～100% 范围内的一个百分比值，比值大，只能检索到那些与背景对比度较大的对象边缘；比值小，便可寻找到低对比度的边缘。

(5)【频率】选项：用来决定钢笔工具在创建路径时生成固定锚点的数量。【频率】选项的值为 0～100 之间的一个整数，值越大，越能更快地固定路径边缘。

(6)【钢笔压力】选项：用来更改钢笔笔触的宽度。

使用"磁性"钢笔工具创建工作路径的步骤如下。

(1) 选中【自由钢笔工具】并切换到路径绘图模式下。

(2) 在工具选项栏中选中【磁性的】复选框。

(3) 在图像窗口单击产生起始点。

(4) 沿着目标对象的边缘移动鼠标指针(不需要按住鼠标左键)，系统自动增加固定锚点，形成路径轨迹，如图 7.63 所示。

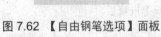

图 7.62 【自由钢笔选项】面板

图 7.63 用"磁性"钢笔工具绘制路径

(5) 在移动鼠标的过程中，可随时在要绘制的轨迹上单击，以添加锚点；也可随时按 Delete 键，删除已经生成的固定锚点或路径片断。

(6) 双击或按 Enter 键，将结束当前路径的绘制，并自动封闭路径轨迹。

5. 【添加锚点工具】用法

【添加锚点工具】用来为工作路径添加锚点，其用法如下。

(1) 在工具箱或工具选项栏中选中【添加锚点工具】 。

(2) 移动鼠标指针到路径中要添加锚点的位置，当鼠标指针变为 图标时单击，即可增加一个锚点。

对工作路径添加锚点的操作不会改变工作路径的形态。

6. 【删除锚点工具】用法

【删除锚点工具】用来从工作路径中删除锚点，其用法如下。

(1) 在工具箱或工具选项栏中选中【删除锚点工具】 。

(2) 移动鼠标指针到路径中要删除的锚点上，当鼠标指针变为 图标时单击，即可将该锚点删除。

在工作路径中删除锚点，剩余的锚点会自动重组，以形成新的工作路径。因此，删除锚点操作能够改变工作路径的形态。

7. 【转换点工具】用法

【转换点工具】用于选择锚点，并使锚点在平滑点与角点之间进行转换，并同时改变与该锚点相连接的两条路径的弯曲度。

【转换点工具】没有相应的工具选项栏，其用法如下。

(1) 在工具箱或工具选项栏中选中【转换点工具】 。

(2) 在工作路径的平滑点处单击，可以将该平滑点转换为角点。

(3) 在工作路径的角点处按住鼠标左键并拖曳出方向控制柄，可以将该角点转换为平滑点。

(4) 移动鼠标指针到路径的某个锚点上，按住鼠标左键并拖曳，释放鼠标左键后将鼠标指针移动到锚点一端的方向控制点上，按住鼠标左键并拖曳，可以调整锚点一端的形态，再次释放鼠标左键，将鼠标指针移动到锚点另一端的方向控制点上，按住鼠标左键并拖曳，可调整另一端的锚点。

(5) 按住 Alt 键的同时，将鼠标指针移动到路径的某个锚点上，按住鼠标左键并拖曳，可以调整锚点的一端。

8. 路径的移动与调整

使用路径选择工具组中的工具，能够对直线路径或曲线路径的全部或部分内容进行位置的移动，或形状的调整。

(1) 移动完整路径的方法如下：从工具箱中选择【路径选择工具】；单击要移动的直线路径或曲线路径；按住鼠标左键，将路径拖曳到另一位置。

(2) 移动与调整路径中一条线段的方法如下：从工具箱中选择【直接选择工具】；单击直线路径或曲线路径中要移动的那条线段；按住鼠标左键拖曳，即可将该线段移动到另一位置；同时，与其相连的其他线段的位置或形状可能会受到影响。

(3) 移动与调整路径片断的方法如下：从工具箱中选中【直接选择工具】；按住 Shift 键，依次在要移动或调整的路径片断的所有锚点上单击，将这些相邻锚点全部选中；按住鼠标左键，拖曳该片断，即可移动其位置，并使与该片断相连的其他路径线段的位置与形状发生相应的变化。

此外，使用【直接选择工具】，通过移动路径上的锚点，也可以改变路径的位置或形状。

> **操作技巧**：在使用【钢笔工具】绘制路径的过程中，可随时按住 Ctrl 键，从而快速地切换到【直接选择工具】状态，在该状态下，选中路径片断或锚点，可移动与调整路径。一旦释放了 Ctrl 键，即可再次恢复到【钢笔工具】状态，从而继续进行其他路径片断的绘制。

7.4.2 绘制雨滴形状的路径

下面将使用【自定形状工具】创建雨滴形状的封闭路径，同时建立图层组与图层，为下一步的图层加工与转换做准备。

操作步骤如下。

(1) 执行【图层】|【新建】|【组】菜单命令，打开如图 7.64 所示的【新建组】对话框，在【名称】文本框中输入"雨滴"，作为新建图层组的名称。

图 7.64 【新建组】对话框

(2) 单击【确定】按钮，图层组创建成功。

(3) 保持"雨滴"图层组处于选中状态，单击【图层】调板下端的【创建新图层】命令按钮 ，默认名称为"图层 1"的普通图层将自动创建到"雨滴"图层组中。

(4) 将新建图层的默认名称更改为"水珠"，此时【图层】调板如图 7.65 所示。

(5) 单击工具箱中的【自定形状工具】按钮 ，相应的工具选项栏出现在系统菜单下方。

(6) 在工具选项栏中，单击【形状】下拉列表，打开【自定形状】面板，如图 7.66 所示。

(7) 从面板列出的自定形状对象中选择【雨滴】形状。

图 7.65 新建的"水珠"图层

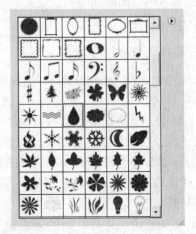

图 7.66 【自定形状】面板

(8) 在【自定形状工具】选项栏中设置选项，如图 7.67 所示：切换到路径绘图模式 下；将路径的叠加方式设置为【添加到路径区域】 ；其他选项保持系统默认。

图 7.67　设置后的【自定形状工具】选项栏

(9) 将鼠标指针移到画布上，指针变为 ✛ 形状标识。

(10) 按住鼠标左键，在伞下拖曳鼠标，绘制出一个适当大小的雨滴路径，如图 7.68 所示。

(11) 执行【窗口】|【路径】菜单命令，打开【路径】调板，可以看到一个名为"工作路径"的对象被自动创建，如图 7.69 所示。

图 7.68　绘制出的雨滴路径

图 7.69　【路径】调板

7.5　【路径】调板与路径操作

创建后的路径能够像图像选区一样，被描边、填充、复制及转换。但路径与图像选区不同，它并不是图像的一部分，而是独立于图像的一种特殊的矢量对象。

本节将着重介绍【路径】调板的功能以及路径的各种操作，最后介绍如何由雨滴路径创建选区，并对该选区对象进行必要的加工与复制操作。

7.5.1　必备知识

利用【路径】调板的工具栏或调板的弹出式菜单，能够完成路径的各种基本操作。

1.【路径】调板

【路径】调板能够完成路径的新建、删除、复制及路径与选区间的互相转化等操作。【路径】调板通常与【图层】调板和【通道】调板配合使用，因此系统默认将它们安排在同一个调板组中。

在工具箱中选中创建路径的工具后，在工具选项栏中单击【路径】按钮，切换到路径绘图模式，便可以在图像窗口中绘制任意的工作路径。

路径创建完成后，执行【窗口】|【路径】菜单，便可打开【路径】调板，如图 7.70 所示。

单击【路径】调板右上角的菜单按钮 ▤，将打开如图 7.71 所示的弹出式菜单。菜单中包含了与路径相关的多个操作命令。

在【路径】调板最底端的调板工具栏中，包含以下 6 种功能按钮，各按钮的作用说明如下。

(1)【用前景色填充路径】按钮 ⬤：用前景色填充当前创建的路径。

(2)【用画笔描边路径】按钮 ⬤：用前景色为当前创建的路径描边，描边的宽度为一个像素。

(3)【将路径作为选区载入】按钮 ⬚：实现将当前创建的路径转换为选区的操作。

图 7.70 【路径】调板的调板工具栏　　　　图 7.71 【路径】调板的弹出式菜单

(4)【从选区生成工作路径】按钮 ：实现将当前创建的选区转换为工作路径的操作。

(5)【创建新路径】按钮 ：实现新建路径的操作，新建路径由系统自动命名。

(6)【删除当前路径】按钮 ：实现删除选中路径的操作。

> **操作技巧**：在【通道】调板中，单击路径对象以外的空白区域，可将图像窗口中的路径隐藏起来；要恢复路径的显示，只须单击路径对象即可。

2. 路径的基本操作

路径最基本的操作包括路径的创建、填充、描边、复制、删除、存储、转化等。除可应用【路径】调板的工具栏按钮完成这些操作外，还可使用【路径】调板的弹出式菜单。

下面说明各种路径操作的方法或步骤。

1) 创建路径

创建路径的方法通常有以下 3 种。

【方法 1】通过在图像窗口中绘制路径或形状图层，让系统自动生成新的路径。

【方法 2】单击【路径】调板上的【创建新路径】按钮，系统立即自动创建一个空白路径。

【方法 3】执行【路径】调板弹出式菜单中的【新建路径】命令，打开如图 7.72 所示的【新建路径】对话框，命名新路径后，单击【确定】按钮，即可创建空白路径。

对于创建出的空白路径，可在它的上面进行任意路径的绘制。

2) 选择路径

选择路径是许多其他基本操作的基础，只有选中了目标路径之后，才能进一步对其进行其他的各种操作。选择路径后，路径轨迹上的所有锚点都会显示出来。

选择路径需要使用【路径选择工具】；如果要选择某些线段、锚点或路径片段，需要使用【直接选择工具】。

3) 描边路径

描边路径就是对已绘制完成的路径边缘进行颜色的描绘。描边路径操作能够用指定的颜色与画笔大小，对路径轨迹进行渲染。

有以下两种描边路径的方法。

【方法 1】在【路径】调板中，选中要描边的路径对象；执行调板弹出式菜单中的【描边路径】命令，打开如图 7.73 所示的【描边路径】对话框；在对话框中单击【工具】下拉列表框，打开如图 7.74 所示的描边工具种类列表；从列表中选择所需的一种描边工具类型；单击【确定】按钮，即可按选择的工具对路径轨迹进行描边操作。

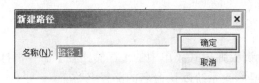

图 7.72 【新建路径】对话框

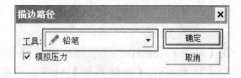

图 7.73 【描边路径】对话框

【方法 2】在【路径】调板中，选中要描边的路径对象；单击调板工具栏中的【用画笔描边路径】按钮，即可用系统当前内定的设置为目标路径描边。

4) 填充路径

填充路径操作能够用前景色填充闭合路径所包围的区域。对于开放路径，系统将先用最短的直线段将路径封闭，然后再进行填充。填充路径必须在普通图层中进行。

有以下两种填充路径的方法。

【方法 1】在【路径】调板中，选中要填充的路径对象；执行调板弹出式菜单中的【填充路径】命令，打开如图 7.75 所示的【填充路径】对话框；根据需要，在对话框中设置相应的选项；单击【确定】按钮，即可实现路径的填充操作。

图 7.74 描边工具种类列表

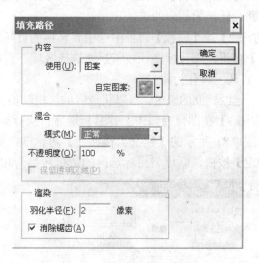

图 7.75 【填充路径】对话框

【方法 2】在【路径】调板中，选中要填充的路径对象；单击调板工具栏中的【用前景色填充路径】按钮，即可用系统当前的前景色填充目标路径。

在描边前，首先要设置好描边的工具。通过使用不同的工具设置，对路径进行多次描边操作，能够实现特殊的艺术效果。图 7.76 与图 7.77 所示分别为对路径多次执行描边命令的效果。

图 7.76 对路径多次描边的效果 1

图 7.77 对路径多次描边的效果 2

图 7.78 所示为用紫红色填充路径后的效果。

5）存储路径

在【路径】调板中，选中要存储的路径；执行调板弹出式菜单中的【存储路径】命令，打开如图 7.79 所示的【存储路径】对话框；根据需要修改系统默认命名的路径名称。

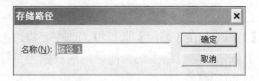

图 7.78　路径填充后的效果　　　　　　　图 7.79　【存储路径】对话框

6）将路径转换为选区

任何闭合的路径都可以转换为选区的边框，有两种方法能够将路径转换为选区。

【方法 1】在【路径】调板中选中要转换的目标路径；执行调板弹出式菜单中的【建立选区】命令，打开如图 7.80 所示的【建立选区】对话框；根据需要，在对话框中设置【羽化半径】值，决定是否【消除锯齿】，并选择选区操作的运算模式；单击【确定】按钮，即可按设定的参数将目标路径转换为相应的选区。

【方法 2】在【路径】调板中选中要转换的目标路径；单击调板工具栏中的【将路径作为选区载入】按钮，则目标路径被转换为选择区域并自动处于激活状态。

7）将选区转化为路径

对于已经建立的选区，可以将选区的边框转换为路径。有两种方法能够将选区转换为路径。

【方法 1】在图像窗口中创建目标选区；执行调板弹出式菜单中的【建立工作路径】命令，打开如图 7.81 所示的【建立工作路径】对话框；根据需要，在对话框中设置【容差】值；单击【确定】按钮，即可将目标选区的边框转换为相应的路径。

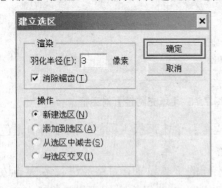

图 7.80　【建立选区】对话框　　　　　图 7.81　【建立工作路径】对话框

【方法 2】在图像窗口中创建目标选区；打开【路径】调板，单击调板工具栏中的【从选区生成工作路径】按钮，即可完成转换操作。

提示：

在【建立工作路径】对话框中，【容差】值的有效范围为 0.5～10.0，单位为像素。该值越小，路径上的锚点就越密集，路径与所选对象的形状的接近度就越高；该值越大，路径上的锚点就越稀疏，路径与所选对象的形状就越不符合。

8) 复制路径

有两种方法能够实现路径的复制。

【方法 1】在【路径】调板中，选中要复制的路径对象；执行调板弹出式菜单中的【复制路径】命令，打开如图 7.82 所示的【复制路径】对话框；根据需要更改系统默认的名称；单击【确定】按钮，即可实现路径的复制操作。

【方法 2】在【路径】调板中，选中要复制的路径对象；按住鼠标左键，将该路径对象拖曳到调板工具栏中的【创建新路径】按钮上；释放鼠标，则一个在原有路径名后缀有"副本"字样的新路径对象被复制到【路径】调板中。

9) 删除路径

删除路径的操作步骤如下。

(1) 在【路径】调板中选中要删除的目标路径对象。

(2) 单击【删除当前路径】按钮，系统将弹出如图 7.83 所示的确认信息框。

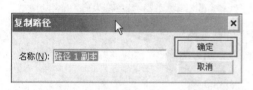

图 7.82　【复制路径】对话框

图 7.83　删除确认信息框

(3) 单击信息框中的【是】按钮，将选中的路径删掉。

还可以用以下方式更快捷地删除路径：用鼠标将目标路径直接拖曳到【路径】调板工具栏中的【删除当前路径】按钮处，释放鼠标即可完成删除操作。此方式下，系统将不再弹出确认信息框。

> 操作技巧：应用【路径】调板实施路径的基本操作时，如果在按住 Alt 键的同时单击调板工具栏中的某个功能按钮(【删除当前路径】按钮例外)，将打开对应于调板弹出式菜单相应命令的那个对话框。例如，按住 Alt 键并单击【创建新路径】按钮，将打开【新建路径】对话框。

7.5.2　绘制一系列的雨滴对象

下面将对雨滴路径创建选区，并对选区进行填充；将填充后的雨滴对象复制若干份，创建出自雨伞上滴落下一串串雨滴的效果。

操作步骤如下。

(1) 在【图层】调板中选中"水珠"图层。

(2) 在【路径】调板中右击"工作路径"对象，弹出如图 7.84 所示的快捷菜单。

(3) 执行快捷菜单中的【建立选区】命令，打开如图 7.85 所示的【建立选区】对话框。

(4) 在对话框中，设置【羽化半径】的值为 3 个像素，选中【消除锯齿】复选框，在【操作】选项组中选中【新建选区】单选按钮。

(5) 单击【确定】按钮，根据"雨滴"路径，创建出一个形状相同的选区，如图 7.86 所示。

(6) 在【路径】调板中，选中"工作路径"对象，执行【编辑】|【填充】菜单命令，打开【填充】对话框。

(7) 在【填充】对话框中，设置白色为选区的填充颜色，得到如图 7.87 所示的效果。

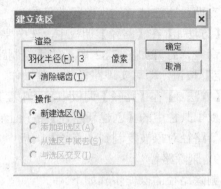

图 7.84 【路径】调板的快捷菜单   图 7.85 【建立选区】对话框

图 7.86 为路径创建选区   图 7.87 填充颜色后的选区

(8) 单击工具箱中的【选择工具】按钮 ▶⊹，将填充白色后的"雨滴"选区移动到合适的位置，如图 7.88 所示。

(9) 按住 Alt 键的同时，拖曳"雨滴"选区到雨伞下的其他不同位置，分别复制出若干个"雨滴"对象，如图 7.89 所示。

图 7.88 将"雨滴"选区移动到合适的位置   图 7.89 复制"雨滴"对象

(10) 由于路径的使命已经完成，可按以下步骤将"工作路径"对象从【路径】调板中删除：打开【路径】调板，右击"工作路径"对象，弹出如图 7.84 所示的快捷菜单；执行快捷菜单中的【删除路径】命令，将"工作路径"对象删除，图像窗口中的"雨滴"路径将同步消失。

(11) 关闭【路径】调板，图像窗口呈现的最终效果如图 7.90 所示。

(12) 执行【文件】|【存储为】菜单命令，将当前的图像文档另存为"《心境》封面 5.PSD"。

图 7.90　期刊封面的最终效果

课 后 习 题

一、填空题

1. _____图形也称为向量图形，由_____与路径组成，采用_____的绘图机制。

2. 形状图层不同于其他图层：形状图层是具有_____蒙版的一种_____图层，其中前者定义形状的轮廓。

3. 形状工具组由【矩形工具】、【_____工具】、【椭圆工具】、【_____工具】、【直线工具】和【_____工具】6 种工具组成。

4. 路径工具组也被称为_____工具组，由【_____工具】、【_____工具】、【添加锚点工具】、【删除锚点工具】和【_____工具】5 种工具组成。该工具组中，只有【_____工具】与【_____工具】具有选项栏，其他 3 种工具则不具备选项栏。

5. _____工具组主要用来选择路径或路径片断，并对选中的目标进行编辑与修改。工具组包含【_____工具】与【_____工具】两种工具。

6. 在工具选项栏中，当选中【_____】模式时，能够使用形状工具绘制矢量图形；当选中【_____】模式时，能够创建工作_____。

7. 方向控制柄的端点称为_____。

8. 用【_____工具】或【_____工具】，能够描绘图像的轮廓或绘制复杂的曲线。用【_____工具】和【_____工具】，能够修改与调整工作路径。

9. 方向控制柄始终与曲线_____；方向控制柄与_____的位置，决定了曲线的形状；拖动_____，可以调整曲线的弯曲度。

10. 【自由钢笔工具】选项栏中有一个重要的选项——【_____】复选框。如果选中该复选框，【自由钢笔工具】就变成了"_____"钢笔工具。

二、单项选择题

1. 以下说法中不正确的为(　　)。

　　A. 平滑点与角点都是锚点的一种

　　B.【转换点工具】能够在平滑点与角点之间转换

　　C. "磁性"钢笔工具能够自动跟踪图像的边缘线，形成路径

　　D. 曲线路径中的每个锚点，都显示出两条方向控制柄

2. 下面(　　)不属于路径的构成元素。

　　A. 直线　　　　　　B. 曲线　　　　　　C. 填充颜色　　　　D. 锚点

3. 以下关于【自定形状工具】的说法中，不正确的说法为(　　)。

　　A. 用【自定形状工具】绘制的对象为矢量对象

　　B. 用【自定形状工具】绘制的对象为工作路径

　　C. 用【自定形状工具】绘制出的路径，可以用【钢笔工具】加以修改

　　D. 用【自定形状工具】绘制图形对象时，系统自动创建一个新图层

4. 以下工具中具有对应的工具选项栏的是(　　)。

　　A.【添加锚点工具】　　　　　　　　B.【删除锚点工具】

　　C.【自由钢笔工具】　　　　　　　　D.【转换点工具】

5. 以下关于【钢笔工具】的说法，不正确的说法为(　　)。

　　A.【钢笔工具】的用法像【铅笔工具】

　　B.【钢笔工具】能够绘制矢量图形

　　C.【钢笔工具】可以实现精确抠图

　　D.【钢笔工具】能够绘制路径

6. 以下关于路径的说法中不正确的为(　　)。

　　A. 可以用图案对路径进行填充

　　B. 可以用【画笔工具】对路径进行描边

　　C. 路径能够转化为选区

　　D. 双击当前工作路径能够修改路径的名称

三、简答题

1. 矢量图形有哪些特征与优点？

2. 举例说明【自定形状工具】的用法。

3. 举例说明【矩形工具】的用法。

4. 如何为一个路径描边？如何填充一个路径？

5. 工作路径与矢量图形之间有什么区别与联系？

6. 如何将选区转化为路径？

7. 路径如何转化为选区？

8.【路径】调板的工具栏中有哪些功能按钮？各有什么作用？

9. 如何复制路径？如何存储路径？

10. 如何选择整个路径？如何选择路径片断？

11. 如何用方向控制柄与方向控制点调整路径？

12. 路径与选区间的相互转化有何意义？

项目 B:《岁月留痕》家庭相册的制作

项目任务目标描述

制作一套名为《岁月留痕》的家庭相册，该相册由封面图像文档与 4 幅经过处理的照片图像构成。可以运用多媒体制作软件，将这些图像文档的内容编排合成为多媒体形式的电子相册。

相册封面效果如图 B.1 所示，其制作过程见第 12 章。

图 B.1 《岁月留痕》家庭相册的封面效果

家庭相册中的 4 幅照片图像分别是在原始照片的基础上，经过修整、合成、图像色彩与色调调整，以及滤镜特效应用等加工与处理，产生的结果作品。

其中图 B.2 所示的人物风光照是由两幅照片经过拼合而成的，制作过程见第 8 章。

图 B.3 所示的黑白照片是由老照片经过多种修复操作而得到的，制作过程见第 9 章。

图 B.2 第 8 章处理后的照片图像

图 B.3 第 9 章处理后的照片图像

图 B.4 所示的兄妹合照是对原照片进行色颜与色调调整等操作后的结果，制作过程见第 10 章。

图 B.5 所示的带艺术相框的照片是在原照片的基础上，应用多种滤镜效果，添加了相框后的成果，制作过程见第 11 章。

图 B.4　第 10 章处理后的照片图像

图 B.5　第 11 章处理后的照片图像

项目任务分解

项目最终将分解成 5 个任务，每个任务又包含若干个子任务。划分后的项目任务见表 B-1。

表 B-1　项目任务分解表

任务编号	任务名称	子　任　务	子任务内容
1	替换图像的部分区域内容	拼并两个图像文档	将一个图像内容复制到另一个图像文档中
		用快速蒙版选取对象	用快速蒙版绘制人物选区
		为图层添加图层蒙版	为选区对象添加图层蒙版
		调整图像的大小与位置	应用自由变换，调整人物图像的大小与位置
		合并多个图层	将拼并的两个图像彻底合并为同一图像
2	修复受损的老照片	利用旋转操作修正倒置的照片	将横向的扫描照片旋转为竖直状态
		拉直校正倾斜的照片	用【标尺工具】对照片进行拉直校正
		利用裁剪操作剪切照片	用【裁剪工具】剪切照片上的多余区域
		修复照片的缺陷	用修复工具组中的工具修复照片上的缺陷
3	调整照片图像的色彩与色调	用【色阶】命令调整照片	调整照片图像的颜色、色相、饱和度等属性
		用【曲线】命令调整照片	
4	为照片图像制作艺术相框	扩展画布	扩展画布尺寸，为制作相框预留空间
		用形状路径制作相框选区	绘制形状路径，然后转换为选区，并填充颜色
		对相框选区应用多种滤镜	对选区图像应用多种滤镜效果
		调整相框色彩，应用预置样式	调整选区的颜色属性，并应用图层样式加以修饰
		合并图层	将各个图层一一合并，存储为最终的图像作品
5	制作相册封面	制作背景底图	用多个图像元素组合成背景图层
		复制照片并制作相框	将多幅照片复制到背景图像中，并为其添加相框
		制作相册封面的文字效果	创建文字图层，制作中英文标题与主题词
		合并图层	将文字、照片等图层一一合并，制成栅格化的图像

项目学习与训练目标

通过对项目 B 中各个任务的学习，要求读者切实掌握以下的核心知识与操作技能：各种蒙版的操作与应用，旋转图像与裁剪图像的操作方法，各种修复工具的使用，各种图像色彩调节命令的操作与应用，各种图像色调调节命令的操作与应用，多种滤镜效果的应用，等等。

在实现项目 B 各个任务的过程中，要善于从知识与经验中提炼规律，注重对基本操作技能的积累与总结，从而提升自身灵活运用 Photoshop 的各种工具与命令、解决实际问题的综合应用能力。

第**8**章　通道与蒙版的应用

学习目标

通道与蒙版是本章的核心内容。本章以替换照片背景的项目案例为依托,讲述通道与蒙版的类别、作用与基本操作。通过本章的学习,要求读者能够熟练掌握各种通道的创建、复制、分离、合并、删除等操作;熟练掌握各类蒙版的创建、编辑、修改等操作;并能够应用通道与蒙版,解决图像处理中的实际应用问题。

知识要点

1. 各种色彩模式的特点与应用
2. 通道的类别与特点
3. 【通道】调板的功能与操作
4. 通道的基本操作方法与步骤
5. 蒙版的类别与特点
6. 【蒙版】调板的功能与操作
7. 快速蒙版的创建与编辑
8. 图层蒙版的创建与编辑
9. 矢量蒙版的创建与编辑

核心技能

1. 应用【通道】调板管理各类通道的技能
2. 应用【蒙版】调板创建各类蒙版的技能
3. 灵活运用快速蒙版获取与编辑选区的技能
4. 灵活运用图层蒙版制作图像特效的技能

分解的任务进程

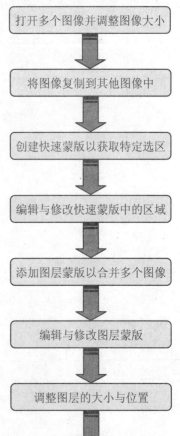

打开多个图像并调整图像大小

将图像复制到其他图像中

创建快速蒙版以获取特定选区

编辑与修改快速蒙版中的区域

添加图层蒙版以合并多个图像

编辑与修改图层蒙版

调整图层的大小与位置

将加工的成果保存

8.1　任务描述与步骤分解

　　替换照片图像中的背景风光，是 Photoshop 图像合成技术中的重要应用课题之一。

　　本项目的任务是：将如图 8.1 所示的"人物照片.JPG"图像文档中人物形象以外的背景，替换为如图 8.2 所示的"风光背景.JPG"文档中的图像。

　图 8.1　图像文档"人物照片.JPG"的内容　　　　图 8.2　图像文档"风光背景.JPG"的内容

　　对照片图像背景进行替换后的最终效果如图 8.3 所示。

图 8.3　替换图像背景后的效果

　　根据以上要求，项目可分解为以下 5 个子任务。

　　(1) 将两个图像文档拼并在一起。

　　(2) 用快速蒙版选取人物形象。

(3) 为特定图层添加图层蒙版。

(4) 调整人物图像的大小与位置。

(5) 合并多个图层并保存结果。

下面说明每个子任务的实现过程。

8.2　替换照片图像背景的过程描述

在 Photoshop CS5 中，可以将人物照片图像中的背景用其他图像中的风景来替换。替换的核心要点主要包括以下两步。

1. 将人物形象从原有景物中分离出来

如果原照片图像的背景内容不太复杂，颜色又较为单一，通常推荐使用【魔棒工具】等选区工具来快速地选取人物；如果原图像的背景内容十分丰富，人物轮廓与服饰等构成又极为复杂，这种场合下，可考虑使用快速蒙版与图层蒙版来选择人物。

2. 将人物形象与新的背景图像有机融合

这一步通常涉及到图像的尺寸调整、位置移动及多个图层的合并等操作。

下面分多个步骤实现替换照片图像中背景的操作。

8.2.1　将多个图像文档拼并在一起

通过复制与粘贴等命令，可将两个或多个图像文档拼并起来，放置在同一个图像窗口中。

拼并两个图像文档的主要步骤如下。

(1) 在 Photoshop CS5 中同时打开"风光背景.JPG"与"人物照片.JPG"两个图像文档。

(2) 激活某一图像文档窗口，执行【图像】|【图像大小】菜单命令，或按 Alt+Ctrl+I 快捷键，打开如图 8.4 所示的【图像大小】对话框。通过该对话框，可以显示或修改图像的宽度与高度。

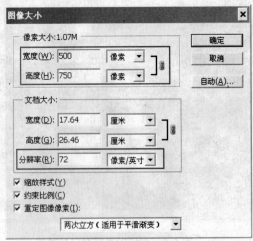

图 8.4　【图像大小】对话框

(3) 在确保两个图像文档分辨率相等的前提下，调整"人物照片.JPG"文档的图像尺寸，使其宽度与高度不超过"风光背景.JPG"图像文档。

（4）激活与"人物照片.JPG"文档对应的图像窗口，执行【选择】|【全部】菜单命令，或按 Ctrl+A 快捷键，选中当前窗口中的整个图像。

（5）执行【编辑】|【拷贝】菜单命令，或按 Ctrl+C 快捷键，将选取的图像内容复制到剪贴板中。

（6）关闭"人物照片.JPG"图像窗口；激活与"风光背景.JPG"文档对应的图像窗口。

（7）执行【编辑】|【粘贴】菜单命令，按 Ctrl+V 快捷键，将剪贴板中的图像内容粘贴到当前图像文档中。

（8）两个图像文档拼并后，在图像窗口中显示出如图 8.5 所示的效果。

（9）按 F7 快捷键，打开【图层】调板，可以看到系统自动新增的图层"图层 1"；将新增图层重命名为"人物"，如图 8.6 所示。

图 8.5　两个图像拼并后的效果

图 8.6　新增"人物"图层后的【图层】调板

8.2.2　用快速蒙版选取人物形象

利用快速蒙版能够获取选区，编辑与处理选区中的图像。

用快速蒙版选取人物图像的主要步骤如下。

（1）保持"人物"图层在【图层】调板中处于选中状态。

（2）单击工具箱底部的【以快速蒙版模式编辑】按钮，将当前【标准模式】的编辑状态切换为【快速蒙版模式】的编辑状态。

（3）单击工具箱中的【画笔工具】按钮，在与其对应的工具选项栏中，将画笔大小设置为 15，将描边的【流量】值设置为 50%，其他参数选项保持系统默认，如图 8.7 所示。

图 8.7　设置后的【画笔工具】选项栏

（4）保持系统默认的黑色前景色设置，使用【画笔工具】，沿着"人物"图层中小女孩的形象轮廓线，对其所包含的区域进行涂抹，创建被蒙版区域；被蒙版区域默认将会被一层半透明的红色所覆盖，如图 8.8 所示。

（5）在涂抹的过程中，可根据需要随时缩放图像与调整画笔的大小；如果不小心生成了多余的红色区域，可切换到工具箱中的【橡皮擦工具】状态，将多余的区域擦除。

（6）反复进行涂抹、擦除等编辑操作，直到小女孩的整个形象全部变成被蒙版区域为止，如图 8.9 所示。

图 8.8　涂抹出的被蒙版区域　　　　　　　　图 8.9　绘制完成后的被蒙版区域

（7）单击工具箱底部的【以标准模式编辑】按钮，退出快速蒙版模式的编辑状态，返回到标准模式的编辑状态。

（8）此时，原来在快速蒙版状态下未被红色遮盖的区域，即小女孩形象轮廓以外的区域，立即成为选中的区域，如图 8.10 所示。

（9）执行【选择】|【反向】菜单命令，或按 Shift+Ctrl+I 快捷键，将选区反向，小女孩轮廓中的图像立即成为当前的选区，如图 8.11 所示。

图 8.10　女孩图像区域为当前非选择区域　　　　图 8.11　对当前选择区域反向后的效果

8.2.3　在指定图层中添加图层蒙版

图层蒙版实质上也是位图图像，能够通过绘制颜色的深浅来控制图层中图像的显示与隐藏。

基于当前选区，为"人物"图层添加图层蒙版的主要步骤如下。

（1）在【图层】调板中选中"人物"图层，并保持小女孩形象处于选中状态。

（2）单击【图层】调板工具栏中的【添加图层蒙版】按钮；或者执行【图层】|【图层蒙版】|【显示选区】菜单命令，为"人物"图层添加选区蒙版。

（3）此时，"人物"图层缩览图右侧将自动出现图层蒙版缩览图，并且"人物"图层与新建的图层蒙版之间出现链接图标，表明两个对象之间建立起了关联，如图 8.12 所示。

(4) 当前的图像窗口呈现出小女孩图像与背景图像有机融合的效果，只是小女孩的形象过于高大，不符合实际的比例关系，如图 8.13 所示。

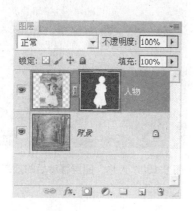

图 8.12　【图层】调板中的选区图层蒙版　　　　图 8.13　人物与风光背景融合后的效果

(5) 如果对小女孩图像区域或边缘仍有不满意的地方，仍可使用【画笔工具】或【橡皮擦工具】，以黑色或白色，对图层蒙版进行涂抹、擦除等编辑与修改操作。

(6) 若用黑色【橡皮擦工具】擦除或用白色【画笔工具】涂抹图像，将扩大图层蒙版显示人物图像的范围；反之，若用白色橡皮擦擦除或用黑色画笔涂抹，将减少图层蒙版显示人物图像的范围。

提示：

在【图层】调板中，图层缩览图与图层蒙版缩览图之间的链接图标 如果为显示状态，则表明图层与图层蒙版之间建立了关联；如果链接图标不显示，则表明图层与图层蒙版之间的关联暂时被取消。

在关联的图层与图层蒙版所对应的视图中，若使用【移动工具】移动其中任何一个的图像，则另一个的对应图像也将随之移动。若取消了它们间的关联，则单独移动其中一个的图像时，另一个的图像将不受影响。

8.2.4　对人物图层进行自由变换

下面通过对"人物"图层的自由变换操作，实现人物图像大小的调整与位置的移动。

调整人物图像大小与位置的主要步骤如下。

(1) 在【图层】调板中，单击选中"人物"图层的图像缩览图。

(2) 按 Ctrl+T 快捷键，或者执行【编辑】|【自由变换】菜单命令，使"人物"图层中的图像处于可自由变换的状态。

(3) 按住 Shift 键，在保持宽和高同等比例缩放的前提下，将鼠标指针移到"人物"图像定界框上相应的控制柄上；拖曳该控制柄，缩小图像，如图 8.14 所示；达到满意的尺寸后，在定界框内双击，即可将人物调整为合适的大小。

(4) 单击工具箱中的【移动工具】按钮 ，移动鼠标指针到"人物"图层的定界框内；单击选中该图层后，用鼠标将该图层拖动到"背景"图像适当的位置。

(5) 在被移动图层的定界框外双击，或按 Enter 键，结束移动，得到如图 8.15 所示的效果。

图 8.14　自由变换状态下的"人物"图层

图 8.15　"人物"图层移动后的效果

8.2.5　对多个图层实施合并操作

最终应将"人物"图层与和背景对应的图层实施向下合并操作，从而使人物与风光背景浑然一体，达到自然而有机的融合效果。

向下合并图层的主要步骤如下。

(1) 在【图层】调板中，单击选中"人物"图层对象。

(2) 按 Ctrl+E 快捷键，或者执行【图层】|【向下合并】菜单命令，将当前的"人物"图层与"背景"图层合并成一个图层；合并后的图层名称被系统默认命名为"背景"，显示效果如图 8.3 所示。

(3) 将合并后的图像文档另存为"合成的照片.PSD"。

8.3　核心知识——通道

作为 Photoshop 重要功能之一的通道，本质上是灰度图像，主要用来记录与保存图像的颜色信息和选择范围信息。

使用通道，能够制作精确的选区，并对选区进行颜色的调整，进行编辑操作及其他的高级操作。

8.3.1　色彩模式

图像像素的颜色信息是由二进制数来表示的，这会使存储时占用的磁盘空间最小。色彩模式实质上是将颜色转换成计算机二进制数字数据的算法，从而使颜色能够在多种媒体中连续描述并能跨平台使用。

色彩模式能够由不同的原色值通过任意组合而形成千变万化的颜色。各种不同的色彩模式所表现的亮度、鲜艳度和深度是不同的。运用不同的色彩模式，能够构造出不同的图像。

Photoshop CS5 常用的色彩模式包括位图模式、灰度模式、RGB 模式、CMYK 模式、双色调模式、索引颜色模式、Lab 模式、HSB 模式和多通道模式等。其中 RGB 模式与 CMYK 模式最为常用。

1．位图模式

位图模式图像只有黑白两种色彩，属于无彩色模式，也称为黑白模式。

2. 灰度模式

灰度模式图像由介于白(0)到黑(255)之间的 256 级灰度所组成，没有色彩信息，色彩饱和度为 0，只有一个亮度通道。灰度模式属于无彩色模式，亮度是唯一能够影响灰度模式图像的参数。亮度是光强的度量，有效取值为 0%(黑色)～100%(白色)。

灰度模式图像实际上就是俗称的"黑白图像"。可以将彩色图像转换为黑白图像，但是转换后，图像原有的颜色信息将会被悉数删除。

灰度模式图像颜色单一，但如果能运用好 256 级灰度，也能够制作出过渡非常细腻的图像。

3. RGB 模式

RGB 模式是图形图像处理领域中最常用的色彩模式之一。RGB 模式采用三原色模型，由红(Red)、绿(Green)、蓝(Blue)3 种原色以不同的比例混合而产生不同的色彩，又称为"加色"模式，如图 8.16 所示。

RGB 模式中的红、绿、蓝三原色的取值范围都是 0～255，3 种色彩通道经过复合叠加，能够生成 256^3=16777216 种颜色，足以表达出任何彩色图像的信息。RGB 模式图像的【通道】调板如图 8.17 所示。

图 8.16　RGB 三原色加色模型图　　　　图 8.17　RGB 模式图像的【通道】调板

4. CMYK 模式

CMYK 模式采用印刷三原色模型，是印刷行业最常使用的专有模式。CMYK 模式由青(Cyan)、洋红(Magenta)、黄(Yellow)及黑(Black)4 种颜色混合而产生各种色彩。为避免与代表蓝色(Blue)的字母 B 混淆，黑色以字母 K 表示。

CMYK 模式又称为"减色"模式，减色概念是 CMYK 模式的基础。

在 CMYK 模式中，只有 C、M、Y 3 种颜色为该模式的原色，而 K 只是对 3 种原色的补充。因为在实际印刷过程中，由于颜料使用等原因，不可能由 C、M、Y 三原色产生纯黑色，为提高印刷质量，才补充了黑色 K。

"减色"概念是相对于 RGB 三原色而言的，可以这样来理解减色概念：在 CMYK 模式的 3 种原色中，C 是 R)的互补色，当 G、B 的值都为 255，设置 R 的值为 0，即从 RGB 三原色中减去 R，便得到了 C；同样，M 是 G 的互补色，从 RGB 三原色中减去 G，便得到了 M；Y 是 B 的互补色，从 RGB 三原色中减去 B，便得到 Y。CMYK 模式原理如图 8.18 所示。

CMYK 模式图像有与青色、洋红、黄色和黑色 4 种颜色对应的 4 个色彩通道，每个通道使用百分比值来指定每种色彩的多少。CMYK 模式的彩色范围比 RGB 模式要小。CMYK 模式图像的【通道】调板如图 8.19 所示。

图 8.18　CMYK 模式减色模型图　　　　　图 8.19　CMYK 模式图像的【通道】调板

CMYK 色彩模式是标准的印刷颜色模式，但通常不在该模式下处理图像，这是因为 CMYK 模式需要处理 4 个色彩通道，直接编辑 CMYK 模式图像的速度较慢。即便要在 CMYK 模式下工作，通常也需先将 CMYK 模式转变为 RGB 模式。如果要将 Photoshop CS5 制作的图像用于彩色印刷输出，必须先将图像的色彩模式转换为 CMYK 模式。

5.　双色调模式

双色调模式是与打印、印刷相关的一种模式，是由灰度模式发展而来的。该模式使用 1～4 种自定义灰色油墨或彩色油墨创建双色调(2 种颜色)、3 色调(3 种颜色)或 4 色调(4 种颜色)的含有色彩的灰度图像。

在双色调模式图像中，彩色油墨只用于生成着色的灰色，并不能重新生成不同的颜色，图像实际上只有一个 8 位亮度的通道，只不过在亮度值上附加记录了颜色信息和相应的强度曲线。

要将其他色彩模式的图像转换成双色调模式，必须先过渡性地转换成灰度模式，然后再转换成双色调模式。

6.　索引颜色模式

索引颜色模式也称为映射模式。在该模式下，只能存储一个 8 位色彩深度的彩色图像文档，并使用最多 256 种颜色，这些颜色是由系统预先定义好的。

索引颜色模式只包含一个色彩通道，加上其色彩只有 8 位深度，因此该模式图像文件所占存储空间较小，但图像质量不高。该模式主要用于网络图像传输与游戏制作。

7.　Lab 模式

Lab 模式是色彩范围最广的一种色彩模式，其同时包含 RGB 模式和 CMYK 模式的色阶。Lab 模式包含 3 个通道，每个通道可以有 8 位或 16 位色彩深度，默认为 8 位。其中 1 个为亮度通道，标识为 L，其取值为 0～100 之间的整数；另外 2 个为色彩通道，分别标识为 a、b。a 通道包含的颜色从深绿色到灰色再到亮粉红色；b 通道包含的颜色从亮蓝色到灰色再到黄色。a、b 通道的取值都是-128～+127 之间的整数。因此，这些色彩混合后能够产生明亮的色彩。

Lab 色彩模式与设备无关，既不依赖于光线，也不依赖于印刷颜料，在不同的设备上编辑与输出，都能得到一致的结果。因此它是 Photoshop 在不同色彩模式之间转换时使用的内部安全模式。

Lab 模式的处理速度与 RGB 模式不相上下。当将 RGB 模式的图像转换为 CMYK 模式时，往往先将其转换为 Lab 模式，然后再从 Lab 模式转换为 CMYK 模式。

8. HSB 模式

HSB 模式基于人对颜色的感觉，是以色相(H)、纯度(S)和明度(B)这 3 个色彩要素为基础来描述颜色的是一种色彩模式。

在 HSB 模式中，H 用于调整颜色，以"度"来表示，取值为 0～360 之间的整数；S 用于调整颜色的深浅，以百分比来表示，取值为 0(灰色)～100(纯色)之间的整数；B 用于调整颜色的明暗，以"%"来表示，取值为 0(黑色)～100(白色)之间的整数。

9. 多通道模式

多通道模式图像包含多个具有 256 级强度值的灰阶通道，每个通道为 8 位色彩深度。

当在 RGB、CMYK 或 Lab 模式中任意删除某一个通道时，图像将转换为多通道模式，此时，系统将根据原图像通道数目，自动转换为数目相同的专色通道，并将原图像各通道像素色彩信息自动转换为专色通道的色彩信息。例如，当将 RGB 模式转换为多通道模式时，将创建青色、洋红、黄色 3 个专色通道；将 CMYK 模式转换为多通道模式时，将创建青色、洋红、黄色、黑色 4 个专色通道。

多通道模式对特殊的打印、印刷操作非常有用。大多数输出文档格式不支持多通道模式图像。

8.3.2 【通道】调板

【通道】调板是显示、管理与控制图像中各种通道的工具，可用来完成通道的创建、合并、拆分、删除等操作。

执行【窗口】|【通道】菜单命令，打开如图 8.20 所示的【通道】调板。调板中将列出当前打开图像的所有通道，默认情况下，列在最顶端的为复合通道，其次列出的是各个单色通道，紧接其下的为 Alpha 通道。

图 8.21 所示的【通道】调板的弹出式菜单提供了对通道进行操作的另一种有效途径。

图 8.20　【通道】调板　　　　　　　　　图 8.21　【通道】调板的弹出式菜单

【通道】调板中各构成要素说明如下。

(1) 显示/隐藏通道的眼睛图标：用来在显示通道与隐藏通道两种状态之间进行切换。

(2) 【将通道作为选区载入】按钮：将当前通道中颜色较淡的部分作为选区加载到图像文档中。

(3) 【将选区存储为通道】按钮：将当前的选区作为 Alpha 通道存储起来。只有当前通道中有选区存在时，该按钮才可用。

(4)【创建新通道】按钮 ：用来创建新的 Alpha 通道。当将【通道】调板中的某个通道对象用鼠标拖曳到该按钮上，可以生成此通道的副本。

(5)【删除当前通道】按钮 ：将当前选择或正在操作的通道删除。也可选中要删除的通道对象，将其拖曳到该按钮上，释放鼠标后，即可将其删除。

提示：

在对某个通道对象操作前，必须在【通道】调板中单击该通道将其选中。按住 Shift 键，依次单击各个通道对象，可同时选中多个通道。

8.3.3 通道类别

Photoshop CS5 包含 3 种类型的通道：第 1 种为存储图像原色信息的颜色通道，颜色通道通常又由 1 个复合通道和多个单色通道组成；第 2 种为存储选择范围的 Alpha(阿尔法)通道；第 3 种为存储特别色的专色通道。这些通道以图标的形式出现在【通道】调板中。

1. 颜色通道

颜色通道是图像固有的通道，主要用于保存图像的颜色数据。通过颜色通道，能够查看各种通道信息并对其进行编辑，从而达到编辑图像的目的。调整图像色彩时，实质上就是在编辑颜色通道。

打开一个图像文档，系统会自动创建一个或多个颜色通道。图像的色彩模式决定了所创建颜色通道的数目。如位图、灰度与索引颜色模式的图像只包含 1 个颜色通道；RGB 与 Lab 模式的图像包含 4 个颜色通道，如图 8.22 所示；而 CMYK 模式的图像则包含 5 个颜色通道，如图 8.23 所示。

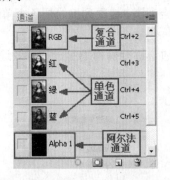

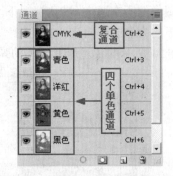

图 8.22　RGB 模式下的颜色通道　　　　　图 8.23　CMYK 模式下的颜色通道

每一幅图像中，像素点的颜色由图像色彩模式中的原色信息来描述。图像中所有像素点所包含的某一种原色信息，便构成了一个颜色通道。每个颜色通道都是一幅灰度图像，代表着一种颜色的明暗变化。

可将颜色通道划分为单色通道与复合通道两种类型。

(1) 单色通道：用来构成图像彩色复合效果的相对独立的单一颜色通道。单色通道以 256 级灰度表达某个相应的颜色，每一个单色通道在【通道】调板中都显示为灰度图像。如果修改任意一个单色通道的灰度，就会对整个图像产生影响。

(2) 复合通道：所有的单色通道混合叠加在一起，便构成了复合通道的显示效果。复合通道始终以彩色显示，反映出图像的综合效果，是用于预览与编辑整个图像颜色通道的一个快捷方式。在【通道】调板中，只有当复合通道为显示状态时，其他的单色通道才能够显示出来。

2．Alpha 通道

Alpha 通道原意为"非彩色"通道，其功能为将选区存储为灰度图像，并可对存储的选区进行编辑。

当单击【通道】调板工具栏中的【创建新通道】按钮时，新创建出的通道即为 Alpha 通道。Alpha 通道通常作为存储选区或蒙版的一种手段，它能够将选区存储为灰度模式的图像，从而实现屏蔽与保护图像部分区域，让被屏蔽的区域不受任何编辑的影响。

与颜色通道不同，Alpha 通道通常不是用来保存图像颜色数据的，而是用来保存选区信息的。将选区保存为 Alpha 通道后，选区将被保存为白色，而非选区则被保存为黑色。当执行【选择】|【载入选区】菜单命令时，即可调出以通道形式保存的选区。

Alpha 通道具有以下特征。

(1) Alpha 通道通常由用户自行创建，可随时予以删除。

(2) 所有的 Alpha 通道都是 8 位灰度图像，能够显示 256 级灰阶，在尺寸大小与像素数量上，与原图像完全一致。

(3) Alpha 通道的名称、颜色、不透明度及蒙版选项可由用户设定；对于 Alpha 通道中的蒙版，可以用绘画与编辑工具进行编辑操作。

(4) 可将选区永久存储在 Alpha 通道中，以便多次重复使用。

3．专色通道

专色通道是针对专门颜色，用于专色油墨印刷的通道，是特殊的预混油墨，用于替代或补充印刷色油墨。它与传统的以 CMYK 模式配置出来的颜色不同，在付印时要求专用的印版。印刷带有专色的图像，需要创建存储这些颜色的专色通道。要想输出专色通道，必须将文档以 PDF 模式存储。

如果要将专色作为一种色调应用于整个图像，需要将图像转换为双色调模式，并在其中一个双色调印版上应用专色，最多可达 4 个专色，每个印版分配一个专色。

与其他通道一样，专色通道在任何时候都可被编辑与删除。

8.3.4　通道的基本操作

利用【通道】调板或调板的弹出式菜单，能够完成通道的创建、复制、删除、分离与合并等基本操作。

新建的通道主要有 Alpha 通道与专色通道两种。

1．创建 Alpha 通道

创建 Alpha 通道的步骤如下。

(1) 在【通道】调板中，按住 Alt 键的同时单击调板工具栏中的【创建新通道】按钮，或者执行【通道】|【新通道】菜单命令，打开如图 8.24 所示的【新建通道】对话框。

(2) 在对话框中设置相应的参数。

(3) 单击【确定】按钮，一个 Alpha 通道被创建出来。

【新建通道】对话框中各选项的意义说明如下。

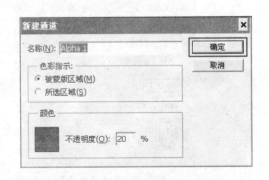

图 8.24　【新建通道】对话框

（1）【名称】文本框：用来输入新建 Alpha 通道的名称。系统默认以"Alpha+n(自然数编号)"自动命名。

（2）【色彩指示】单选按钮组：用来指定对新建 Alpha 通道所做的设置效果是作用于被蒙版区域还是选择区域。

（3）【被蒙版区域】单选按钮：选中该项后，则在新建的通道中，有颜色的区域代表被蒙版区域的范围，而没有颜色的区域代表选择区域的范围。

（4）【所选区域】单选按钮：选中该项后，相当于对【被蒙版区域】按钮选项作用的结果进行反相，即没有颜色的区域代表被蒙版区域，而有颜色的区域代表选择区域。

（5）【颜色】选项：用来设置蒙版的颜色。单击下方的色块图标，将弹出【选择通道颜色】对话框，该对话框主要用于更改蒙版覆盖的颜色。设置的颜色仅用来对蒙版起作用，而不会影响图像颜色。

（6）【不透明度】文本框：用来输入 0～100 之间的整数，指定蒙版颜色的不透明度。此选项只对蒙版起作用，而不会影响图像的透明度。

2．创建专色通道

创建专色通道的步骤如下。

图 8.25 【新建专色通道】对话框

（1）在【通道】调板中，按住 Ctrl 键的同时单击【创建新通道】按钮，或者执行【通道】|【新专色通道】菜单命令，打开如图 8.25 所示的【新建专色通道】对话框。

（2）在对话框中更改新建通道的名称，并设置专色通道的颜色与颜色密度。

（3）单击【确定】按钮，一个专色通道被创建出来。

3．转换通道类型

Alpha 通道能够转换为专色通道。

将 Alpha 通道转换为专色通道的步骤如下。

（1）在【通道】调板中，选中要转换的 Alpha 通道对象。

（2）双击 Alpha 通道对象的缩览图，或者执行【通道】|【通道选项】主菜单命令，打开如图 8.26 所示的【通道选项】对话框。

（3）在对话框中选中【专色】单选按钮，并设置专色通道的颜色与密度。

（4）单击【确定】按钮，则 Alpha 目标通道被转换为专色通道，显示效果如图 8.27 所示。

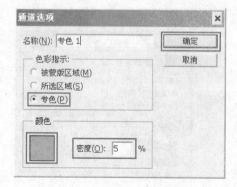

图 8.26 【通道选项】对话框

图 8.27 转换后的专色通道效果

4．复制通道

在将选区存储为通道后，如果再次希望对此选区进行修改与编辑等操作，可以先将代表选区的通道复制出来，然后对复制出的通道进行操作，从而避免对原选区的破坏与损伤。被复制的通道可以存放在已有文档或新建文档中。

复制通道与复制图层的步骤极为类似。若要在不同图像之间复制 Alpha 通道，必须要确保不同图像具有相同的像素尺寸。

复制通道的步骤如下。

(1) 在【通道】调板中，选中要复制的源通道。

(2) 执行调板弹出式菜单中的【复制通道】命令，打开如图 8.28 所示的【复制通道】对话框。

(3) 在对话框中设置相应的参数。

(4) 单击【确定】按钮，完成通道的复制。

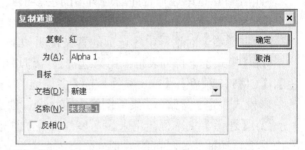

图 8.28　【复制通道】对话框

【复制通道】对话框中各选项的意义说明如下。

(1)【为】文本框：用来显示或更改复制后的通道名称。

(2)【目标】选项组：用来设置复制后的通道属性。

(3)【文档】下拉列表框：从列表中选择并指定通道复制的目标文档。只有选择了【新建】列表选项，紧接其下的【名称】文本框才可用。

(4)【名称】文本框：用来显示或更改新建通道文档的名称。

(5)【反相】复选框：当选中该项后，经复制产生的新通道与源通道在颜色配置上将完全相反。

操作技巧：用鼠标将【通道】调板中要复制的源通道对象拖曳至调板工具栏中的【创建新通道】按钮上，释放鼠标后，源通道将被系统按默认设置与名称自动进行复制。

5．分离通道

如果图像中包含的通道太多，往往会导致文档尺寸过大，整体操作的速度过慢。此时，应该对图像实施通道分离操作，将图像分解为多个独立的灰度图像通道，然后针对每个灰度图像单独操作，从而有效地提高操作效率。最后再将这些分离的通道合并起来，从而制作出特殊的图像效果。

分离通道后，源文件被关闭，复合通道自动消失，只剩下其他的颜色通道、Alpha 通道或专色通道。这些通道之间相互独立，分别出现在不同的图像窗口中，但它们仍属于同一图像文档。此时，可以对这些分离的通道对象分别实施独立的编辑与修改操作。

分离通道的步骤非常简单。只须选中要分离通道的图像，执行调板菜单中的【分离通道】选项命令即可。

操作技巧：分离后的通道处于不同的图像窗口中，若要将它们还原到统一的图像文档，只能通过【合并通道】命令实现。

---

6. 合并通道

可以将多个与灰度图像对应的通道合并为一个图像通道。合并通道需要满足一定的条件：要求合并的图像必须都为灰度图像，并且具有相同的文档尺寸与相同的分辨率；同时还要求参与合并的图像都要处于打开状态。

合并通道时可用的颜色模式由参与合并的灰度图像的数量决定。

合并通道的步骤如下。

(1) 确保要合并的所有灰度图像都处于打开状态。

(2) 激活其中的任意一个图像窗口，执行当前调板菜单中的【合并通道】选项命令。

(3) 系统将弹出如图 8.29 所示的【合并通道】对话框。

(4) 在对话框中选择合并通道所用的色彩模式与通道数量。

(5) 单击【确定】按钮，当前打开的所有灰度图像将自动被整合成一个图像。

【合并通道】对话框中各选项的意义说明如下。

(1)【模式】下拉列表框：用来选择合并通道所用的色彩模式。选项列表中包含【RGB 颜色】、【CMYK 颜色】、【Lab 颜色】与【多通道】4 种色彩模式。通常【模式】的选择由原图像的色彩模式决定。例如，如果原图像中有 Alpha 通道与专色通道，一般应选择【多通道】模式。

(2)【通道】文本框：用来显示参与合并的通道数目，该数值与图像的色彩模式有关，通常由系统自动捕获，尽可能不要对该值进行改动。

7. 合并专色通道

当在【通道】调板中选中了专色通道对象时，调板菜单中的【合并专色通道】命令将变得可用。执行该命令，能够将当前专色通道中的颜色信息混合到其他的原色通道中，使图像带有当前专色通道的色调。

8. 删除通道

在存储图像之前，应该删除不再使用的通道，以减小文档所占用的磁盘空间。

删除通道的步骤如下。

(1) 在【通道】调板中，选中要删除的目标通道。

(2) 单击【删除当前通道】按钮，或者执行【通道】|【删除通道】菜单命令，删除目标通道。

(3) 如果要删除的通道为通道序列中的一个或几个，删除时，系统将弹出与图 8.30 所示类似的确认信息框。

图 8.29 【合并通道】对话框

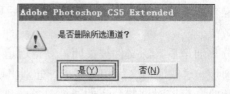

图 8.30 【是否删除所选通道】的确认信息框

(4) 只有单击了信息框中的【是】按钮后，目标通道才会被删除。

操作技巧：用鼠标将【通道】调板中要删除的通道对象拖曳至调板工具栏中的【删除当前通道】按钮上，释放鼠标后，目标通道将自动被删除。

8.4　核心知识——蒙版

蒙版是一种特殊的遮罩，以控制原来图层或图层组画面中不同区域的显示与隐藏，起到隔离图像部分区域的作用。被蒙版所覆盖的这一特定区域不会被编辑与修改，从而得到保护；而其他的区域则可以被自由地加以修改处理。

蒙版为透明的灰度图像，只有白灰黑三色。在蒙版中，白色内容部分能够显示，代表着完全透明，表达的是图像中被选中的区域；黑色内容部分则被隐藏，代表着完全不透明，表达的是图像中未被选中的区域；而灰色色调的画面内容，将以一定级别的半透明度显示，透明程度由蒙版的灰度百分值决定。可以像编辑其他图像一样来编辑蒙版：利用绘图工具，在蒙版中绘制白色、灰色或黑色内容，来建立或修改选择的区域。

8.4.1　蒙版的类别与特点

可以将蒙版看作是一种特殊的选区，但它又跟普通选区不太一样。在图像上创建了普通选区，然后便可以对选区进行各种处理；而蒙版却正好相反，它能对限定的区域予以保护，让其免于各种操作，却可以对保护区域以外的部分实行操作。

1. 蒙版的类型

在 Photoshop CS5 中，可将蒙版分为以下 4 种。

(1) 快速蒙版：该类蒙版作为编辑选区的临时环境，能够辅助用户快速创建出所需的选区。可以对快速蒙版应用各种编辑工具或滤镜进行编辑加工。

(2) 图层蒙版：该类蒙版由绘画工具创建而成，可以用选择工具进行编辑与修改。图层蒙版是与分辨率相关的像素(或称位图或栅格)图像，能够通过灰度图像控制图层或图层组的显示与隐藏。

(3) 矢量蒙版：该类蒙版由形状工具组或路径工具组中的工具创建而成，具有矢量特征，与分辨率无关。矢量蒙版根据路径形状来定义图层中的显示区域，与图层蒙版作用相似，主要用于控制图层或图层组的显示与隐藏。

(4) 剪贴蒙版：该类蒙版比较特殊，它用某个图层的内容来屏蔽自己上方的图层，并依靠下方图层的形状，来定义图像的显示区域

2. 蒙版的特点

蒙版与普通选区能够相互转换。与普通选区相比，蒙版的可控性更强，其编辑操作是在一个可视的区域中进行的，因此修改与变形操作更为自由与灵活。

蒙版具有以下作用与优势。

(1) 适用性强：任何一幅灰度图像都可用做蒙版。

(2) 能够有效保护图像的局部区域：蒙版能够对图层中特定的选区予以保护，使这些选区不受编辑操作的影响，不会因为对图像施加擦除、剪切、删除等破坏性操作而对该区域的内容造成无法恢复的损失。此外，利用蒙版，不会改变原有图层的内容，当删除或停用蒙版后，图层仍会恢复原来的样貌。

(3) 应用灵活与广泛：可配合【渐变工具】形成渐变蒙版，从而实现无痕的融合与拼接效果；可通过创建复杂边缘选区，替换局部图像；还可结合调整图层，任意调整局部图像。

8.4.2 【蒙版】调板

利用 Photoshop CS5 的【蒙版】调板，能够创建基于像素或矢量的蒙版，可用来选择不连续的对象，并能够实施调整蒙版浓度、设置蒙版羽化程度等操作。

1. 启动【蒙版】调板

执行【窗口】|【蒙版】菜单命令，打开如图 8.31 所示的【蒙版】调板。

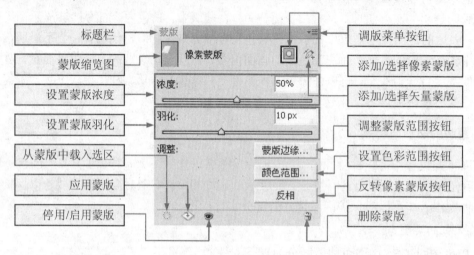

图 8.31 【蒙版】调板

初始状态下，【蒙版】调板右上角分布着【添加像素蒙版】按钮和【添加矢量蒙版】按钮。当单击两个按钮时，系统将立即为当前所选图层添加相应类型的图层蒙版；与此同时，两个按钮的图标将发生变化，分别成为【选择像素蒙版】按钮和【选择矢量蒙版】按钮；再单击两个变化后的按钮，将分别选择当前的图层蒙版或矢量蒙版。

调板中间包含【浓度】与【羽化】两个参数的设置区域，分别用来设置蒙版浓度与蒙版羽化程度。它们对像素蒙版与矢量蒙版同样有效。

拖曳【浓度】下方的滑块，或直接在右侧的文本框中输入百分数值，可以调整当前所选蒙版的不透明度。当【浓度】值达到 100%时，蒙版将变得完全不透明，并遮盖住图层下方的所有区域。随着【浓度】值的减小，更多的被蒙版所屏蔽的区域将变得可见。

拖曳【羽化】下方的滑块，或直接在右侧的文本框中输入像素值，可以羽化蒙版边缘，以创建柔和的过渡效果。

2. 调板上的命令按钮

【蒙版】调板右下方分布着 3 个命令按钮，其功能描述如下。

(1)【蒙版边缘】按钮：用来调整蒙版图像的边缘，方法类似于调整普通选区的边缘。

当单击该按钮时，将打开如图 8.32 所示的【调整蒙版】对话框。对话框中提供了与调整边缘相关的多个参数选项。设置好各项参数后，单击【确定】按钮，即可将设置应用于边缘的调整操作。

(2)【颜色范围】按钮：用来根据图像中的取样颜色来创建蒙版图像。

当单击该按钮时，将打开如图 8.33 所示的【色彩范围】对话框。对话框中提供了【本地化颜色簇】、【颜色容差】、取样颜色的运算模式等参数或选项。

设置好对话框后，单击【确定】按钮，即可用取样颜色创建蒙版。

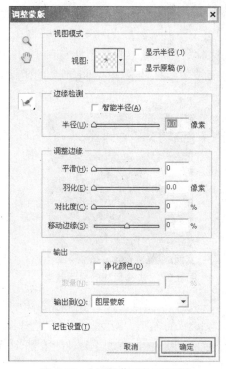

图 8.32 【调整蒙版】对话框   图 8.33 【色彩范围】对话框

(3)【反相】复选框：用来对当前选中的蒙版进行反相处理。

8.4.3 快速蒙版操作

快速蒙版功能可以快速地将图像的目标选区制作成为一个快速蒙版,然后就可以对该蒙版进行修改与编辑,以便得到一个更为精确的选区。

1. 创建并编辑快速蒙版

以如图 8.34 所示的图像文档为例,创建编辑快速蒙版的操作步骤如下。

(1) 打开图像文档,在【图层】调板中选中要操作的图层。

(2) 创建出初始目标选区。本例中用【魔棒工具】选中两片白云。

(3) 单击工具箱底部的【以快速蒙版模式编辑】按钮 ,图像由标准模式进入快速蒙版模式。在该模式下,非选择区域(称为被蒙版区域)默认被红色的半透明色所覆盖,如图 8.35 所示。

图 8.34 标准模式下的图像   图 8.35 快速蒙版模式下的图像

(4) 此时，打开【通道】调板，可以看到一个名为"快速蒙版"的对象出现在所有的颜色通道下方，如图 8.36 所示。

(5) 在【通道】调板隐藏其他的通道，只显示"快速蒙版"对象；此时图像窗口中的图像自动转化为灰阶模式，即白云选区显示为透明的白色，而被蒙版区域显示为不透明的黑色，如图 8.37 所示。

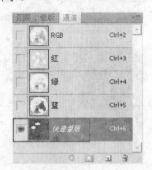

图 8.36　显示快速蒙版的【通道】调板

图 8.37　快速蒙版的显示效果

(6) 在快速蒙版模式下，从【画笔工具】、【铅笔工具】与【橡皮擦工具】中任意选择一种。用黑色在图像的选区中进行绘画或涂抹，可以扩大被蒙版区域而缩小原有选区；用白色在图像中进行绘画或涂抹，相当于擦除蒙版，可以扩大原有选区而缩小被蒙版区域。为便于看清细节，操作时可随时缩放图像视图。

(7) 进入快速蒙版模式后，工具箱底部的按钮将自动切换为【以标准模式编辑】按钮。完成修改快速蒙版选区的操作后，单击按钮，退出快速蒙版模式，返回到标准模式。原来在快速蒙版状态下未被遮盖的区域，立即成为当前的有效选区。

2. 更改快速蒙版选项

在快速蒙版模式下，可以修改快速蒙版的覆盖颜色与不透明度等外观选项，以使蒙版与图像的色彩对比更加鲜明，更易于识别与操作。对蒙版选项的修改仅仅会影响其外观与可视性，而对蒙版保护选区的功能却无任何影响。

更改快速蒙版选项的操作方法如下。

(1) 打开图像文档，选中要操作的图层。

(2) 双击工具箱中的【以快速蒙版模式编辑】按钮，打开【快速蒙版选项】对话框。

(3) 在对话框中设置快速蒙版的覆盖颜色与不透明度等选项，如图 8.38 所示。

(4) 单击【确定】按钮，关闭对话框。

(5) 单击工具箱中的【以快速蒙版模式编辑】按钮，系统根据刚才的选项设置，进入相应的快速蒙版模式，图像显示效果如图 8.39 所示。

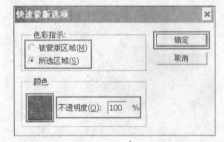

图 8.38　设置后的【快速蒙版选项】对话框

图 8.39　设置后的快速蒙版效果

【快速蒙版选项】对话框中的主要选项说明如下。

(1) 【色彩指示】单选按钮组：用来指定要做的设置是作用于被蒙版区域还是选区。

(2) 【颜色】下方的颜色图标：单击该图标将弹出【选择快速蒙版颜色】对话框，用该对话框来更改蒙版覆盖的颜色。

(3) 【不透明度】文本框：输入 0～100 之间的整数，用于更改蒙版覆盖颜色的不透明度。

> **操作技巧**：在对快速蒙版选项更改后，按住 Alt 键，然后多次单击工具箱中的【以快速蒙版模式编辑】按钮，可在快速蒙版的【被蒙版区域】、【所选区域】及图像的标准模式 3 种状态之间反复切换。

3. 存储蒙版选区

通过快速蒙版制作的选区是临时性的，如果单击了选区以外的部分，便会取消选区。为防止选区丢失，需将该选区存储为 Alpha 选区通道，这样便能够将选区永久保存，并可在任何需要的时候将该选区通道再次载入并使用，甚至应用于其他的图像中。

保存快速蒙版选区的操作步骤如下。

(1) 用快速蒙版创建或编辑出目标选区。

(2) 从快速蒙版模式切换到标准模式下，此时目标选区的选择线在不断地闪烁。

(3) 执行【选择】|【存储选区】菜单命令，打开如图 8.40 所示的【存储选区】对话框。

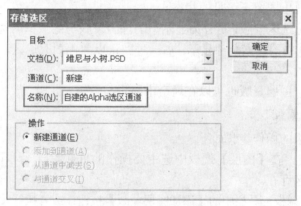

图 8.40 【存储选区】对话框

(4) 在对话框的【名称】文本框中，可以输入新建选区通道的名称，也可以保留系统默认的名称"Alpha1"，然后在以后的操作中，再对默认名称进行更改。

(5) 单击【确定】按钮，关闭对话框。

(6) 打开【通道】调板，可以看到在颜色通道下方，出现了一个新建的 Alpha 选区通道，如图 8.41 所示。

(7) Alpha 选区通道如同快速蒙版，可以用绘图工具或编辑工具进行修改，也可以更改其选项设置，并且更改的设置仅影响当前的通道显示，对图像并无影响。

(8) 更改 Alpha 选区通道选项设置的方法如下：选中选区通道，打开【通道】调板的弹出式菜单，执行其中的【通道选项】命令，将打开如图 8.42 所示的【通道选项】对话框。该对话框与【快速蒙版选项】对话框基本类似，只是在【色彩指示】单选按钮组中多出了【专色】单选按钮。

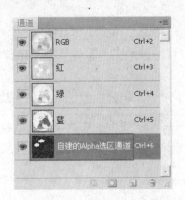

图 8.41　新建的 Alpha 选区通道

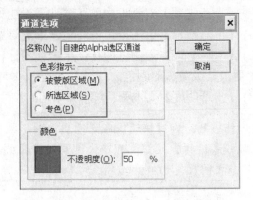

图 8.42　设置后的【通道选项】对话框

8.4.4　图层蒙版操作

图层蒙版有完整图层蒙版与选区图层蒙版两种类型。其中完整图层蒙版显示的范围是整个图层图像，选区图层蒙版显示的范围是图层中特定选区中的图像。

完整图层蒙版又分为显示型的图层蒙版与隐藏型的图层蒙版。前一种蒙版默认以白色填充，图层中的像素全部显示，呈现出图像可见的状态；后一种蒙版默认以黑色填充，图层中的像素全部被隐藏，呈现出图像不可见的状态。

选区图层蒙版简称选区蒙版，可分为显示型的选区蒙版与隐藏型的选区蒙版。前一种默认以白色填充选区，选区中的像素全部显示；后一种默认以黑色填充选区，选区中的像素全部被隐藏。

同快速蒙版一样，图层蒙版也可以在通道中显示与编辑。

1. 创建完整图层蒙版

创建完整图层蒙版的操作步骤如下。

(1) 打开图像文档，在【图层】调板中选中要操作的目标图层(背景图层除外)，并确定当前图像中没有任何选区存在。

(2) 单击【图层】调板工具栏中的【添加图层蒙版】按钮；或者执行【图层】|【图层蒙版】|【显示全部】菜单命令，为目标图层添加显示型的图层蒙版。

(3) 按住 Alt 键，单击【图层】调板中的【添加图层蒙版】按钮；或者执行【图层】|【图层蒙版】|【隐藏全部】菜单命令，为目标图层添加隐藏型的图层蒙版。

对同一图像的两个不同的普通图层，分别创建显示型的图层蒙版与隐藏型的图层蒙版，在【图层】调板中的效果如图 8.43 所示。

2. 创建选区图层蒙版

创建选区蒙版的操作步骤如下。

(1) 打开图像文档，在【图层】调板中选中要操作的目标图层。

(2) 用选择工具或路径工具，在目标图层中创建选区。

(3) 单击【图层】调板工具栏中的【添加图层蒙版】按钮；或者执行【图层】|【图层蒙版】|【显示选区】菜单命令，为目标图层添加显示型的选区蒙版。

(4) 按住 Alt 键，单击【图层】调板中的【添加图层蒙版】按钮；或者执行【图层】|【图层蒙版】|【隐藏选区】菜单命令，为目标图层添加隐藏型的选区蒙版。

在同一图像的两个普通图层中，用【自定形状工具】分别定义出五角形路径与心形路径；将两个路径转换为选区后，在两个图层中分别创建显示型的选区蒙版与隐藏型的选区蒙版。最终的效果如图 8.44 所示。

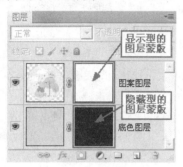

图 8.43　【图层】调板中的两类图层蒙版

图 8.44　【图层】调板中的两类选区蒙版

3．启用/停用图层蒙版

启用/停用图层蒙版的操作步骤如下。

(1) 在【图层】调板中选中带有图层蒙版的目标图层。

(2) 执行【图层】|【图层蒙版】|【启用/停用】菜单命令，即可启用或停用当前的图层蒙版。

(3) 也可以按住 Shift 键不放，然后在【图层】调板中通过单击目标图层的图层蒙版缩览图，在启用和停用图层蒙版两种状态之间反复切换。

(4) 当图层蒙版被停用后，【图层】调板中的图层蒙版缩览图上将出现一个红色叉号，同时，图像窗口的视图中显示出不带蒙版效果的图层内容。

4．应用图层蒙版

图层蒙版仅对图层的全部或部分像素内容起到临时性的修饰效果，并不会对图层的像素做任何实质性的改动。而使用【应用】命令，却会对图层的内容实施永久性的更改。

应用图层蒙版的操作步骤如下。

(1) 在【图层】调板中选中带有图层蒙版的目标图层。

(2) 执行【图层】|【图层蒙版】|【应用】菜单命令。

(3) 此时，图层蒙版缩览图立即消失，图层蒙版效果被应用于目标图层的图像中；同时，目标图层自动转换为普通图层。

8.4.5　矢量蒙版操作

矢量蒙版依据路径形状来定义图层中的显示区域，可在图层上创建锐化、无锯齿的边缘形状。

矢量蒙版有完整矢量蒙版与路径矢量蒙版两种类型。其中完整矢量蒙版显示的范围是图层或图层组的完整图像；而路径矢量蒙版显示的范围是图层或图层组中特定路径内部区域的图像。

完整矢量蒙版又分为显示型的矢量蒙版与隐藏型的矢量蒙版。前一种创建的为白色蒙版，图层或图层组中的内容全部可见；后一种创建的为灰色蒙版，图层或图层组中的内容全部被隐藏。

路径矢量蒙版由特定路径划分为内外两部分：路径内部的区域部分为白色，表示该区域的内容可见；路径外部的区域部分为灰色，表示该区域被蒙版所遮盖，其内容被隐藏而不可见。

矢量蒙版可以与图层蒙版一起，共存于某个图层之上。图层蒙版依赖于分辨率，只能通过与像素有关的命令或工具(如铅笔、画笔等绘图工具)进行创建与编辑。矢量蒙版却不依赖于分辨率，并只能通过与路径有关的命令或工具(如钢笔工具或形状工具等)进行创建与编辑。但在个别的操作方法与步骤上，如启用/停用蒙版，或删除蒙版等，两类蒙版却极为类似。

1. 创建完整的矢量蒙版

创建完整矢量蒙版的操作步骤如下。

(1) 打开图像文档，在【图层】调板中选中要操作的目标图层或图层组，并确保当前图像中没有任何路径存在。

(2) 执行【图层】|【矢量蒙版】|【显示全部】菜单命令，或者按住 Ctrl 键并单击【图层】调板工具栏中的【添加图层蒙版】按钮，为目标图层或图层组添加显示全部内容的矢量蒙版，如图 8.45 所示。

(3) 执行【图层】|【矢量蒙版】|【隐藏全部】菜单命令，或者按住 Ctrl+Alt 键并单击【图层】调板中的【添加图层蒙版】按钮，为目标图层或图层组添加隐藏全部内容的矢量蒙版，如图 8.46 所示。

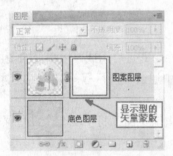

图 8.45 【图层】调板中显示型的矢量蒙版

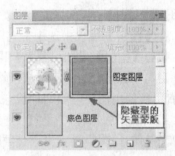

图 8.46 【图层】调板中隐藏型的矢量蒙版

2. 创建路径矢量蒙版

创建路径矢量蒙版的操作步骤如下。

(1) 打开图像文档，在【图层】调板中选中要操作的目标图层或图层组。

(2) 使用形状工具组中的某种形状工具，绘制出一个特定的路径。

(3) 执行【图层】|【矢量蒙版】|【当前路径】菜单命令，系统将根据当前的工作路径，自动建立起路径矢量蒙版。其中路径内部的图像内容可见，而路径外部的图像内容则被矢量蒙版所屏蔽。

图 8.47 和图 8.48 所示分别为创建出的路径矢量蒙版在【图层】调板与【路径】调板中的显示效果。

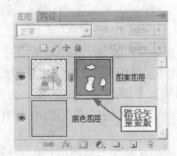

图 8.47 【图层】调板中的路径矢量蒙版

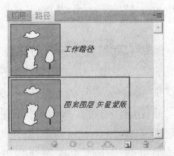

图 8.48 【路径】调板中的路径矢量蒙版

3. 编辑路径矢量蒙版

对于已经创建出来的路径矢量蒙版，可以使用路径选择工具组中的【直接选择工具】，对路径矢量蒙版的形状进行调整，从而制作出特殊的蒙版效果。

操作方法如下。

(1) 打开图像文档，在【图层】调板中选中带有要编辑路径矢量蒙版的图层或图层组。

(2) 从工具箱中选中【直接选择工具】，单击路径矢量蒙版，使其处于编辑状态。

(3) 按照调整路径的方法，对路径矢量蒙版的形状进行调整。

对于已经创建出来的矢量蒙版，无论为完整矢量蒙版还是路径矢量蒙版，都可以再用钢笔工具或形状工具在这类矢量蒙版中绘制新的路径，并结合路径组合运算模式的选择，制作出各类特殊的蒙版效果。

操作方法如下。

(1) 打开图像文档，在【图层】调板中选中带有要编辑矢量蒙版的图层或图层组。

(2) 从工具箱的形状工具组或钢笔工具组中选定合适的工具。

(3) 在工具选项栏中的【绘图模式】选项组中，选中【路径】模式。

(4) 在工具选项栏中的【路径组合模式】选项组中，选中要使用的路径组合运算模式。

(5) 在要编辑的矢量蒙版中进行其他路径的绘制，从而改变蒙版显示与屏蔽的内容范围。

4. 转换矢量蒙版为图层蒙版

在矢量蒙版中，无法应用滤镜与绘图工具，为此，可将矢量蒙版转换为图层蒙版，即对矢量路径进行栅格化，使之转化为基于像素的图层蒙版，然后就可以进行相应的操作了。

将矢量蒙版转换为图层蒙版的操作步骤如下。

(1) 打开图像文档，在【图层】调板中选中带有矢量蒙版的目标图层或图层组。

(2) 执行【图层】|【栅格化】|【矢量蒙版】菜单命令，或右击矢量蒙版，在弹出的快捷菜单中执行【栅格化矢量蒙版】菜单命令，均可将矢量蒙版转换为图层蒙版。

(3) 矢量蒙版转换为图层蒙版的过程是不可逆的，一旦将矢量蒙版转换为图层蒙版，将无法再将它改回原来的矢量状态。

关于剪贴蒙版的操作，由于篇幅所限，本书将不再予以介绍。

课 后 习 题

一、填空题

1. RGB 模式采用三原色模型，属于_____模式；而 CMYK 模式属于_____模式。

2. HSB 模式中，H 代表着_____，S 代表着纯度，B 代表着_____。

3. CMYK 模式由青(C)、_____(M)、_____(Y)及_____(K)4 种颜色混合而产生各种色彩。

4. Photoshop CS5 包含_____通道、Alpha(阿尔法)通道与_____通道 3 种类型。

5. 颜色通道划分为_____通道与_____通道两种类型。

6. 复合通道为所有的_____通道混合的显示效果，复合通道始终以_____显示。

7. 灰度模式图像由介于白到黑之间的_____级灰度所组成，没有色彩信息，色彩饱和度为_____，只有一个_____通道。

8. 利用【_____】调板，能够创建_____蒙版或矢量蒙版。

9. Photoshop CS5 的蒙版分为_____蒙版、_____蒙版、矢量蒙版、_____蒙版 4 种。

10. 蒙版为透明的_____图像，只有白灰黑三色。_____内容能够显示，代表的是图像中被选中的区域；_____内容被隐藏，代表着未被选中的区域。

二、单项选择题

1. CMYK 模式的图像有(   )个单色通道。

    A. 1   B. 2   C. 3   D. 4

2. RGB 模式的图像有(   )个单色通道。

    A. 1   B. 2   C. 3   D. 4

3. Lab 模式的图像共有(   )个通道。

    A. 1   B. 2   C. 3   D. 4

4. 索引颜色模式的图像最多可包含(   )种颜色。

    A. 2   B. 8   C. 256   D. 超过 167 万

5. 图像必须是(   )模式，才可以转换为位图模式。

    A. 灰度   B. 多通道   C. RGB   D. 索引颜色

6. 在快速蒙版模式下，用绘图像工具，以默认的颜色给图像绘涂出一个半透明的蒙版区域后，再切换到标准模式下，则会发生(   )现象。

    A. 蒙版区域以外的图像被选中   B. 蒙版区域中的图像被选中

    C. 整个图像都被选中   D. 图像中没有任何内容被选中

7. CMKY 模式的图像包含多个通道，这些通道分别是(   )。

    A. 青色、洋红和黄色 3 个通道   B. 红、绿、蓝 3 个通道

    C. 4 个 Alpha 通道   D. 青色、洋红、黄色和黑色 4 个通道

三、简答题

1. RGB 色彩模式的特点是什么？如何理解该模式的加色原理？

2. CMYK 色彩模式的特点是什么？如何理解该模式的减色原理？

3.【通道】调板的功能是什么？如何打开？该调板提供了哪些主要的操作命令？

4. Photoshop CS5 中提供了哪几种类型的通道？各有什么特点与作用？

5. 快速蒙版的操作包括哪些？如何实现？

6. 图层蒙版有哪些类型？如何创建这些类型？

7. Photoshop CS5 中提供了哪几种类型的蒙版？各有什么特点与作用？

8.【蒙版】调板的功能是什么？如何打开？该调板提供了哪些主要的操作命令？

9. 矢量蒙版与图层蒙版有何异同点？

10. 将矢量蒙版转换为图层蒙版有何意义？如何实现这种转换？

第 **9** 章　老照片的修复技法

学习目标

　　本章以老照片的修复操作为依托，讲述图像的修复技巧。通过本章的学习，要求读者能够熟练掌握【标尺工具】、【污点修复画笔工具】、【修补工具】的应用技巧。并能够熟悉【修复画笔工具】、【红眼工具】、【仿制图章工具】和【图案图章工具】的功能与用法。

　知识要点

1. 图像旋转的操作方法
2. 【标尺工具】的用法
3. 拉直校正图像的操作方法
4. 【污点修复画笔工具】的操作方法
5. 【修复画笔工具】的操作方法
6. 【修补工具】的操作方法
7. 【红眼工具】的操作方法
8. 【仿制图章工具】的操作方法
9. 【图案图章工具】的操作方法
10. 【去色】命令的操作方法

　核心技能

1. 应用【标尺工具】拉直图像的技能
2. 应用【裁剪工具】校正与裁剪图像的技能
3. 灵活运用修复工具组中各工具的技能
4. 灵活运用图章工具组中各工具的技能

分解的任务进程

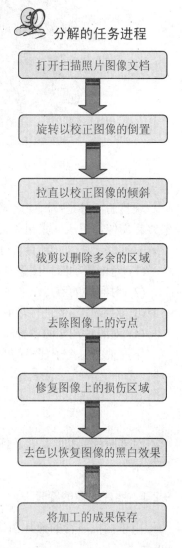

打开扫描照片图像文档

↓

旋转以校正图像的倒置

↓

拉直以校正图像的倾斜

↓

裁剪以删除多余的区域

↓

去除图像上的污点

↓

修复图像上的损伤区域

↓

去色以恢复图像的黑白效果

↓

将加工的成果保存

9.1　任务描述与步骤分解

　　现有一张珍贵的老照片，由于年岁久远，老照片上布满锈迹、污点，还有几片破损处露出的白色区域。

　　为抢救这张"伤痕累累"的老照片，首先将它的图像进行扫描，得到"老照片.BMP"文档，其内容如图 9.1 所示。

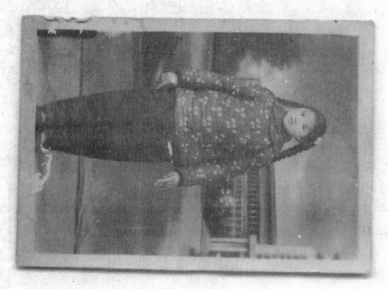

图 9.1　原始照片的扫描图像

　　项目的任务是：对"老照片.bmp"图像文档进行必要的处理，校正与修复图像中的缺陷，最终将图像加工成一张相对较为"完美"的黑白照片图像。最后的效果如图 9.29 所示。

　　根据以上要求，项目可分解为以下 4 个子任务。

　　(1) 对倒置的照片图像进行旋转。

　　(2) 对倾斜的照片图像进行拉直校正。

　　(3) 对照片图像进行裁剪。

　　(4) 对照片图像的各种缺陷进行修复。

　　下面说明每个子任务的实现过程。

9.2　照片修复过程描述

　　对老照片的修复，涉及到图像的旋转、拉直、裁剪、污点去除、损伤部位的修补及恢复黑白效果等操作。

9.2.1　照片图像的旋转

　　由于扫描所得的照片图像为倒置效果，对照片进行处理之前，首先应将图像逆时针旋转90 度。

提示:

Photoshop 的【图像旋转】命令能够实现对画布中整个图像的水平翻转或垂直翻转操作。翻转后的图像与原图像在平面坐标系中，分别按垂直轴或水平轴呈对称分布。

【水平翻转画布】子命令使图像沿垂直坐标轴进行翻转;【垂直翻转画布】子命令使图像沿水平坐标轴进行翻转。

旋转照片图像的主要步骤如下。

(1) 从相应的随书资源库中打开扫描图像文件"老照片.BMP"。

(2) 应用【缩放工具】🔍，将打开的照片图像缩放到合适的比例大小。

(3) 执行【图像】|【图像旋转】菜单命令，打开如图 9.2 所示的级联菜单。

(4) 执行级联菜单中的【90 度(逆时针)】命令;或者执行【任意角度】子命令，打开【旋转画布】对话框，在对话框的【角度】文本框中输入旋转的角度值"90"，选中【度(逆时针)】单选按钮，如图 9.3 所示。

图 9.2　【图像旋转】的级联菜单　　　　　图 9.3　【旋转画布】对话框

提示:

【任意角度】命令能够实现图像的任意角度旋转。执行该命令时，需要在【旋转画布】对话框中输入旋转的角度值。角度值的范围从-359.99 度到 359.99 度，角度值所带的正负号代表着图像旋转的方向，其中正号代表顺时针方向，负号代表逆时针方向。

(5) 单击【确定】按钮，完成旋转操作，得到如图 9.4 所示的效果。

提示:

【图像旋转】命令旋转的对象是画布中的整个图像，而不管图像中是否定义了选区。如果只想旋转图像的一部分，则首先用选框工具在图像中创建目标选区，然后使用【编辑】|【变换】命令，对目标选区进行旋转、缩放、变形等操作。

9.2.2　照片图像的拉直校正

在照片扫描时，由于照片自身的原因，或者在将照片放置到扫描板上时所产生的偏差等原因，出现了照片图像的倾斜现象。这种倾斜效果，需要通过【标尺工具】与拉直或旋转命令加以校正。

【标尺工具】存在于吸管工具组中，其按钮图标为

图 9.4　对照片逆时针旋转 90 度后的效果

，如图 9.5 所示，主要是用来提供画布中的两个指定点之间的距离和角度的测量值。

校正照片图像的主要步骤如下。

(1) 应用【缩放工具】，将旋转后的照片图像缩放到合适的比例大小；或直接在标题功能栏中的定制图像缩放比例组合框中输入一个缩放的比例值。

(2) 执行【视图】|【标尺】菜单命令，打开标尺；单击横向标尺，按住鼠标左键，向下拖曳出一条水平参考线，使照片图像有效区域的左下角正好落在该参考线上，如图 9.6 所示。

(3) 在工具箱中，右击吸管工具组按钮(默认图标为 ✐)，或在工具组按钮上按住鼠标，停留一会，将弹出如图 9.5 所示的工具列表。

(4) 在工具列表中单击【标尺工具】按钮，鼠标指针将变为带有加号的尺子形状 ✐。

(5) 在照片图像窗口中，将鼠标指针移到照片图像有效区域的左下角，按住鼠标左键，即可拉出一条可变动的直线段，这条线段就是测量线。

📁 提示：

在绘制测量线时，如果按住 Shift 键，则测量线只能为直线类型，即测量线只能按 45° 倍角的比例绘制。

(6) 沿着照片有效区域向右拖动测量线，使它与照片有效区域下端边缘重合。

(7) 松开鼠标，即可在图像窗口中创建出一条测量线，测量线与水平参考线之间有一个倾斜偏角，如图 9.6 所示。

图 9.5　吸管工具组的工具列表　　　　　图 9.6　用【标尺工具】创建的测量线

(8) 此时，标尺工具选项栏状态如图 9.7 所示。

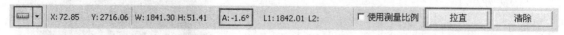

图 9.7　【标尺工具】按钮

(9) 在工具选项栏中，字母"A"后面显示出的带有负号的数值即为测量线的倾斜角度值；当前照片图像读出的倾斜角度值为-1.6°。

(10) 还可以执行【窗口】|【信息】菜单命令，打开如图 9.8 所示的【信息】调板，调板中显示出与当前测量线相关的长度、高度、倾斜角度等参数的详细信息；从调板中也可以读出测量线的倾斜角度值。

(11) 执行【图像】|【图像旋转】|【任意角度】菜单命令，打开【旋转画布】对话框。

(12) 在对话框中，拉直测量线需要校正的倾斜角度值与旋转的方向已经被系统自动设置，如图 9.9 所示。

(13) 单击对话框中的【确定】按钮，完成照片图像的旋转拉直校正，消除照片的倾斜现象。

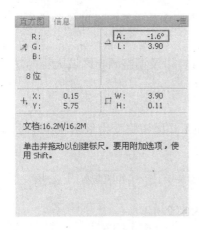

图 9.8　【信息】调板　　　　　　　　图 9.9　系统自动设置的【旋转画布】对话框

　　(14) 更简单的做法是：单击工具选项栏中的【拉直】按钮，使照片图像按照测量线的倾斜角度值进行旋转拉直校正。

　　图 9.10 和图 9.11 所示分别为照片图像拉直校正前与校正后的效果。

图 9.10　拉直校正前的照片图像　　　　　图 9.11　拉直校正后的照片图像

提示：

　　多数情况下，系统在【旋转画布】对话框中自动设置的旋转角度值与工具选项栏中显示出的角度值在精度上会有一点微小的出入。通常前者能够精确到 2 位小数，而后者只精确到 1 位小数。两个角度值在精度上的微小差异，并不会影响校正的最终效果，无论用哪个数值进行图像旋转，都会得到相同的效果。

9.2.3　照片图像的裁剪

　　由于保存的年代过于久远，老照片空白边缘的左下角已经产生了缺损，需要使用【裁剪工具】将老照片的边缘裁掉。同时，照片中的人物在图幅中不居中，也需要通过裁剪操作，剪切掉一些多余的景物，从而更加突出人物形象。

【裁剪工具】提供了裁切矩形选区以外的多余像素部分，以及调整画布区域大小的功能，是改变图像画布尺寸常用的工具。

裁剪照片图像的主要步骤如下。

(1) 单击工具箱中的【裁剪工具】按钮 ，鼠标指针在工作区中将变为 形状；同时，【裁剪工具】选项栏如图 9.12 所示。

图 9.12 【裁剪工具】选项栏初始状态

(2) 按住鼠标左键，在照片图像区域中拖出一个矩形裁剪框，将要保留的图像区域圈在裁剪框中。

(3) 感觉满意后，松开鼠标左键，创建出保留的图像区域。

(4) 此时，裁剪框的正中心出现 1 个中心标识 ，边线四周出现 8 个控制柄 ；同时，【裁剪工具】选项栏切换为如图 9.13 所示的状态。

(5) 在当前的工具选项栏中，对裁剪框的属性进行以下设置：为【裁剪参考线叠加】模式选择【三等分】选项，使得裁剪框中出现参考线，选中【屏蔽】复选框，将【颜色】属性设置为黑色，设定【不透明度】的属性值为 100%，从而将裁剪框以外的像素区域屏蔽为黑色，如图 9.13 所示。

图 9.13 切换后的【裁剪工具】选项栏状态

(6) 如果对裁剪框的位置不满意，可以将鼠标移至裁剪框中，按住鼠标左键，任意移动裁剪框的位置。

(7) 如果对裁剪框的大小不满意，可以用裁剪框的控制柄来调整裁剪框矩形区域的大小。

(8) 可以对裁剪框进行任意角度的旋转，从而实现对倾斜图像的校正处理。旋转裁剪框的操作方法为：将鼠标光标放到裁剪框外，光标将变成旋转形状标识 ；按住鼠标左键，可以将裁剪框围绕着中心标识进行任意旋转。

(9) 在裁剪框内双击，或按 Enter 键，执行照片的裁剪操作。此时，裁剪框外的像素部分被切除，只留下裁剪框内的图像。

图 9.14 与图 9.15 所示为对旧照片图像实施裁剪前后的不同效果。

提示：

在【裁剪工具】选项栏中选中【透视】复选框，可通过拖动裁剪框 4 个角点上的控制柄，完成具有透视裁剪效果的图像加工。所谓透视裁剪，是指勾画并选择出一个变形的非矩形图像区域，通过裁剪该区域，使变形的图像被拉伸或延展成规则矩形区域，从而使变形的那部分图像得以校正。

图 9.14　在照片图像中拉出的裁剪框

图 9.15　裁剪后的照片图像效果

图 9.16 与图 9.17 所示为对图像的部分区域实施透视裁剪前后的不同效果。

图 9.16　对部分变形的图像实施透视裁剪

图 9.17　透视裁剪后的效果

9.2.4　拉直与裁剪照片图像的简化操作

由于裁剪框本身就可以实现旋转操作，所以可以用【裁剪工具】同时完成照片图像的拉直校正与裁剪两类操作。

操作步骤如下。

(1) 在工具箱中选中【直线工具】，沿着照片图像的右边缘线绘制出一条红色直线，作为旋转裁剪框的参照线，如图 9.18 所示。

(2) 单击【裁剪工具】按钮，在照片图像窗口中，拉出一个大致的裁剪框。

(3) 通过拖动裁剪框上的控制柄，对裁剪框的范围大小进行调节，直至得到满意的效果。

(4) 将鼠标光标移到裁剪框外，按住鼠标左键，将裁剪框围绕着中心标识，按顺时针方向旋转大约 1.6 度角，使裁剪框右边线与红色参照线基本平行，如图 9.19 所示。

(5) 在裁剪框内双击，或按 Enter 键，执行照片的裁剪操作，得到与图 9.15 相似的结果。

图 9.18　做出参照线用来旋转裁剪框　　　　　　图 9.19　旋转后的裁剪框

操作技巧： (1) 如果将裁剪框的控制柄拖动到画布以外的区域，则可扩展原图像画布的大小。

(2) 用鼠标拖动方式创建裁剪框时，如果按住 Shift 键的同时拖动鼠标，则裁剪框将始终保持为宽高等同的正方形区域。

(3) 当用【裁剪工具】拉出裁剪框，但并未确定时，此时如果在工具箱中选择其他工具，系统将弹出一个提示"要裁剪图形吗"的消息框，单击消息框中的【裁剪】按钮，也能够实现裁剪操作。

9.2.5　照片图像缺陷的修复

经过倾斜校正与裁剪操作后的照片图像，依然存在着一些瑕疵、污点、划痕及损坏部分。需要借助于 Photoshop 的修复工具组与图章工具组，进一步加以处理。

1. 去除照片上的污渍与污点

由于年代久远，老照片的图像上很容易出现一些锈斑或污点，如图 9.20 所示。这些锈斑或污点通常面积很小，并且与周围像素的颜色差异较大，宜于选用【污点修复画笔工具】来进行处理。

【污点修复画笔工具】使用异常方便，只须在要修复的位置上单击或涂抹，该工具就能够在修复位置边缘寻找相似的像素并进行自动匹配。

用【污点修复画笔工具】去除污点的操作步骤如下。

(1) 在工具箱中选中图标为 的【污点修复画笔工具】，鼠标指针立即变为一个圆形标识。

(2) 在相应的工具选项栏中，单击画笔右侧的黑色三角，打开【画笔选取器】面板，如图 9.21 所示。

图 9.20　带有锈斑与污点的局部照片图像

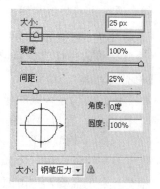

图 9.21　【画笔选取器】面板

(3) 在面板中，通过移动滑块，或直接在【大小】文本框中输入数值，来设置一个适当的画笔直径大小(单位为像素)，画笔大小应略大于要修复的污点区域。本例中，设置画笔大小值为 25px。

(4) 回到工具选项栏，从【模式】下拉列表中选择【正常】选项；在【类型】单选按钮组中选中【近似匹配】作为【污点修复画笔工具】自动取样的模式类型(系统默认选项为【内容】识别)；其他选项保持系统默认，设置的结果如图 9.22 所示。

图 9.22　设置后的【污点修复画笔工具】工具选项栏

(5) 为保证操作的精细，可对照片图像进行适当比例的放大。

(6) 移动鼠标指针到每个要修复的污点处逐个单击，或按住鼠标进行涂抹，对污点加以修复，直到污点全部消除为止。

图 9.23 所示为带有诸多污点色斑的照片图像；图 9.24 为使用【污点修复画笔工具】去除这些瑕疵后的效果。

图 9.23　带有污点的照片图像

图 9.24　去除污点后的照片图像

2. 修补照片上的损伤与划痕

由于保存不当，可能导致老照片上出现一些损伤区域或划痕。与面积较小的污点的处理方法不同，这些划痕或损伤部分面积较大，无法用【污点修复画笔工具】来有效修复，此时，应当选用【修补工具】。

【修补工具】用其他区域的像素或图案作为样本，精确地修整选中的目标区域。【修补工具】在修复的同时，会自动保留图像原来的纹理、亮度、阴影与层次等信息。

用【修补工具】修复损伤区域的操作步骤如下。

(1) 在工具箱中选中图标为 ⚙ 的【修补工具】，鼠标指针立即变为 ⚙ 图形标识。

(2) 根据任务的需要，在相应的工具选项栏中设置选项：通常将选区的创建模式设定为【新选区】；选中【修补】单选按钮组中的【源】单选按钮；其他选项保持系统默认即可，设置后的工具选项栏如图 9.25 所示。

图 9.25 设置后的【修补工具】工具选项栏

(3) 在老照片中，选出 3 块损伤区域，分别标识为 A、B、C 3 个区域，如图 9.26 所示。下面将用【修补工具】修复这 3 个区域。

(4) 使用【修补工具】的指针标识，在待修复的图像区域周围拖曳，创建任意形状的选区；也可以使用其他的选择工具为待修复区域创建选区。

(5) 将鼠标移到待修复的区域中，按住鼠标左键，将待修复区域拖曳到要用来替换选区内容的采样区域位置；在拖曳的过程中，待修复区域的内容随着拖动到的位置而不断变化。

(6) 此处仅以 B 区域为例，用【修补工具】将其圈起来，创建一个不规则的选区；然后用鼠标将该选区拖曳到与之对称的左侧位置，此时，B 区域的空白内容显示为左侧位置的像素图像，如图 9.27 所示。

图 9.26 带有损伤区域的照片图像

图 9.27 对 B 区域进行修补

(7) 释放鼠标后，待修复选区的内容将被采样区域的像素所置换。

(8) 按 Ctrl+D 组合键，取消当前选区的定义。

(9) 以同样的方法，将另外两个区域的内容替换为最合适位置处的像素内容。

3. 恢复照片的黑白效果

由于保存时间过于长远，老照片图像的颜色已经随着岁月的流逝而变得发黄。使用【去色】命令，可以去除偏黄的颜色，恢复老照片的黑白效果。

【去色】命令使用非常简单，操作步骤如下。

(1) 经过前面的修复操作，照片图像效果如图 9.28 所示。

(2) 保持图像的打开状态，执行【图像】|【调整】|【去色】菜单命令，或按 Shift+Ctrl+U 组合键，照片图像被转换为黑白效果，如图 9.29 所示。

图 9.28　修复后的照片图像　　　　　图 9.29　转换为黑白效果的照片图像

(3) 执行【文件】|【存储为】菜单命令，将加工后的图像文档存储为"修复的老照片.PSD"文件。

9.3　核心知识

图像的修复与修饰是 Photoshop 图像处理的重要内容。修复图像是指对有缺陷的图像进行修补与加工，将多余的像素予以去除，从而达到去除这些缺陷的目的；而修饰图像是指对图像的局部细节进行加工与处理，如模糊、颜色加深等。

9.3.1　概述

Photoshop CS5 提供了以下两类工具组，用来对图像上的瑕疵、污点、褶皱、破损区域等缺陷进行修补。

1. 修复工具组

该工具组包含【污点修复画笔工具】、【修复画笔工具】、【修补工具】与【红眼工具】，如图 9.30 所示。这四类工具作为图像处理的重要工具，在修复图像时作用非常大。其中【污点修复画笔工具】用来快速去除图像中的污点或不理想的像素部分；【修复画笔工具】与【修补工具和】可利用样本或图案修复图像中不理想的像素部分；红眼工具可从图像中消除闪光灯造成的红色反光现象。

2. 图章工具组

该工具组包含【仿制图章工具】和【图案图章工具】，如图 9.31 所示。这两类工具都属于复制工具，常用于修复图像或制作特效。其中【仿制图章工具】可以将图像的一部分像素仿制到同一图像的另一部分或仿制到具有相同颜色模式的其他图像文档中，常用于对象的复制或缺陷的移除，能够简化图像中特定区域的替换；而【图案图章工具】则利用图案进行绘画，覆盖住一个区域的像素。

图 9.30　修复工具组包含的工具

图 9.31　图章工具组包含的工具

9.3.2　修复工具组

Photoshop CS5 的 4 种工具工作原理十分近似，但又各有所长，分别应用于不同的场合。在修复图像缺陷的过程中，通常将它们结合起来运用，以追求较高的操作效率和最佳的处理效果。

1. 污点修复画笔工具

【污点修复画笔工具】能够快速地去除图像中的污点或小瑕疵。该工具简单易用，应用前不需要用户获取样本点，工具将从所要修复区域的周围自动取样，来替换待修复部分的像素，并且会将样本像素的纹理、光照、透明度、阴影等属性与所修复的像素进行匹配。

【污点修复画笔工具】对应的工具选项栏状态如图 9.32 所示。

图 9.32　【污点修复画笔工具】的工具选项栏

【污点修复画笔工具】的主要选项意义说明如下。

(1)【画笔】选项：用来设置画笔的形状与直径的大小。

(2)【模式】下拉列表框：用来设置复制的目标图像与源图像间的融合模式。共包含【正常】、【替换】、【正片叠底】等 8 种模式。

(3)【类型】单选按钮组：用来设置自动取样的模式，包含 3 种不同的类型选项。选中【近似匹配】单选按钮，自动修复的像素能够获得较平滑的修复结果；选中【创建纹理】单选按钮，自动修复的像素能够以修复区域周围的纹理来填充修复结果；【内容识别】单选按钮为系统默认的类型，选中该类型，系统会根据要修复区域周围的颜色环境，自动选取适当的像素并应用。

(4)【对所有图层取样】复选框：在修复的过程中用来指示取样于所有可见图层的像素。

【污点修复画笔工具】的用法如下。

(1) 在工具箱中选中【污点修复画笔工具】，鼠标指针变为一个圆形标识。

(2) 在对应的工具选项栏中，单击画笔右侧的黑三角，打开【画笔选取器】面板，如图 9.21 所示。

(3) 通过移动滑块，或直接在【大小】文本框中输入值(单位为像素)，来设置一个适当的画笔直径大小值，该值应使画笔略大于要修复的污点区域。

(4) 从【类型】单选按钮组中，选择一个工具自动取样模式的类型。

(5) 根据需要，在工具选项栏中设置其他的选项参数。

(6) 对每个要修复的污点逐个单击或涂抹，加以修复。

2. 修复画笔工具

与【污点修复画笔工具】不同，【修复画笔工具】要求用户先指定采样区域，然后将采样区域的图像像素或指定的图案作为样本，复制到自身图像的其他部分或另外的图像中，从而实现瑕疵的校正。

在修复过程中，【修复画笔工具】可以只复制采样区域像素的纹理，而保留修复区域自身的颜色与亮度等属性，并尽量将修复区域的边缘与周围的像素融合起来。

【修复画笔工具】对应的工具选项栏状态如图 9.33 所示。

图 9.33　【修复画笔工具】的工具选项栏

【修复画笔工具】的用法如下。

(1) 选中【修复画笔工具】，鼠标指针变为一个圆形标识。

(2) 在对应的工具选项栏中，设置适当的画笔大小，做法同【污点修复画笔工具】。

(3)【源】栏中包含两种单选按钮：如果要用采样区域的图像来作为填充修复区域的内容，需要选中【取样】单选按钮；否则，如果要用图案来填充修复区域，则需要选中【图案】单选按钮。

(4)【取样】单选按钮被选中时，先要按住 Alt 键，当指针变为⊕标识时，在采样点上单击获得图像样本；然后松开鼠标与 Alt 键，指针变为带有图像背景的圆形标识，此时用鼠标对待修复的区域进行单击或涂抹操作，即可将样本图像应用于修复区域。

(5)【图案】单选按钮被选中时，右侧的【图案拾色器】下拉列表框将变得可用；先从下拉列表中选择要应用于待修复的区域的图案，然后用鼠标对待修复的区域进行单击或涂抹操作，即可将选择的图案应用于修复区域。

(6)【对齐】复选框主要适用于【取样】模式，用来控制每一次重新单击并拖曳鼠标时，复制样本图像的方式。当该复选框被选中时，能够以采样点为基点，向各个方向连续复制出整个图像；当取消选中该复选框时，则不会连续复制整个图像，每次单击，系统只会重新复制样本图像。

(7)【样本】下拉列表框提供了对取样所用图层类型的选择。

3. 修补工具

【修补工具】可以将图像的一部分或选中的图案复制到同一幅图像的其他选中区域(该区域称为修补工具作用域)，从而实现图像的修补。

【修补工具】的作用与【修复画笔工具】相似，不同之处在于前者可以只复制采样区像素的纹理到修补工具作用域，而会将工具作用域的颜色与亮度保持不变，并尽量将工具作用域的边缘与周围的像素融合。

【修补工具】对应的工具选项栏状态如图 9.34 所示。

图 9.34 【修补工具】的工具选项栏

【修补工具】的用法较为特殊，详解如下。

(1) 选中【修补工具】，鼠标指针变为 图形标识。

(2) 首先要在对应的工具选项栏中，从【修补】栏中的两种单选按钮中选中一种。

(3) 当选中【源】单选按钮时，按住鼠标并拖曳，将待修复的区域定义为一个源选区；然后将该源选区拖曳到要用来替换源选区内容的目标图像区域(即采样的目标区域)位置；松开鼠标后，源选区的内容已被目标区域的内容所置换；最后执行【选择】|【取消选择】菜单命令，或按 Ctrl+D 组合键，取消选区的定义。

(4) 当选中【目标】单选按钮时，按住鼠标并拖曳，将采样的目标区域定义为一个目标选区；然后将该选区拖曳到待修复的区域，使目标选区能够覆盖住修复区；松开鼠标后，修复区的内容已被目标区域的内容所置换；最后按 Ctrl+D 组合键，取消选区的定义。

(5) 【透明】复选框用来控制选区内容的透明性。

提示：

(1) 【修补工具】能够像【套索工具】一样，创建不规则的选区。

(2) 【源】与【目标】两种修补方式是互斥的，实际使用时，只能选择一个，二者的操作过程恰好相反。

(3) 用【修补工具】定义选区时，选区应定义得尽可能小，以获得最佳的效果。

4. 红眼工具

红眼现象经常产生于使用闪光灯拍照的过程中。当周围光线较暗时，人或动物的瞳孔会极力扩张。此时拍照，瞳孔如果在这一瞬间来不及收缩，视网膜中的毛细血管会被拍摄到照片上，从而表现出眼睛发红的现象。

【红眼工具】 主要用来清除拍摄过程中由于使用闪光灯而引起的红眼现象；同时也可用来移除拍照时产生的白色或绿色反光。

【红眼工具】对应的工具选项栏状态如图 9.35 所示。

图 9.35 【红眼工具】的工具选项栏

【红眼工具】的用法非常简单：选中【红眼工具】；在工具选项栏中设置适当的参数，主要是设定瞳孔的大小与瞳孔的暗度值；用鼠标在红眼区域拖出选择框；释放鼠标即可将选择框中的红眼现象修复为正常效果。

9.3.3 图章工具组

图章工具组中的两类工具能够简化图像中特定区域的替换。

1. 仿制图章工具

【仿制图章工具】可以准确地复制图像的一部分或全部像素，以用来产生图像的局部或全部的一个备份。

【仿制图章工具】对应的工具选项栏状态如图 9.36 所示。

图 9.36 【修复画笔工具】的工具选项栏

【仿制图章工具】的用法如下。

(1) 从工具箱中选中【仿制图章工具】。

(2) 根据实际需要，在对应的工具选项栏中设置各个选项参数。

(3) 按住 Alt 键，指针变为 ⊕ 标识。

(4) 在作为仿制数据源的图像处单击，获取图像样本。

(5) 松开鼠标与 Alt 键，鼠标指针变为带有图像样本的圆形标识。

(6) 单击需要复制图像的位置，即可将样本图像复制于该位置。

(7) 如果按住鼠标左键不放的同时拖曳鼠标，可将复制的区域扩大。

(8) 重新取样后，在图像上拖曳鼠标，则将复制新的图像样本。

提示：

使用【仿制图章工具】，可以在几个同时打开的图像文档之间进行这种图像的复制，但要求这些不同的图像文档具有相同或兼容的图像格式、分辨率与颜色模式。

2. 图案图章工具

【图案图章工具】可以将系统预定义的图案或用户自定义的图案填充到图像区域中去。

【图案图章工具】对应的工具选项栏状态如图 9.37 所示。

图 9.37 【修复画笔工具】的工具选项栏

【图案图章工具】选项栏中的选项与【仿制图章工具】选项栏的极为近似。主要不同之处在于：【图案图章工具】直接用图案作为样本进行填充，因此不需要先按住 Alt 键进行取样。此外，选中【印象派效果】复选框，会使填充的图案产生印象派绘画的特殊效果。

【图案图章工具】的用法如下。

(1) 从工具箱中选中【仿制图章工具】。

(2) 根据实际需要，在对应的工具选项栏中设置主要的选项。

(3) 若要使用系统预定义图案填充，只须单击工具选项栏中的【图案预览】下拉列表框，打开【图案拾色器】面板，从面板中选择一种图案方案。

(4) 若要使用自定义的图案作为填充的样本，需要先用【矩形选框工具】选择需要定义为图案的图像区域，并执行【编辑】|【定义图案】菜单命令，将图案先存储起来；然后再打开【图案拾色器】面板，从面板中寻找并选用新定义的图案。

(5) 定义好图案后，按住鼠标左键，在需要复制的目标位置上拖动鼠标，逐个像素地复制图案即可。

提示：

若要选择某个区域的图像作为【图案图章工具】的样本图案，选择所用的工具必须为【矩形选框工具】，并且要确保其工具选项栏中的【羽化】选项值为 0。

课 后 习 题

一、填空题

1. 无需用户获取样本点，工具将自动取样的修复工具为【＿＿＿＿】。

2.【红眼工具】用来清除照片拍摄过程中因为使用闪光灯而引起的＿＿＿＿现象；同时也可用来清除拍照时产生的白色或＿＿＿＿反光。

3.【＿＿＿＿】在修复过程中只复制采样区域像素的纹理，而保留修复区域自身的颜色与亮度。

4. 在使用【修补工具】时，当选中工具选项栏中的【＿＿＿＿】单选按钮后，若将源选区拖曳到采样的目标区域，则源选区的内容将目标区域的内容替换。

5.【＿＿＿＿】用来复制图像的部分或全部像素，以产生图像的局部或全部的一个备份。

6. 若要存储自定义图案作为【图案图章工具】可用的填充样本，需要先用【＿＿＿＿】选择需要定义的图像区域，然后再执行【＿＿＿＿】|【定义图案】菜单命令。

7. 将图像转换为黑白效果的菜单命令为【图像】|【调整】|【＿＿＿＿】。

二、单项选择题

1. 以下关于【修复画笔工具】工具选项栏选项的说法中，错误的是(　　)。
   A. 选中【取样】选项后，取样时必须按住 Alt 键
   B. 选中【图案】选项，并选择【正常】模式时，该工具和【图案图章工具】效果相同
   C. 选中【图案】选项，并选择【替换】模式时，该工具和【图案图章工具】效果相同
   D. 选中【对齐】选项，能够连续修复一个完整的图像；否则，每次松开和按住鼠标，都会以取样点为起点重新进行修复

2.【修补工具】的快捷键是(　　)。
   A. B 键　　　　　　B. F 键　　　　　　C. J 键　　　　　　D. X 键

3. 执行【编辑】|【变换】|【垂直翻转】菜单命令，可以使(　　)产生翻转效果。
   A. 当前图层　　　B. 所有可见图层　　C. 画布　　　　　D. 整个图像窗口

4. 能够使用其他区域或图案中的像素来修复目标区域的工具是(　　)。
   A.【污点修复画笔工具】　　　　　　B.【红眼工具】
   C.【修复画笔工具】　　　　　　　　D.【橡皮擦工具】

5. 以下关于【修复画笔工具】的说法中，正确的是(　　)。
   A. 该工具不可以改变画笔的大小
   B. 该工具不可以使用预置的图案进行修复操作
   C. 该工具和【图案图章工具】的用法相似，只是只能实现图像的复制
   D. 该工具在使用时，需要先定义取样的源，然后进行复制

三、简答题

1. 修复工具组包含哪些工具？各有什么用途？

2. 【修复画笔工具】与【修补工具】在功能上有哪些相同之处？又有哪些不同之处？

3. 【污点修复画笔工具】有什么用途？如何使用？

4. 【红眼工具】有什么用途？如何使用？

5. 图章工具组包含哪些工具？各有什么用途？

6. 【仿制图章工具】和【图案图章工具】在使用中有何相同之处？又有哪些不同之处？

7. 【修复画笔工具】与【仿制图章工具】在功能上有何相同之处？有何不同之处？

8. 如何将彩色照片转换为黑白照片？

9. 如何使用【标尺工具】校正倾斜的图像？

第 10 章 色彩与色调调整

 学习目标

本章以校正照片色彩与色调的项目案例为依托，讲述图像色彩的基础知识与调整方法。通过本章的学习，要求读者能够熟练掌握各种色彩调整与色调校正命令的用法，并能够掌握【调整】调板和【直方图】调板的功能与用法。

 知识要点

1. 图像色彩要素概念的理解
2. 【亮度/对比度】命令的操作方法
3. 【色相/饱和度】命令的操作方法
4. 【色彩平衡】命令的操作方法
5. 【去色】命令的操作方法
6. 【替换颜色】命令的操作方法
7. 【变化】命令的操作方法
8. 【色阶】命令的操作方法
9. 【曲线】命令的操作方法
10. 【阈值】命令的操作方法
11. 【色调分离】命令的操作方法

 核心技能

1. 应用多种命令调整色调的技能
2. 应用多种命令调整色彩的技能
3. 灵活运用【调整】调板的技能
4. 灵活运用【直方图】调板的技能

分解的任务进程

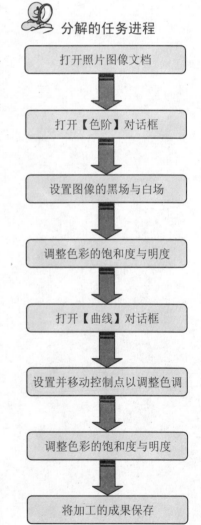

打开照片图像文档

打开【色阶】对话框

设置图像的黑场与白场

调整色彩的饱和度与明度

打开【曲线】对话框

设置并移动控制点以调整色调

调整色彩的饱和度与明度

将加工的成果保存

10.1　任务描述与步骤分解

现有一张名为"兄妹照.JPG"的彩色照片,其内容如图 10.1 所示。

由于拍摄时受到天气、时间及拍摄角度等因素的影响,照片的色彩效果不太理想。主要缺陷是照片曝光不足,整体色调偏暗,不够明快,特别是男孩的额头与面部色调过暗;而作为映衬背景的树木与植被,色彩过于沉郁,从而削弱了人物表情与情绪的渲染效果,给人造成一种忧郁压抑的氛围。

本项目的任务是:利用 Photoshop CS5 的色彩调整与色调调整命令,对原照片图像进行必要的处理,以加亮人物形象的色彩,加大近景人物与远景树木的色调差异,校正图像中存在的缺陷。最终将照片加工成如图 10.2 所示的效果。

　　图 10.1　"兄妹照.JPG"图像文档的内容　　　　　图 10.2　色调与色彩调整后的效果

根据任务要求,项目可分解为以下两个子任务。

(1) 运用【色阶】命令及【色相/饱和度】命令,对照片图像进行色彩与色调的调整。

(2) 运用【曲线】命令及【色相/饱和度】命令,对照片图像进行色彩与色调的调整。

下面说明每个子任务的实现过程。

10.2　调整照片色彩与色调的过程描述

Photoshop CS5 为图像色彩、色调的处理提供了极为丰富的命令与工具。下面分别通过【色阶】命令与【曲线】命令两种不同的方式,来实现同样的处理任务,获得相似的处理效果。

10.2.1　设置黑白场与色彩饱和度

首先执行【色阶】命令,设置照片的黑场与白场。然后再对照片中不同色相的色彩饱和度与明度进行调整,以获得理想的图像效果。

1. 用【色阶】命令设置照片的黑白场

【色阶】命令是最为常用的色彩与色调调整命令之一。利用该命令，能够优化与调整图像的颜色，纠正偏色现象，提高图像的显示质量。【色阶】命令提供了 3 个吸管工具，可用来在图像中设置黑场、灰场与白场。

下面尝试着使用黑白场对照片的明暗色调进行调整。

使用【色阶】命令调整照片色调的步骤如下。

(1) 打开"兄妹照.JPG"图像文档，图像窗口内容如图 10.1 所示。

(2) 执行【图像】|【调整】|【色阶】菜单命令，或按 Ctrl+L 快捷键，打开如图 10.3 所示的【色阶】对话框。

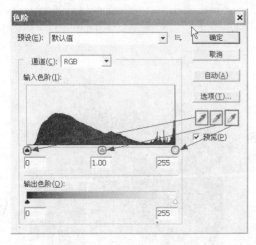

图 10.3　【色阶】对话框

(3) 对话框中的色阶直方图反映了当前照片图像的像素明暗分布状态。不难看出，要处理的照片图像具有以下特征：直方图左边较暗的像素数量较多，右边较亮的像素数量较少，而中间色调的像素数量偏低，整个色阶分布不够均衡，从而造成了图像色彩偏暗的效果。

(4) 在【色阶】对话框中单击选中【在图像中取样以设置黑场】按钮 ，当将鼠标移至图像窗口中时，鼠标指针将变成相应的吸管状图标 。

(5) 在男孩墨镜镜片中央处单击黑色吸管，设置黑场的取样点，将该点的像素色调值转换为黑场；与此同时，整个图像上所有的像素色调都将自动随着做相应的运算转换，最终得到的图像效果如图 10.4 所示。可以看到，图像色彩明快了许多。

(6) 在【色阶】对话框中单击选中【在图像中取样以设置白场】按钮 ，在女孩白色上衣某处单击白色吸管，设置白场的取样点，将该点的像素色调值转换为白场，图像立即显示为如图 10.5 所示的效果。

图 10.4　设置黑场后的图像效果

图 10.5　设置白场后的图像效果

(7) 当重设了照片的黑白场以后，从【色阶】对话框中的直方图上可以看出色阶的变化：原本过于集中在暗调区域中的像素，现在相对均匀地分布在从暗调区到高光区的所有区域范围内，即呈现出全色阶分布的特征，如图 10.6 所示。

2. 用【色相/饱和度】命令调节色彩

目前虽然达到了加亮人物色彩的目标，但图像整体的色调都被加亮了，特别是作为映衬远景的树木色彩过于鲜明，从而冲淡了对人物的突出效果。为此，需要调节特定颜色的饱和度与明度。

【色相/饱和度】命令可用来调整图像的色相，也可用来调整单个色彩的明度与饱和度。

使用【色相/饱和度】命令调整照片色彩的步骤如下。

(1) 执行【图像】|【调整】|【色相/饱和度】菜单命令，打开如图 10.7 所示的【色相/饱和度】对话框。

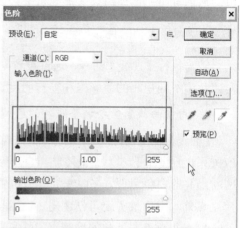

图 10.6　设置过黑白场之后的色阶直方图

(2) 在第二个(称为【色彩编辑】下拉列表框)下拉列表框中选择【黄色】选项，然后通过拖动相应滑块或在相应文本框中输入数值的方法，分别将【饱和度】的值设为-30，将【明度】的值设为-10，如图 10.7 所示。

(3) 单击【确定】按钮，退出对话框，此时图像的显示效果将发生相应的变化。

(4) 在【色彩编辑】下拉列表框中再次选择【绿色】选项，然后将【饱和度】和【明度】的值分别设为-35 和-10，如图 10.8 所示。

(5) 单击【确定】按钮，退出对话框，得到如图 10.2 所示的效果。

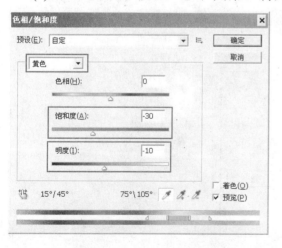

图 10.7　在【色相/饱和度】对话框中设置黄色的
【饱和度】与【明度】值

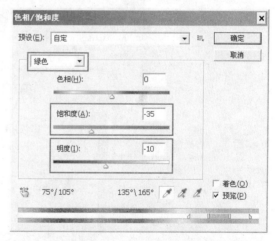

图 10.8　在【色相/饱和度】对话框中设置绿色的
【饱和度】与【明度】值

(6) 还可以根据应用的需要，设置其他颜色的相关参数值。

(7) 执行【文件】|【存储为】菜单命令，将加工后的图像文档存储为"色阶调整后的兄妹照.PSD"文件。

提示：

在【色阶】对话框中，通过对灰色滑块的移动，可对图像的中间色调进行调节。但不会对阴影色调与高光色调的效果产生显著的改变。

10.2.2 调整人物的色彩与色调

首先执行【曲线】命令，通过设置与调整不同层次的控制点，来调节照片的色调。然后再对照片中不同色相的色彩饱和度与明度进行调整，以获得理想的图像效果。

1. 用【曲线】命令调整照片的色调

【曲线】命令可用来精细地调整图像色彩或色调的层次细节。曲线与直方图具有一定的对应关系：曲线左下方为一个控制点，该控制点对应着最暗的黑色色调；曲线右上角的控制点对应着最亮的白色色调。在曲线的其他位置处单击，可创建出其他控制点；除左下角与右上角的控制点外，用户最多还可创建出 14 个其他的控制点。

单击并拖曳左下角的控制点，可使之水平向右移动，或垂直向上移动；单击并拖曳右上角的控制点，可使之水平向左移动，或垂直向下移动。不同的控制点与不同的移动方向，会使图像的对比度或色彩反差发生变化。通常的规律是：曲线斜率越小，即曲线越水平，则图像的对比度越低；反之，曲线斜率越大，即曲线越垂直，则图像的对比度越高。

下面尝试着使用曲线对照片的明暗色调进行调整。

使用【曲线】命令调整照片色调的步骤如下。

(1) 打开"兄妹照.JPG"图像文档，图像窗口内容如图 10.1 所示。

(2) 执行【图像】|【调整】|【曲线】菜单命令，或按 Ctrl+M 快捷键，打开如图 10.9 所示的【曲线】对话框。

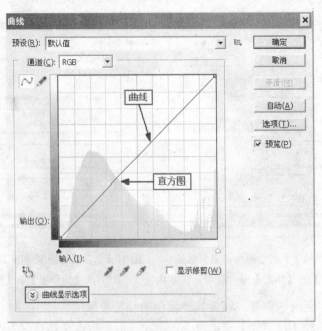

图 10.9 【曲线】对话框

(3) 将鼠标移至图像窗口中，鼠标指针将变成吸管状图标 ✐。

(4) 首先将吸管图标移动到男孩被头发暗影笼罩下的左侧额头皮肤处，按住 Ctrl 键后单击，则立即在曲线上增添了一个控制点；该控制点就是鼠标单击处的取样点在曲线上对应的精确位置；将该控制点选作调整照片色调的暗调控制点(简称暗调点)。

(5) 其次将吸管图标移动到男孩左手臂皮肤处，按住 Ctrl 键后单击，在曲线上添加第二个控制点，将其设置为调整照片色调的中间调控制点(简称中间调点)。

(6) 最后将吸管图标移动到女孩左手背的皮肤处，按住 Ctrl 键后单击，在曲线上添加第三个控制点，将其设置为调整照片色调的亮调控制点(简称亮调点)。

(7) 为更直观地观察与调整控制点，可单击对话框左下方的【曲线显示选项】按钮，将折叠的【曲线显示选项】面板打开，单击 ▦ 按钮，切换到 10×10 详细网格显示模式。

(8) 此时，【曲线】对话框的状态如图 10.10 所示。

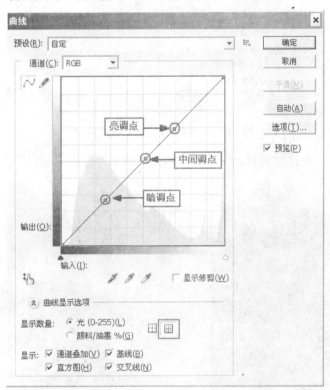

图 10.10　添加了 3 个控制点后的【曲线】对话框

(9) 调整曲线上的各个控制点，将照片的色调调整得明快一些。

(10) 首先将曲线上的暗调点往上移动，一边移动，一边注意观察男孩额头颜色的变化，直到得到满意的效果为止。

(11) 然后在曲线中用鼠标分别对中间调点与亮调点的位置进行拖曳移动；移动的时候，要注意观察图像色调的变化，直到得到较和谐的效果。曲线调整的最终结果如图 10.11 所示。

(12) 单击对话框中的【确定】按钮，关闭【曲线】对话框，使曲线调整生效。

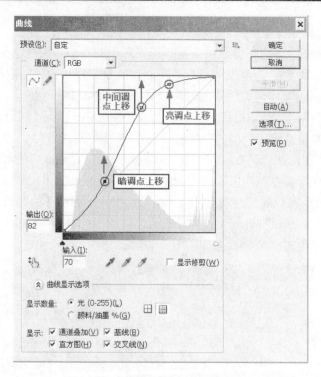

图 10.11　调整曲线上的 3 个控制点

(13)【曲线】命令执行前后，照片图像的显示效果分别如图 10.12 和图 10.13 所示。

图 10.12　调整前的照片效果

图 10.13　用【曲线】命令调整后的照片效果

提示：

(1) 在【曲线】对话框中，网格有简单与详细两种显示模式。不同的显示模式对曲线的功能并无任何影响，影响的仅仅是用户观察曲线的视图效果。

(2) 按住 Alt 键不放，然后在【曲线】对话框中单击曲线窗口，可在网格的简单显示模式与详细显示模式之间反复切换。

2．用【色相/饱和度】命令继续修饰

根据应用的需要，还可以使用【色相/饱和度】命令，对照片图像的色相或色彩的饱和度与明度做进一步的调整。调整的方法可参照前面的内容，此处不再赘述。

当照片图像全部调整完成后，最终的图像效果如图 10.14 所示。

图 10.14　"曲线调整后的兄妹照.PSD"图像文档的内容

最后执行【文件】|【存储为】菜单命令，将加工后的图像存储为"曲线调整后的兄妹照.PSD"文档。

10.3　核 心 知 识

自然界万事万物皆有自己独特的色彩与色调。色彩与色调直接影响着图像作品的艺术效果，设计者只有科学有效地发挥色彩与色调的作用，才能制作出色彩缤纷的精美艺术作品。

图像色彩与色调的调整功能是 Photoshop 的亮点之一，通过该功能，可以便捷地对图像的色彩色调进行亮度、对比度、饱和度等特性的调整与校正，从而突出画面形象与底色的关系，突出画面内容与周围环境的对比，增强作品的视觉效果。

10.3.1　基本概念

下面给出与图像色彩和色调相关的几个重要概念。

1．色彩

色彩是图像表达内容的重要构成元素，是把握人的视觉的关键所在。色彩能够向受众传达特定的信息，从而激发他们的情感，使其产生审美的想象。色相、纯度、亮度等要素，是构成图像色彩的主要因素。

2. 色相

色相是色彩的种类名称，是某一颜色区别于其他颜色的最基本特征，色相反映出颜色的外观相貌与特质。

色相能够比较确切地表达出某种颜色色别的名称，例如，在图 10.15 所示的色谱中，红、橙、黄、绿、青、蓝、紫 7 种色彩都称为色相。

图 10.15　色谱中包含的 7 种色相

3. 饱和度

即色彩的纯度，亦称为彩度，是指色彩的纯净程度、浓度或鲜艳程度。有饱和度的色彩称为有彩色，无饱和度的色彩称为无彩色。

在图 10.16 所示的色谱中，红、橙、黄、绿、青、蓝、紫都具有较高的饱和度，它们都是该色彩的固有色。而黑、白、灰为无彩色，即色彩的饱和度为 0，无彩色没有饱和度和色相特征，只具有亮度的区别。

图 10.16 所示的调色板顶端色区的横向变化，表现的即为饱和度的变化。

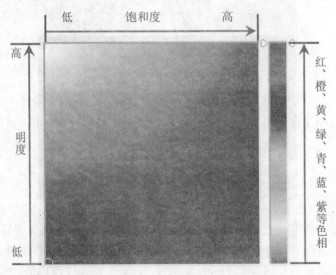

图 10.16　调色板中蕴涵的饱和度与亮度变化

4. 亮度

亮度是指颜色的相对明暗程度，反映出物体表面的色彩反射光量的多少。通常，物体表面的反射光量越多，则其亮度越强。

5. 明度

明度亦称为光度、明暗度或深浅度，是指人们所感知到的图像色彩的明暗程度，是一个心理颜色的概念。有彩色和无彩色都有明度的区别。明度包含同一色相的明度变化和不同色相的明度变化两种情况。

图 10.16 所示的为调色板左侧色区的纵向变化，表现的即为明度的变化。

6. 对比度

是图像最亮区域与最暗区域间的比率值。对比度越大，从黑到白的渐变层次就越多，色彩就越饱和，细节表现越丰富，从而使得图像就越清晰与醒目；反之，对比度越小，色彩就越不鲜艳，画面就越模糊。

10.3.2　图像色彩的调整

色彩无疑是图像设计中极为重要的要素。灵活地运用色彩调整，能够使设计者在色彩的海洋中更加游刃有余。

1. 亮度/对比度调整

【亮度/对比度】命令用来对图像中的色彩范围进行简单的调整，以改变图像的亮度与对比度效果，从而使图像的色彩更为和谐。

【亮度/对比度】命令的使用方法如下。

(1) 打开要操作的图像文档。

(2) 执行【图像】|【调整】|【亮度/对比度】菜单命令，打开如图 10.17 所示的【亮度/对比度】对话框。

(3) 在对话框中设置各个参数选项。

(4) 单击【确定】按钮，完成亮度/对比度的调整操作。

【亮度/对比度】对话框的主要选项说明如下。

(1) 【亮度】文本框与滑块：通过在文本框中输入数值或通过拖动滑块改变数值，用来调整图像色彩的亮度。【亮度】数值的有效范围为-100～100。值越小，图像色彩越暗；值越大，图像色彩越亮。

(2) 【对比度】文本框与滑块：通过在文本框中输入数值或通过拖动滑块改变数值，用来调整图像色彩的对比度。【对比度】数值的有效范围为-100～100。随着数值的减小，对比度降低；随着数值的增加，对比度增强。

2. 色相/饱和度调整

【色相/饱和度】命令用以调整整个图像或图像中单个色彩像素的色相、明度和饱和度，常用来给灰度图像增加颜色，使图像的色彩变得更加亮丽。

【色相/饱和度】命令的使用方法如下。

(1) 打开要操作的图像文档。

(2) 执行【图像】|【调整】|【色相/饱和度】菜单命令，打开如图 10.18 所示的【色相/饱和度】对话框。

(3) 在对话框中设置各个参数选项。

(4) 单击【确定】按钮，完成色相/饱和度的调整操作。

【色相/饱和度】对话框的主要选项说明如下。

(1) 【预设】下拉列表框：包含【默认值】、【自定】等多个系统预设选项方案，用来选择标准的图像颜色调整方案。选择【默认值】选项，将立即恢复系统默认的图像颜色设置。

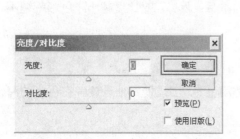

图 10.17 【亮度/对比度】对话框　　　　　　　图 10.18 【色相/饱和度】对话框

(2)【色彩编辑】下拉列表框：该框位于【预设】列表框下方，包含【全图】、【红色】、【黄色】、【绿色】、【青色】、【蓝色】、【洋红】7 个选项，用来选择要调整图像颜色的色彩范围。只有选择了【全图】选项，才会对整个图像的所有颜色进行调整；如果选择其他颜色选项，则仅对所选的单个颜色进行调整。

(3)【色相】文本框与滑块：通过在文本框中输入数值或通过拖动滑块改变数值，用来调整图像的红、橙、黄、绿、青、蓝、紫等色相。【色相】数值的有效范围为-180～180。

(4)【饱和度】文本框与滑块：通过在文本框中输入数值或通过拖动滑块改变数值，用来改变图像色彩的纯度。【饱和度】数值的有效范围为-100～100。值越小，图像颜色的纯度越低；值越大，图像颜色的纯度越高。

(5)【明度】文本框与滑块：通过在文本框中输入数值或通过拖动滑块改变数值，用来改变图像的明度。【明度】数值的有效范围为-100～100。值越小，图像明度越低；值越大，图像明度越高。

(6)【吸管】工具按钮组：用来确定要调整颜色范围的方式。只有在【编辑】下拉列表框中选择了单个颜色选项时，该工具组才可用；如果选择了【全图】选项，该工具组将变得无效。

使用吸管工具按钮 ，在图像中单击，能够确定所要调整颜色的范围；使用带加号的吸管工具按钮 ，能够增加所要调整颜色的范围；使用带减号的吸管工具按钮 ，能够减少所要调整颜色的范围。

(7)【着色】复选框：当选中该项后，对于彩色图像，会将其转换为单色调效果；对于灰度图像，则对其上色。

3. 色彩平衡

【色彩平衡】命令只能应用于复合颜色通道，常用来纠正图像中的偏色现象，能够有效地控制彩色图像中颜色混合的效果，从而使图像的色彩达到一种平衡的状态。

【色彩平衡】命令的使用方法如下。

(1) 打开要操作的图像文档。

(2) 执行【图像】|【调整】|【色彩平衡】菜单命令，打开如图 10.19 所示的【色彩平衡】对话框。

(3) 在对话框中设置各个参数选项。

(4) 单击【确定】按钮，完成色彩平衡操作。

【色彩平衡】对话框的主要选项说明如下。

(1) 【色彩平衡】选项组：【色阶】右边的 3 个文本框分别与下面的 3 个色谱滑块相对应；通过在文本框中输入数值或调节滑块改变数值，可以控制 RGB 到 CMYK 之间对应的色彩变化，从而实现色彩调整的效果。色阶的 3 个数值的有效范围为-100～100。色阶的值越小，图像的颜色越接近 CMYK 的颜色；值越大，图像的颜色越接近 RGB 的颜色。

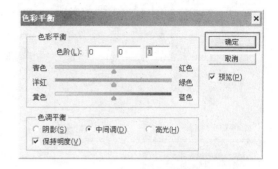

图 10.19 【色彩平衡】对话框

(2) 【色调平衡】选项组：包含阴影、中间调与高光 3 个色调区对应的单选按钮，当选中某个按钮时，便调节与按钮对应的那个色调区的像素。

(3) 【保持明亮】复选框：当选中该项，对图像进行调整时，能够保持图像的亮度不变。在调整 RGB 模式图像时，建议选中该项。

4. 去除色彩操作

【去色】命令能够将图像中所有颜色的饱和度调整为 0 值，从而去除图像中的彩色色彩，将图像转换为相同色彩模式下的灰度图像效果。【去色】命令只能对单个图层起作用。

【去色】命令的使用方法如下。

(1) 打开要操作的图像文档。

(2) 在【图层】调板中选中要去色的目标图层，创建目标选区。

(3) 执行【图像】|【调整】|【去色】菜单命令。

(4) 然后分别使用【亮度/对比度】、【色相/饱和度】等命令，对图像的其他属性做进一步的调整。

提示：

【去色】命令仅能去除图像中的彩色，但并不改变图像的色彩模式。

【去色】命令的作用范围仅是当前图层的选择区域，而不会影响到其他的图层。如果要对图像的多图层应用【去色】命令，必须在使用命令前先将多个图层进行合并。

5. 替换颜色操作

【替换颜色】命令能够将图像中特定范围内的颜色替换为其他指定的样本颜色，常用于图像中的物件或服饰的换色操作。

【替换颜色】命令的使用方法如下。

(1) 打开要操作的图像文档，必要时在图像窗口中定义出选区。

(2) 执行【图像】|【调整】|【替换颜色】菜单命令，打开如图 10.20 所示的【替换颜色】对话框。

(3) 在对话框中设置各个参数选项。

(4) 单击【确定】按钮，完成颜色的替换操作。

【替换颜色】对话框的主要选项说明如下。

(1) 【本地化颜色簇】复选框：选中该项，能够更精确地选取颜色。

(2)【吸管】工具按钮组：用来确定要替换颜色范围的方式。激活 ✎ 按钮，在图像或预览框中单击，能够吸取要替换的颜色；激活 ✎ 按钮，在图像或预览框中单击，能够增加要替换的颜色；激活 ✎ 按钮，在图像或预览框中单击，能够减少要替换的颜色。

图 10.20 【替换颜色】对话框

(3)【颜色容差】文本框与滑块：通过在文本框中输入或通过拖曳滑块来设定替换颜色的容差值。容差值的有效范围为 0～200。容差值越大，替换颜色的范围就越广；容差值越小，替换颜色的范围就越窄。

(4)【选区】单选按钮：选中该项，预览框中将显示出要替换颜色的特定范围。其中要替换的颜色以白色像素显示，而非替换颜色以黑色像素显示。

(5)【图像】单选按钮：选中该项，预览框中将显示出要替换颜色的图像或选区的缩览图。

(6)【替换】选项组：包含【色相】、【饱和度】及【明度】3 个选项的文本框与滑块，分别用来调整样本颜色的色相、纯度和明度特性。

6. 变化色彩操作

【变化】命令能够调整图像或选区的色彩平衡、对比度、亮度与饱和度。

【变化】命令的使用方法如下。

(1) 打开要操作的图像文档，必要时在图像窗口中定义出选区。

(2) 执行【图像】|【调整】|【变化】菜单命令，打开如图 10.21 所示的【变化】对话框。

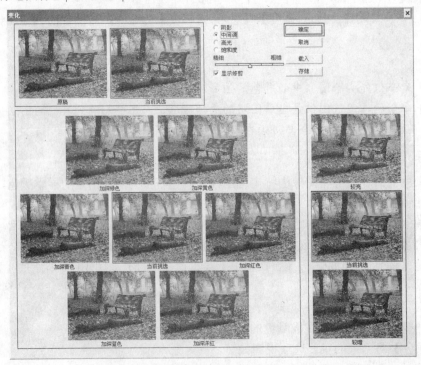

图 10.21 【变化】对话框

(3) 对话框中显示出各种选项下要处理图像的缩略图。在对话框中对各选项进行设置与调整，直到获得满意的效果为止。

(4) 单击【确定】按钮，对目标对象应用变化操作。

【变化】对话框的主要选项说明如下。

(1) 【原稿】缩略图：显示调整前的图像或选区的原始效果。

(2) 【当前挑选】缩略图：显示当前调整后的图像或选区效果。该缩略图将随着调整过程而动态地更改，以同步反映当前的调整操作。

(3) 【阴影】、【中间调】与【高光】单选按钮组：分别用来调整图像或选区中与按钮对应的色调区。

(4) 【饱和度】单选按钮：用来调整图像或选区色彩的饱和度。

(5) 从【精细/粗糙】调节杆：决定图像或选区色彩每次调整(即在相应缩略图上单击一次)的幅度大小。向左拖曳滑块，每次调整的数量值将减小；向右拖曳滑块，每次调整的数量值将增大。

(6) 对话框左下方的缩略图组：共包含 7 个缩略图，除【当前挑选】缩略图外，其他 6 个缩略图代表着增加某一色相后的效果，如【加深绿色】缩略图即为增加绿色后的显示效果。

(7) 对话框右下方的缩略图组：共包含 3 个缩略图，其中【当前挑选】缩略图用来显示当前的调整状况，【较亮】缩略图用来加亮图像或选区的像素，【较暗】缩略图用来使像素变暗。

10.3.3　图像色调的调整

色调是对图像整体颜色的评价。一幅图像尽管可以包含多种颜色，但总体上总会有一种主流颜色，如偏蓝或偏冷、偏红或偏暖等。这种颜色的主流倾向即为一幅图像的色调。

图像的色调主要体现在色相、亮度、冷暖、纯度等几个因素上。本书中的色调调整主要针对亮度的调整。对于明度不和谐的图像，可以通过调整其色调来增亮或变暗图像。

图像色调调整的方法主要包括色阶、曲线、阈值、色调分离、直方图等。

在 Photoshop 中，所有色调调整工具的工作方式本质上都是相似的，即都是将现有范围的像素值映射到新范围的像素值。不同工具的差异主要表现在所提供的控制数量的不同上。

1. 色阶调整

【色阶】命令用于调整图像的基本色调，能够调整图像画面颜色的明度。色阶通过调整图像中高光、中间调、阴影这些色调区的强度级别，达到对整个图像或选区范围的色调明度与色彩平衡效果进行校正的目的。

使用【色阶】命令调整图像或选区色调的步骤如下。

(1) 打开要操作的图像文档，必要时在图像窗口中定义出目标选区。

(2) 执行【图像】|【调整】|【色阶】菜单命令，或按 Ctrl+L 快捷键，打开如图 10.22 所示的【色阶】对话框。

图 10.22　【色阶】对话框

(3) 根据需要，在对话框中对图像的色调做各种调整。

(4) 调整完成后，单击【确定】按钮，保存设置，关闭对话框，结束操作。

【色阶】对话框的主要选项说明如下。

(1)【预设】下拉列表框：包含【默认值】、【较暗】、【较亮】、【加亮阴影】、【中间调较暗】、【中间调较亮】、【自定】等多个系统预设选项方案，用来选择标准的色阶调整方案。这些方案都基于 RGB 模式。当选择【默认值】选项时，将立即恢复系统默认的色阶设置。

(2)【通道】下拉列表框：用来选择需要进行色调调整的通道类型，当图像基于 RGB 模式时，将包含 RGB、【红】、【绿】和【蓝】4 种通道。若选中 RGB 类型，则当前所做的色调调整将对所有的通道都起作用；若选中其他的某种通道，则调整仅对当前选中的单一通道起作用。

(3)【输入色阶】选项组：包含色阶直方图、3 个滑块及 3 个数值文本框，用来改变图像或选区的色调与对比度。

① 色阶直方图精确地反映了当前图像或选区中像素按明暗程度在色阶上的分布状态，最暗的像素点在直方图的左边，最亮的像素点在直方图的右边，不同图像所对应直方图的形态也不尽相同。如图 10.23 所示的直方图中，图像的像素基本上以色阶中间调为对称轴对称分布；在左边最暗的位置上基本上没有像素，而在右边最亮的位置上，像素分布的也相当少。

② 左边的文本框用来输入图像的阴影色调值，数值的有效范围为 0~253；中间的文本框用来输入图像的中间色调值，有效范围为 0.1~9.99；右边的文本框用来输入图像的高光色调值，有效范围为 2~255。

③ 色阶直方图下方的 3 个滑块与 3 个数值文本框一一对应。其中左边黑色的滑块用来调节阴影色调值；中间灰色的滑块用来调节中间色调值；右边白色的滑块用来调节高光色调值。

(4)【输出色阶】选项组：包含 2 个滑块与 2 个数值文本框，用来改变图像或选区的对比度。

左边的文本框用来输入图像的暗部色调值，右边的文本框用来输入图像的亮部色调值。两个文本框的有效范围都是 0~255。

黑色与白色两滑块的作用与两个文本框完全一致。若将两滑块分别往中点拖曳，可降低图像的对比度。

(5) 吸管工具组 ✎ ✎ ✎：用来调整图像的色彩平衡，设置黑白场。工具组中包含 3 个吸管工具按钮，从左到右依次为【在图像中取样以设置黑场】按钮、【在图像中取样以设置灰场】按钮与【在图像中取样以设置白场】按钮。各按钮简称为黑色吸管、灰色吸管与白色吸管。

选择某一工具按钮后，将鼠标移到图像窗口中，鼠标指针将变成相应的吸管图标；单击鼠标，图像立即按黑场、灰场或白场效果进行调整。

① 使用黑色吸管单击图像中较暗的位置，图像或选区中所有像素的亮度值将减去单击处像素的亮度值，从而使图像或选区的色调变暗。

② 使用灰色吸管单击图像窗口，系统将用单击处的取样像素亮度值来调整图像或选区中所有像素的亮度，从而纠正图像的色偏。

③ 使用白色吸管单击图像中较亮的位置，图像或选区中所有像素的亮度值将加上单击处像素的亮度值，从而使图像或选区的色调变亮。

(6)【自动】按钮：单击该按钮，系统将自动调整图像或选区的黑场与白场，增加图像的对比度，剪切每个通道中的暗调与高光部分，将最亮的像素映射到纯白色，将最暗的像素映射到纯黑色，并按特定比例来重新分配中间色调的像素值，从而使像素的亮度分布得更为均匀。

单击【自动】按钮后,【色阶】对话框呈现如图 10.23 所示的状态。

(7)【选项】按钮:单击该按钮,打开如图 10.24 所示的【自动颜色校正选项】对话框。通过该对话框,可以调整各个通道的颜色对比度等属性。

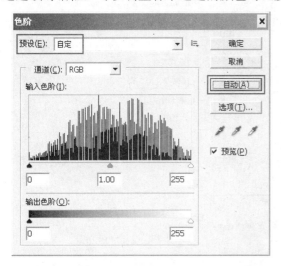

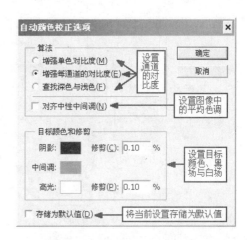

图 10.23　单击【自动】按钮后的【色阶】对话框　　　　**图 10.24　【自动颜色校正选项】对话框**

2.　曲线调整

【曲线】命令与【色阶】命令类似,都用于调整图像或选区的色调范围。曲线可以有选择地调整暗度与亮度区域,固定那些不需要调整的区域,只调整需要修改的区域。【色阶】命令只能调整画面中高光、中间调和阴影这些色调区,与色阶不同,曲线不仅调整图像的高光、中间调、阴影 3 个变量范围,而且允许调整图像的整个色调范围,能够对 0～255 范围内的任意灰度级别进行调整,甚至还可以对图像中个别颜色通道进行精确调整。通过【曲线】命令,可以直接画出灰阶变换曲线,最大限度地控制图像的色调品质。

曲线是 Photoshop 中最常用到的调整工具,一旦理解了【曲线】命令,其他的色彩调整命令也就不难理解了。

使用【曲线】命令调整图像或选区色调的步骤如下。

(1) 打开要操作的图像文档,必要时在图像窗口中定义出目标选区。

(2) 执行【图像】|【调整】|【曲线】菜单命令,或按 Ctrl+M 快捷键,打开如图 10.25 所示的【曲线】对话框。

(3) 在对话框中,通过在曲线上增加、删除、编辑节点的方式,来实现对图像色调的调整。

(4) 调整完成后,单击【好】按钮,关闭对话框,结束操作。

【曲线】对话框的主要选项说明如下。

(1)【预设】下拉列表框:包含【默认值】、【彩色负片】、【反冲】、【较暗】、【增加对比度】、【较亮】、【线性对比度】、【中对比度】、【负片】、【强对比度】与【自定】等多个系统预设的色调调整方案,这些方案都基于 RGB 模式。若选择【默认值】选项,将立即恢复系统默认的色调设置。

(2)【通道】下拉列表框:在基于 RGB 色彩模式时,其功能与【色阶】对话框完全相同,此处不再说明。

(3)【曲线预览图】:由网格、基线、直方图、色调曲线、水平坐标轴、输入文本框、垂直坐标轴和输出文本框等元素组成。

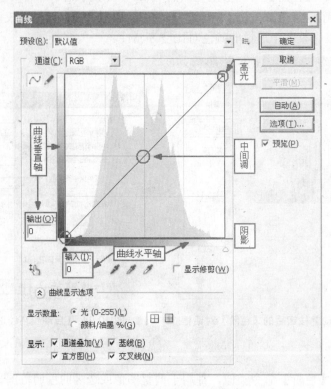

图 10.25 【曲线】对话框

① 水平坐标轴与输入文本框的意义是一致的，代表着图像原来的亮度值，相当于【色阶】对话框中的【输入色阶】。

② 垂直坐标轴和输出文本框意义一致，代表着图像处理后的亮度值，相当于【色阶】对话框中的【输出色阶】。

③ 基线是沿对角线的一条 45 度角度的参考直线，初始状态下，色调曲线与基线形状完全重合。

④ 网格只是用来为观察与控制曲线状态提供工具，它的划分精度对曲线的功能并无任何影响。通过单击【曲线显示选项】组中的⊞或▦按钮，能够在 4×4 简单网格与 10×10 详细网格两种显示模式间切换。

⑤ 色调曲线描绘了【输入】与【输出】两个数值间的函数关系。当未对曲线做任何调整时，图像中所有的像素具有相同的【输入】值与【输出】值。曲线的左下角、中点与右上角分别表示图像的阴影、中间调与高光 3 个色调区。

(4)【编辑点以修改曲线】功能按钮～：单击该按钮，可以通过在曲线上添加节点的方式对图像进行调整。

(5)【通过绘制来修改曲线】功能按钮✐：单击该按钮，可以通过在曲线上绘制直线或曲线的方式对图像进行调整。

(6)【在图像上单击并拖动来修改曲线】功能按钮⤵：单击该按钮，可以通过拖动曲线或曲线上的节点的方式来修改曲线的形态。该按钮只有在使用～按钮的前提下才会有效；如果当前处于✐按钮被激活的状态，该按钮将不可用。

(7) 吸管工具组 ✐ ✐ ✐：功能参照【色阶】对话框。

(8)【显示修剪】复选框：选中该项，可显示出图像中发生修剪的位置。

(9)【曲线显示选项】组：【显示数量】选项类中的【光】和【颜料/油墨%】两项可用来反转强度值与百分比的显示；【显示】选项类包含 4 个选项，其中【通道叠加】选项用来显示叠加在复合曲线上方的颜色通道曲线，【交叉线】选项用来显示水平线与垂直线。

(10)【选项】按钮：该按钮用法与【色阶】对话框中【选项】按钮的用法基本一致。

(11)【自动】按钮：单击该按钮，系统将根据图像或选区的特征，采用最优算法，自动调整图像的色彩、亮度与对比度。图 10.26 所示为原图，图 10.27 所示为单击【自动】按钮后的效果。

图 10.26　未做任何色调调整的原图

图 10.27　经过曲线自动调整后的效果

单击【自动】按钮后，【曲线】对话框呈现如图 10.28 所示的状态。

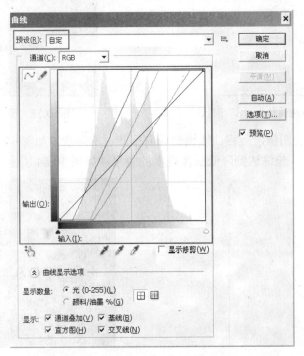

图 10.28　单击【自动】按钮后的【曲线】对话框

用色调曲线调整图像，根据图像色彩类型的不同，调整的方法也会有所不同。如对 RGB 模式图像与对 CMYK 模式图像调整时，调整的方法恰好相反：将曲线调整成向上凸起的形状，对于 RGB 图像而言，能够提高图像的亮度；而对于 CMYK 图像而言，则是降低图像的亮度。

下面以调整 RGB 图像为例，说明色调调整时应遵循的原则。

（1）对于低亮度的图像，应将曲线调整成向上凸起的形状，如图 10.29 所示，从而使图像各色调区按比例加亮，最终达到增强图像亮度的效果，如图 10.30 所示。

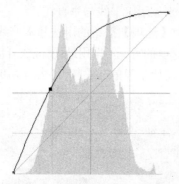

图 10.29　将曲线上调为凸起状态　　　　　　　　图 10.30　图像亮度被提升

（2）对于中间色调的图像，应将曲线调整成类似于"S"的形状，如图 10.31 所示，从而使图像高光色调区更亮，而阴影色调区更暗，最终达到提高图像对比度的效果，如图 10.32 所示。

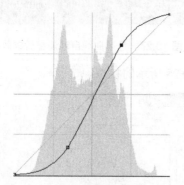

图 10.31　将曲线调整为"S"形状　　　　　　　　图 10.32　图像对比度被提高

（3）对于高亮度的图像；应将曲线调整成向下凹进的形状，如图 10.33 所示，从而使图像各色调区按比例变暗，最终达到降低图像亮度的效果，如图 10.34 所示。

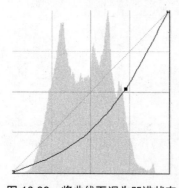

图 10.33　将曲线下调为凹进状态　　　　　　　　图 10.34　图像亮度被抑制

3．阈值调整

【阈值】命令可将彩色图像或灰度图像变成高对比度的黑白图像。

使用【阈值】命令的步骤如下。

(1) 打开要操作的图像文档，必要时在图像窗口中定义出目标选区。

(2) 执行【图像】|【调整】|【阈值】菜单命令，打开如图 10.35 所示的【阈值】对话框。

(3) 在【阈值色阶】左侧的数值文本框中直接输入适当的数值，或者通过移动滑块来调整【阈值色阶】值，该值为 1～255 范围内的整数。

(4) 图像或选区中所有像素自动根据【阈值色阶】值被划分成两类：一类是比阈值暗的，另一类是比阈值亮的。其中前者被转换为黑色，后者被转换为白色。

(5) 调整完成后，单击【确定】按钮，结束操作，图像或选区被转变为黑白图像。

4. 色调分离

【色调分离】命令可指定【色阶】值作为颜色级别或亮度级别，该命令自动将图像像素映射为最接近的色调。例如对 RGB 模式图像设定【色阶】值为 2，则将产生 6 种颜色，即 2 种红色、2 种绿色、2 种蓝色。该命令能够创建单色调区域，还可以减少灰度图像中的灰阶数量，以形成特殊的效果。

使用【色调分离】命令的步骤如下。

(1) 打开要操作的图像文档，必要时在图像窗口中定义出目标选区。

(2) 执行【图像】|【调整】|【色调分离】菜单命令，打开如图 10.36 所示的【色调分离】对话框。

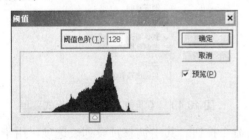

图 10.35　【阈值】对话框

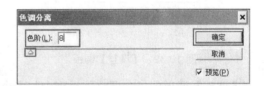

图 10.36　【色调分离】对话框

(3) 在【色阶】左侧的数值文本框中直接输入适当的数值，或者通过移动滑块来调整【色阶】值，该值为 2～255 范围内的整数。

(4) 单击【确定】按钮，结束操作。

图 10.37 和图 10.38 所示为对如图 10.26 所示的原图分别执行【阈值】命令与【色调分离】命令后的效果。

图 10.37　执行【阈值】命令后的效果

图 10.38　执行【色调分离】命令后的效果

10.3.4 【调整】调板

图像颜色与明暗的调整方式有多种，而最常用的方式是利用【调整】调板。【调整】调板中集成了常用的色彩与色调调整命令，包含着诸多用于颜色和色调调整的工具。使用该调板，能够完成绝大多数色彩与色调调整的任务，并会自动创建非破坏性的调整图层。

执行【窗口】|【调整】菜单命令，将打开如图 10.39 所示的【调整】调板。

单击【调整】调板右上角的按钮，将打开如图 10.40 所示的弹出式菜单。该菜单中集成了多个与图像调整与校正有关的命令选项。

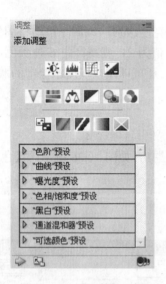

图 10.39 【调整】调板

图 10.40 【调整】调板的弹出式菜单

【调整】调板中包含调整预设列表与多个调整命令按钮。其中调整预设列表选项可用于色阶、曲线、曝光度等。选择预设选项，使用调整图层可将其应用于图像。系统还允许将用户自定义的调整设置方案存储起来，并添加到预设列表中。

调整命令按钮的图标与功能说明见表 10-1。

表 10-1 【调整】调板的命令按钮列表

按钮图标	功能描述	按钮图标	功能描述
	创建新的亮度/对比度调整图层		创建新的照片滤镜调整图层
	创建新的色阶调整图层		创建新的通道混和器调整图层
	创建新的曲线调整图层		创建新的反相调整图层
	创建新的曝光度调整图层		创建新的色调分离调整图层
	创建新的自然饱和度调整图层		创建新的阈值调整图层
	创建新的色相/饱和度调整图层		创建新的渐变映射调整图层
	创建新的色彩平衡调整图层		创建新的可选颜色调整图层
	创建新的黑白调整图层		

10.3.5 【直方图】调板

直方图是数字图像处理中最有用、最直观的工具之一。它用图形形式描述图像的每个亮度级别的像素数量，表达像素在图像中的分布情况，展示图像的细节在阴影、中间调和高光等色调区中的分布情况，反映着图像最基本的统计特征，为对图像进行色彩校正与色调调整提供重要的依据。

执行【窗口】|【直方图】菜单命令，将打开【直方图】调板。该调板通常与【信息】调板组合在一起。

【直方图】调板有【紧凑视图】、【扩展视图】及【全部通道视图】3 种显示方式。默认以【紧凑视图】方式打开，在该方式下，只显示色阶直方图，不显示通道与统计数据等组件，如图 10.41 所示。单击调板右上角的调板菜单按钮，打开如图 10.42 所示的弹出式菜单，通过选择相应的选项可以更换调板的视图类型。

图 10.41　【紧凑视图】下的【直方图】调板　　　图 10.42　【直方图】调板的弹出式菜单

直方图的横坐标表示灰度级别或亮度范围，纵坐标表示该灰度级或亮度下的像素出现的数量。

图 10.43 所示为【扩展视图】方式下的【直方图】调板。

在该调板上方，是【通道】下拉列表，从列表中可以选择 RGB、红、绿、蓝、明度及颜色等通道类型。图 10.44 所示为选择 RGB 通道后的调板形态。

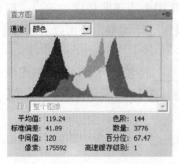

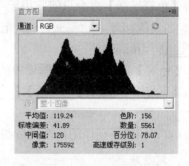

图 10.43　【颜色】通道的直方图　　　图 10.44　RGB 通道的直方图

在【直方图】调板下端列有一组详细的统计数据，各数据项的意义说明如下。

(1)【平均值】：显示出图像像素亮度的平均值。

(2)【标准偏差】：描述像素色调分布特征的参数。该值越小，则图像像素的色调分布越接近平均值。

(3)【中间值】：显示出像素亮度的中点值。

(4)【像素】：显示出图像像素的数量值。

(5)【色阶】：当将鼠标指针移至直方图中时，显示光标所在位置处的灰度色阶，其中最暗的色阶为 0 色阶(黑色)，最暗的色阶为 255 色阶(白色)。

(6)【数量】：显示直方图中光标所在位置处的像素数量。

(7)【百分位】：显示光标所在位置像素数量占整个直方图像素数量的百分比。

(8)【高速缓存级别】：显示直方图时，Photoshop 缓存屏幕显示图像的级别。该级别值的有效范围为 1～8，级别值越高，刷新就越快。

通过照片图像的直方图，能够判断出照片各种性能特征是否良好。一幅曝光良好的照片，其直方图的形态如同不断起伏的山丘，各个亮度值上都有像素分布，不同亮度级别下的细节也表现得异常丰富。曝光过度的照片，直方图左侧的阴影色调区很少甚至没有像素分布，而右侧的高光色调区则聚集了大量的像素。曝光不足照片的直方图形态，与曝光过度照片正好相反：阴影色调区聚集了大量的像素，而高光色调区却基本上没有像素分布。

直方图不仅出现在【直方图】调板中，前面所讲的【色阶】和【曲线】等命令，在其相应的对话框中也有直方图。

课 后 习 题

一、填空题

1. _____越大，色彩就越饱和，图像就越清晰；反之，_____越小，色彩就越不鲜艳，图像就越模糊。

2. 色彩的_____指色彩的纯净程度。有饱和度的色彩称为_____，无饱和度的色彩称为_____。反光。

3.【去色】命令能够将图像中所有颜色的饱和度调整为_____值，从而去除图像中的_____色彩，将图像转换为相同色彩模式下的_____图像效果。

4.【色彩平衡】命令只能应用于_____颜色通道，常用来纠正图像中的_____现象。

5. 曲线能够对_____～_____范围内的任意灰度级别进行调整，还可以对图像中个别颜色_____进行精确调整。

6.【色阶】命令通过调整图像中的高光、_____与_____的强度级别，来调整图像或选区。

7.【直方图】调板有【_____】、【_____】及【全部通道视图】3 种显示方式。默认为【_____】方式。

8. 直方图描述图像的每个亮度级别的_____，表达_____在图像中的分布情况。

二、判断题

1.【色彩平衡】命令只能对单一颜色通道起作用。 (   )

2. 单击【色阶】对话框中的【自动】按钮，可对图像进行自动色阶处理。 (   )

3. 在【亮度/对比度】对话框中，仅可通过拖动滑块的方法来调整图像的亮度。 (   )

4. 在【亮度/对比度】对话框中，【亮度】与【对比度】的有效取值范围一样，都为 −100～100。 (   )

5.【去色】命令可以对多个图层同时起作用。 (   )

三、简答题

1．如何同时提高图像的亮度与对比度？

2．【色阶】命令与【曲线】命令在功能上有哪些相同之处？又有哪些不同之处？

3．如果图像对比度过低，如何加以调整？

4．【去色】命令有什么用途？如何使用？

5．用哪一种命令能够校正图像的偏色现象？如何校正？

6．【色调分离】命令有什么用途？如何使用？

7．【阈值】命令有什么用途？如何使用？

8．如何在不改变图像色彩模式的前提下将彩色图像转化为灰度图像？

9．使用哪类命令能够将彩色照片转换为黑白照片？如何转换？

10．如何使用直方图来校正曝光不足的照片图像？

第11章　应用滤镜制作图像特效

 学习目标

通过本章的学习，读者能够理解滤镜与滤镜组的概念，了解内置滤镜的类别与功能，熟练掌握用菜单命令与【滤镜库】对话框对图像应用滤镜效果的方法，以及掌握创建、隐藏与删除滤镜效果图层的操作方法。

 知识要点

1. 滤镜的概念
2. 滤镜的类别
3. 滤镜组与滤镜的关系
4. 内置滤镜的种类与功能
5. 外挂滤镜的概念
6. 【滤镜库】对话框的用法
7. 滤镜效果图层的概念
8. 滤镜效果图层的创建、隐藏与删除操作

 核心技能

1. 对图像应用内置滤镜的能力
2. 利用【滤镜库】管理滤镜的能力
3. 综合应用多种滤镜制作艺术特效的能力

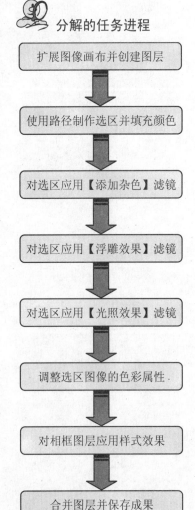

分解的任务进程

扩展图像画布并创建图层

↓

使用路径制作选区并填充颜色

↓

对选区应用【添加杂色】滤镜

↓

对选区应用【浮雕效果】滤镜

↓

对选区应用【光照效果】滤镜

↓

调整选区图像的色彩属性

↓

对相框图层应用样式效果

↓

合并图层并保存成果

11.1　任务描述与步骤分解

现有照片图像文档"海边嬉戏.JPG"，内容如图 11.1 所示。

请应用路径与滤镜，为照片制作具有金属效果的艺术相框。最终的处理效果如图 11.2 所示。

图 11.1　照片的图像效果　　　　图 11.2　添加艺术相框后的照片效果

根据要求，本章的任务可分解为以下 7 个关键子任务。

(1) 扩展画布，创建相框图层。

(2) 使用【自定形状工具】，制作相框的形状路径，并将路径转换为选区。

(3) 对相框选区应用【添加杂色】滤镜。

(4) 对相框选区应用【浮雕效果】滤镜。

(5) 对相框选区应用【光照效果】滤镜。

(6) 调整相框色彩，应用预置样式，最终加工成具有金属效果的艺术相框。

(7) 合并图层，并将最终成果存储为 Photoshop 图像文档。

下面对每个子任务的实现过程加以说明。

11.2　制作艺术相框的过程描述

对文档图像画布尺寸进行扩展，并新建一个图层，为绘制艺术相框做准备。

11.2.1　扩展照片图像画布

在当前照片图像尺寸的基础上，扩展画布的大小，为相框的绘制预留出相应的空间。同时，创建出相框区域所在的新图层。

扩展画布的步骤如下。

(1) 在 Photoshop CS5 中打开"海边嬉戏.JPG"图像文档。

(2) 执行【图像】|【画布大小】菜单命令，或按 Alt+Ctrl+C 快捷键，打开【画布大小】对话框。

(3) 在该对话框中，从【当前大小】参数组中，可知图像当前的宽度与高度分别为 1420 像素和 1536 像素。在【新建大小】选项组中，将画布的【宽度】值与【高度】值分别修改为 1720 和 1836 (单位应选为像素)，即在原有画布尺寸的基础上，将【宽度】值与【高度】值皆扩大 300 个像素，如图 11.3 所示

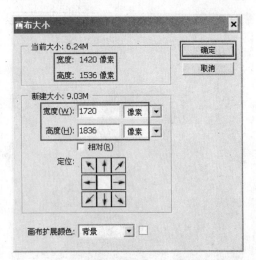

图 11.3　重设宽度与高度参数后的【图布大小】对话框

(4) 单击【确定】按钮，关闭对话框。图像四周出现被扩展的空白图布区域，如图 11.4 所示。

(5) 按 F7 快捷键打开【图层】调板，单击调板工具栏中的【创建新图层】按钮，创建一个名为"图层 1"的普通图层。

(6) 将新建图层的名称更换为"艺术相框"，此时的【图层】调板如图 11.5 所示。

图 11.4　宽度与高度同时扩展了 300 个像素的画布

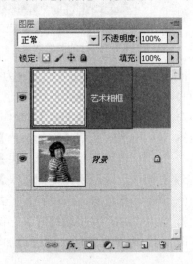

图 11.5　新建图层后的【图层】调板

11.2.2　用自定形状路径制作相框区域

使用【自定形状工具】绘制路径，然后将路径转换为选区，并填充颜色，即可生成相框的雏形。

制作相框选区的步骤如下。

(1) 单击工具箱中的【自定形状工具】按钮，在相应的工具选项栏中单击【路径】按钮，切换到路径绘图模式下。

(2) 单击工具选项栏中【形状】右侧的三角按钮，打开如图 11.6 所示的【自定形状拾色器】面板，从面板中选择【边框 3】选项。

(3) 将鼠标移动到当前图像画布的左上角，按住鼠标左键，拖曳出一个边框形状的路径，使照片图像包含在路径外边缘内，如图 11.7 所示。

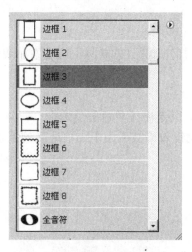

图 11.6　【自定形状拾色器】面板　　　　　图 11.7　增加形状路径后的图像窗口

(4) 执行【窗口】|【路径】菜单命令，打开【路径】调板。

(5) 单击调板工具栏中的【将路径作为选区载入】按钮，或按住 Ctrl 键的同时，单击【路径】调板中的【工作路径】对象，将当前的工作路径作为选区载入。

(6) 此时的画布状态如图 11.8 所示。

(7) 执行【编辑】|【填充】菜单命令，或按 Shift+F5 快捷键，打开【填充】对话框。

(8) 在【填充】对话框中，打开【内容】选项组中的【使用】下拉列表框，从中选择【白色】选项。

(9) 单击【确定】按钮，关闭对话框，选区立即被白色填充；同时，照片图像的部分区域被填充色遮挡住，如图 11.9 所示。

图 11.8　工作路径转换为选区的效果　　　　图 11.9　当前选区被白色填充后的效果

11.2.3 对相框选区应用【添加杂色】滤镜

【添加杂色】滤镜能够将一定数量的杂色以随机的方式引入到图像或选区中，并可在色彩混合过程中，产生颜色被晕渲散漫开去的效果。

对相框选区应用【添加杂色】滤镜的步骤如下。

(1) 保持"艺术相框"图层的选中状态。

(2) 执行【滤镜】|【杂色】|【添加杂色】菜单命令，打开如图 11.10 所示的【添加杂色】对话框。

(3) 在对话框中，设置【数量】选项值为 150%。

(4) 在【分布】选项组中选中【高斯分布】单选按钮，并选中【单色】复选框。

(5) 单击【确定】按钮，关闭对话框，【添加杂色】滤镜效果被应用于当前选区的像素，如图 11.11 所示。

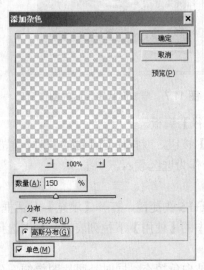

图 11.10 【添加杂色】对话框

图 11.11 应用【添加杂色】滤镜后的图像效果

【添加杂色】对话框中的选项说明如下。

(1)【数量】选项：设置的参数值将决定所产生杂色的数量。选项值越大，添加的杂色数量越多；反之，添加的杂色数量越少。

(2)【分布】选项组：选项组包含【平均分布】和【高斯分布】两个单选按钮。选择不同的分布选项时，将会对添加杂色的方式产生不同的影响。

(3)【单色】复选框：选中该选项，所添加的色彩为单色；否则，所添加的色彩将为彩色。

11.2.4 对相框选区应用【浮雕效果】滤镜

应用【风格化】滤镜组中的【浮雕效果】滤镜，能够通过勾画图像或选区的轮廓，以及降低周围像素的色值，最终创建出凸凹不平的浮雕图像效果。

应用【浮雕效果】滤镜修饰相框选区的步骤如下。

(1) 保持"艺术相框"图层的选中状态。

(2) 执行【滤镜】|【风格化】|【浮雕效果】菜单命令，打开如图 11.12 所示的【浮雕效果】对话框。

(3) 在对话框中，分别设置【角度】选项值为 45 度，【高度】选项值为 50 像素，【数量】选项值为 150%。

(4) 单击【确定】按钮，关闭对话框，【浮雕效果】滤镜作用于当前选区中的像素，效果如图 11.13 所示。

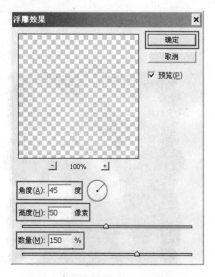

图 11.12　【浮雕效果】对话框　　　　图 11.13　应用【浮雕效果】滤镜后的图像效果

【浮雕效果】对话框中的选项说明如下。

(1)【角度】选项：用来决定产生浮雕效果的光线照射方向。

(2)【高度】选项：用来决定图像中凸出起伏区域的凸出程度。

(3)【数量】选项：用来决定原图像中色彩的保留程度。当选项值设定为 0% 时，图像将变为单一颜色。

11.2.5　对相框选区应用【光照效果】滤镜

应用【渲染】滤镜组中的【光照效果】滤镜，能够设置灯光类型与光源特性，并根据设置的参数，对图像生成多种奇妙的光照效果纹理图。该滤镜只能作用于 RGB 图像。

应用【光照效果】滤镜修饰相框选区的步骤如下。

(1) 保持"艺术相框"图层的选中状态。

(2) 执行【滤镜】|【渲染】|【光照效果】菜单命令，打开如图 11.14 所示的【光照效果】对话框。

(3) 在对话框中，分别设置【光照】选项组中的【强度】与【聚焦】等选项的参数值。

(4) 在【属性】选项组中，分别设置【光泽】、【材料】、【曝光度】与【环境】等选项的参数值。

(5) 将【纹理通道】设置为【红】；选中【白色部分凸起】复选框，并设置【高度】选项的参数值为 100；其他选项保持系统的默认值。

(6) 单击【确定】按钮，关闭对话框。【光照效果】滤镜作用于当前选区像素后的效果如图 11.15 所示。

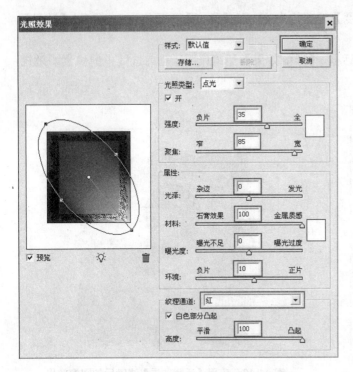

图 11.14 设置参数后的【光照效果】对话框

图 11.15 应用【光照效果】滤镜后
的图像效果

【光照效果】对话框中的选项说明如下。

(1)【样式】下拉列表框：列表框中包含 17 种光源效果选项。

(2)【存储】按钮：将当前自定义的光源样式存储起来。

(3)【删除】按钮：删除当前设置的光源样式。

(4)【光照类型】下拉列表框：列表框中包含【点光】、【全光源】与【平行光】3 种光照类型选项，默认选项为【点光】类型。

(5)【开】复选框：用来作为【光照】选项组可否使用的开关。只有选中该选项，【光照类型】选项组中的各个选项才会有效，各参数才可被调节；否则，所有的选项均不可用。

(6)【强度】选项：用来调整光照强度。选项的数值越大，光照强度越大。【强度】选项右侧的颜色块可用来设置光照的颜色。

(7)【聚焦】选项：用来决定所用灯光的高亮范围。该选项只有在【光照类型】为【点光】时才会有效。

(8)【属性】选项组：包含 4 个选项与 1 个色块。4 个选项分别用来设置图像的反光效果、模拟光源照射到物体上的折射程度、光源照射物体的曝光度与正负片的混合效果。各选项的作用说明如下。

① 【光泽】选项：用来决定目标图像光照效果的平衡程度。

② 【材料】选项：用来调整目标图像的质感。该选项右侧的色块，可用来为图像设置色调，以使图像的质感更为逼真。

③ 【曝光度】选项：用来决定目标图像的反光程度。选项的数值越大，反光越强烈。

④ 【环境】选项：用来决定目标图像的反光范围。

(9)【纹理通道】下拉列表框：用来设置用于产生立体效果的通道。

(10)【白色部分凸起】复选框：选中该项，图像中白色部分将为最高凸起；取消选中该项，图像中黑色部分将为最高凸起

(11)【高度】选项：用来决定目标图像中立体凸起的高度。选项的数值越大，凸起越明显，浮雕效果也就越逼真。

11.2.6　调整选区图像的色彩与样式

对于应用了多种滤镜后的艺术相框，还需要进一步调整其色彩，并应用系统预置的特定样式，这样才能最终做出具有金属效果的艺术相框。

下面的处理过程分两个阶段进行。

1. 调整选区图像的色彩

通过改变图像的色相、饱和度与明度，将艺术相框的色彩设置成如图 11.16 所示的效果。

调整相框选区色彩的步骤如下。

(1) 保持"艺术相框"图层的选中状态。

(2) 执行【图像】|【调整】|【色相/饱和度】菜单命令，打开【色相/饱和度】对话框。

(3) 在对话框中，分别设置【色相】选项的值为 55，【饱和度】选项的值为 70，【明度】选项的值为-5，如图 11.17 所示。

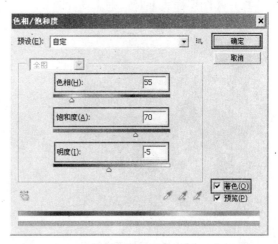

图 11.16　调整色彩后的图像效果　　　　图 11.17　设置参数后的【色相/饱和度】对话框

(4) 选中【着色】复选框，其他选项保持系统默认值。

(5) 单击【确定】按钮，关闭对话框，立即获得如图 11.16 所示的色彩效果。

2. 对选区图像应用预置样式

对相框选区应用【金黄色斜面内缩】样式的步骤如下。

(1) 保持"艺术相框"图层的选中状态。

(2) 执行【窗口】|【样式】菜单命令，打开【样式】调板。

(3) 单击调板右上角的菜单按钮，打开调板的弹出式菜单。

(4) 执行【大列表】菜单命令，【样式】调板将以较大缩览图的形式列出当前所有的样式选项，如图 11.18 所示。

(5) 从样式列表中找到并选择名为【金黄色斜面内缩】的样式选项 ⬜，即将选中的样式应用于当前的"艺术相框"图层。

(6) 切换到【图层】调板中，可看到"艺术相框"图层对象被自动添加了图层效果，如图 11.19 所示。

图 11.18 【样式】调板中的样式列表　　　　图 11.19 自动添加了图层效果的当前图层

(7) 此时，当前的照片图像效果如图 11.20 所示。

(8) 在【图层】调板中，双击"艺术相框"图层效果下的【描边】样式对象，如图 11.21 所示，打开【图层样式】对话框。

图 11.20 应用样式后的图像效果　　　　图 11.21 双击【描边】样式修改描边宽度

(9) 在【图层样式】对话框中，将【描边】的笔触大小由默认的 7 个像素修改为 18 个像素，其他的选项保持系统默认值，如图 11.22 所示。

(10) 单击【确定】按钮，关闭【图层样式】对话框。

(11) 此时，相框效果如图 11.23 所示的。从图中不难看出，相框的边缘已被拓宽了许多。

(12) 在【图层】调板中，将鼠标指针移动到"艺术相框"图层效果下的【渐变叠加】样式名称上方。

(13) 按住鼠标左键，拖曳鼠标到【图层】调板工具栏中的【删除图层】按钮上，此时，图标 𝑓𝑥 将跟随鼠标指针一起移动。

(14) 释放鼠标左键后，【渐变叠加】样式对象立即被删除，【图层】调板的状态如图 11.24 所示。

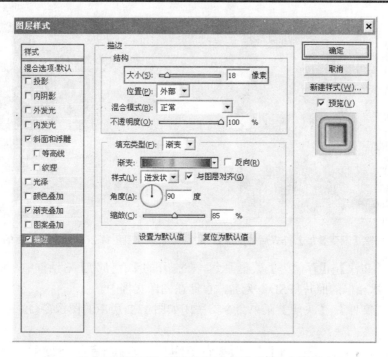

图 11.22　在【图层样式】对话框中修改【描边】笔触大小

图 11.23　修改【描边】样式后的图像效果　　　图 11.24　删除【渐变叠加】样式后【图层】调板

(15) 至此，得到如图 11.25 所示的图像效果。

11.2.7　合并图层并保存成果

使用【向下合并】命令，将"艺术相框"图层与背景图层合并成一个图层，作为最终的处理结果。

将图像中的所有图层合并为最终结果的步骤如下。

(1) 保持"艺术相框"图层的选中状态。

(2) 执行【选择】|【取消选择】菜单命令，或按 Ctrl+D 快捷键，取消当前选区的定义。

(3) 执行【图层】|【向下合并】菜单命令，或按 Ctrl+E 快捷键，将"艺术相框"图层的内容合并到背景图层中。合并后的【图层】调板状态如图 11.26 所示。

图 11.25　删除【渐变叠加】样式后的图像效果　　　　图 11.26　合并图层后的【图层】调板

（4）执行【文件】|【存储为】菜单命令，在打开的【存储为】对话框中，将当前的操作成果以"带有艺术相框的照片.PSD"为名，存储在图像文档中。

（5）执行【文件】|【关闭】菜单命令，关闭如图 11.2 所示的图像窗口。

11.3　核心知识——滤镜

滤镜如同菜单一样，是借用过来的计算机词汇。

滤镜本来是一种摄影器材，摄影师将其安装在相机镜头前面，用来改变照片的拍摄方式，以产生特殊的拍摄效果。Photoshop 中的滤镜则是一种插件模块，是专门用来制作图像特效的一组工具。这类插件通过改变图像像素的位置、颜色等特性，来创建各种特殊的艺术效果，制作出奇异的图像作品。

滤镜通常与图层、选区、通道、蒙版等对象联合起来使用，从而使图像呈现出迷人的特殊效果，取得强大的艺术感染力。

11.3.1　滤镜的类别

滤镜分为内置滤镜和外挂滤镜两大类。

1.　内置滤镜

内置滤镜是 Photoshop 自身提供的滤镜。

Photoshop 提供了大量的内置滤镜，所有的这些内置滤镜都出现在如图 11.27 所示的【滤镜】菜单中。

在内置滤镜中，【镜头校正】、【液化】与【消失点】三类属于特殊的滤镜，被单独列出。这三类滤镜功能强大，有自己的工具和独特的操作方法，更像是独立的软件。

除此之外，其他的内置滤镜依据不同的功能与特点被分类到【风格化】、【画笔描边】、【模糊】、【扭曲】、【锐化】、【视频】、【素描】、【纹理】、【像素化】、【渲染】、【艺术效果】、【杂色】及【其他】这 13 个不同的滤镜组中。

每个类别的滤镜组都与【滤镜】主菜单的一个子菜单相对应，每一类滤镜组又包含多少不等的滤镜类型。如【艺术效果】滤镜组就包含 15 种不同的滤镜。图 11.28 显示出在【滤镜库】对话框中，【艺术效果】滤镜组所包含的 15 种滤镜命令。

光照效果	Ctrl+F
转换为智能滤镜	
滤镜库(G)...	
镜头校正(R)...	Shift+Ctrl+R
液化(L)...	Shift+Ctrl+X
消失点(V)...	Alt+Ctrl+V
风格化	▶
画笔描边	▶
模糊	▶
扭曲	▶
锐化	▶
视频	▶
素描	▶
纹理	▶
像素化	▶
渲染	▶
艺术效果	▶
杂色	▶
其它	▶
Digimarc	▶
浏览联机滤镜...	

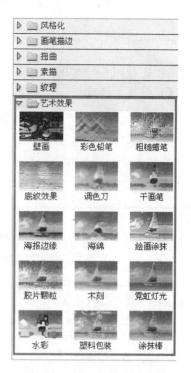

图 11.27　【滤镜】主菜单 　　　　图 11.28　【艺术效果】滤镜组包含的滤镜命令

按照功能用途的不同，还可以将内置滤镜分成以下两种类型。

1）创建图像特效的滤镜

这一类滤镜主要用于图像特效的制作，如创建图章、纹理、波浪等各种特殊效果。此类滤镜数量众多，绝大多数集成在【风格化】、【画笔描边】、【扭曲】、【素描】、【纹理】、【像素化】、【渲染】、【艺术效果】等滤镜组中。除少数几种滤镜外，这类滤镜绝大多数都可以通过【滤镜库】来管理与应用。

2）编辑图像的滤镜

这一类滤镜主要用于图像的编辑，如提升图像清晰度或减少图像杂色等。此类滤镜主要分布在【模糊】、【锐化】、【杂色】等滤镜组中。【镜头校正】、【液化】与【消失点】这三类特殊的滤镜，也属于编辑图像的这种类型。

2. 外挂滤镜

外挂滤镜则是由第三方开发商开发与提供的滤镜。要使用这些外挂滤镜，需要将它们安装到 Photoshop 的特定文件夹中。

一旦成功安装了这些外挂滤镜，它们就会在【滤镜】主菜单中出现。例如图 11.27 中显示的 Digimarc 滤镜组所包含的滤镜，即为外挂滤镜。

Digimarc 滤镜组中包含【读取水印】与【嵌入水印】两类外挂滤镜，这些滤镜用于在图像作品中加入保护作品的标记——水印。

其中【嵌入水印】滤镜用来在图像中嵌入识别作者的水印标记，是一种保护作品版权的技术手法。【读取水印】滤镜则用于显示图像中的水印标记，如果没有水印，会弹出提示没有相关水印的信息框。

11.3.2 Photoshop CS5 的主要滤镜

下面简单介绍 Photoshop CS5 中的主要内置滤镜。这些滤镜被分类在不同的滤镜组中。

1. 【风格化】滤镜组

【风格化】滤镜组中的滤镜命令，通过置换图像中的像素，以及通过查找并增加图像的对比度，来使图像产生绘画或印象派风格的艺术效果。

【风格化】滤镜组包含的所有滤镜及其功能描述见表 11-1。

表 11-1 【风格化】滤镜组包含的滤镜功能一览

滤镜名称	功能描述
【查找边缘】	通过用深色表现图像的边缘，而用白色去填充除边缘外其他部分的一种效果
【等高线】	可制作出用阴影颜色来表现图像边缘的特殊效果
【风】	可为图像增加一些短的水平线，以生成类似风吹的效果
【浮雕效果】	通过将图像的填充色转换为灰色，并用原填充色描边，使选区显得凸起或凹陷，以制作类似浮雕的效果
【扩散】	通过扩散图像的像素，使画面具有绘画的感觉
【拼贴】	可以将图像分解为一系列拼贴图形，使选区偏离原来的位置，制作出类似拼图的效果
【曝光过度】	通过图像颜色的变化，做出类似底片曝光，并重点翻转图像高光部分的效果
【凸出】	通过矩形或金字塔形式来突出表现图像的像素效果
【照亮边缘】	通过不同程度地提亮图像的边缘，能够在图像的边缘部分做出类似霓虹灯的效果

2. 【画笔描边】滤镜组

【画笔描边】滤镜组中的滤镜命令，通过使用不同的画笔和油墨进行描边，从而创造出具有绘画效果的外观。如在图像中添加颗粒、绘画、杂色、边缘细节或纹理，以获得点状化效果。

【画笔描边】滤镜组包含的所有滤镜及其功能描述见表 11-2。

表 11-2 【画笔描边】滤镜组包含的滤镜功能一览

滤镜名称	功能描述
【成角的线条】	可以通过一定角度的线条，表现出绘画的效果
【墨水轮廓】	可以制作出类似钢笔描绘图像轮廓的效果
【喷溅】	可以制作出比喷色描边更强烈的喷洒效果，也可以制作出类似纸张被撕裂的效果
【喷色描边】	可以制作出使用喷笔描绘图像边缘的效果
【强化的边缘】	可以通过强调图像的边缘，制作出颜色对比强烈的画面效果
【深色线条】	可以通过不同的画笔长度，表现图像中的阴影部分
【烟灰墨】	可以制作出类似木炭或者墨水描绘图像的效果
【阴影线】	可以制作出类似铅笔草图的线条效果

3. 【模糊】滤镜组

【模糊】滤镜组中的滤镜命令，可以柔化选区或图像，降低局部细节的相对反差，降低图像的清晰度。这类滤镜对修饰图像非常有用，能够使图像显得更加朦胧与柔和。

【模糊】滤镜组包含的所有滤镜及其功能描述见表 11-3。

表 11-3　【模糊】滤镜组包含的滤镜功能一览

滤镜名称	功能描述
【表面模糊】	能够在保留边缘的同时模糊图像，用于创建特殊效果并消除杂色或粒度
【动感模糊】	可以模拟拍摄运动物体时产生的动感效果，类似于物体高速运动时曝光的摄影手法
【方框模糊】	能够基于相邻像素的平均颜色值来模糊图像
【高斯模糊】	通过控制模糊半径以对图像进行模糊效果的处理。该滤镜可用来添加低频细节，并产生一种朦胧效果
【进一步模糊】	功能类似于【模糊】滤镜，但该滤镜比【模糊】滤镜的效果更为明显
【径向模糊】	可以生成旋转模糊或从中心向外辐射性的模糊效果
【镜头模糊】	用来表现类似于照相机镜头所产生的模糊效果
【模糊】	使图像产生极其轻微的模糊效果，可多次使用【模糊】滤镜来增强模糊效果
【平均】	用于找出图像或选区的平均颜色，并用该平均颜色填充图像或选区，以创建平滑的外观
【特殊模糊】	只作用于图像中对比值较低的颜色上，使画面局部产生模糊效果
【形状模糊】	使用指定的内核来创建模糊效果，内核越大，模糊效果越明显

4.【扭曲】滤镜组

【扭曲】滤镜组中的滤镜命令可以将图像进行几何扭曲，以创建三维或其他变形效果。

【扭曲】滤镜组包含的所有滤镜及其功能描述见表 11-4。

表 11-4　【扭曲】滤镜组包含的滤镜功能一览

滤镜名称	功能描述
【波浪】	可以使图像生成强烈的波动效果，【波浪】滤镜能够对波长及振幅参数进行控制
【波纹】	通过变换图像像素，或者控制波纹的数量和大小，从而生成波纹起伏的效果
【玻璃】	通过给图像增加不同样式的纹理，使图像看起来像透过不同类型的玻璃所看到的画面效果
【海洋波纹】	用来制作图像被海洋波纹所折射后的效果
【极坐标】	能够使选区在平面坐标与极坐标之间相互转换，从而产生扭曲变形的图像效果
【挤压】	可以挤压图像或者选定区域内的图像，从而使图像产生挤压褶皱变形的效果
【扩散亮光】	通过在图像的高光部分添加反光的亮点，使图像产生柔和的光照效果
【切变】	用曲线形态来使图像产生变形的效果
【球面化】	可以在图像中心产生球形凸起或凹陷的效果，以适合选中的曲线，使对象具有 3D 效果
【水波】	可以使图像生成类似池塘波纹由小到大荡漾开来的效果，用于制作同心圆类的波纹效果
【旋转扭曲】	可以旋转图像，其中心的旋转程度比边缘的旋转程度大，指定角度时可以生成旋转预览
【置换】	能够根据选择的 Photoshop 文档的图像效果来调整原图像的效果

5.【锐化】滤镜组

【锐化】滤镜组中的滤镜命令，通过增加相邻像素的对比度来聚焦模糊的图像，使图像更加清晰，画面更加鲜明。

【锐化】滤镜组包含的所有滤镜及其功能描述见表 11-5。

表 11-5　【锐化】滤镜组包含的滤镜功能一览

滤镜名称	功能描述
【USM 锐化】	调整图像边缘细节的对比度，并在边缘的每一侧生成一条亮线和一条暗线；从而使边缘突出，造成图像更加清晰的错觉

续表

滤镜名称	功能描述
【进一步锐化】	通过增大图像像素之间的反差使图像产生更加清晰的效果
【锐化】	可以增加相邻像素间的对比度，使图像更加清晰
【锐化边缘】	可以锐化图像的边缘轮廓，使颜色之间的分界比较明显
【智能锐化】	通过设置锐化算法来锐化图像，或者通过控制阴影和高光中的锐化量来锐化图像

6. 【视频】滤镜组

【视频】滤镜组中的滤镜命令能够将视频图像转换为普通的图像，同样也可以将普通图像转换为视频图像。

【视频】滤镜组包含的所有滤镜及其功能描述见表 11-6。

表 11-6 【视频】滤镜组包含的滤镜功能一览

滤镜名称	功能描述
【NTSC 颜色】	可以将图像制作成如电视影像中的图像颜色效果
【逐行】	可以将图像修改为适合在影视作品中使用的图像

7. 【素描】滤镜组

【素描】滤镜组中的滤镜命令主要用于创建美术作品或手绘图像效果，还可将纹理添加到图像中来制作三维效果。

【素描】滤镜组包含的所有滤镜及其功能描述见表 11-7。

表 11-7 【素描】滤镜组包含的滤镜功能一览

滤镜名称	功能描述
【半调图案】	可以用前景色与背景色重新给图像添加颜色，制作出网板图案的效果
【便条纸】	可以制作出类似便条纸上图像浮雕或仿木纹的凹陷效果
【粉笔和炭笔】	可以通过使用前景色设置图像的阴影部分，使用背景色设置图像的高光部分，从而使画面产生类似粉笔或炭笔在纸上所绘制的效果
【铬黄】	通过将画面高光部分外凸，将阴影部分内凹，制作出类似金属液体的效果
【绘图笔】	通过使用细的、线状的油墨对图像进行描边，从而获取原图像中的细节，产生素描效果
【基底凸现】	可以制作出类似浮雕的效果，用前景色设置画面的阴影颜色，用背景色设置画面中光的颜色
【石膏效果】	可以制作出类似石膏材质上的立体浮雕图像效果
【水彩画纸】	可以产生在潮湿的纸上绘画或者墨汁在纸上洇开所生成的效果
【撕边】	可以制作出纸张边缘被撕掉的效果
【炭笔】	可以制作出类似炭笔绘画的效果，前景色用来设置炭笔的颜色，背景色用来设置画面的颜色
【炭精笔】	可以制作出类似炭精笔的绘画效果，画面的颜色受前背景色影响
【图章】	可以制作出类似普通图章的画面效果
【网状】	可以制作出图像网点的效果，前、背景色决定着画面及网点的颜色
【影印】	可以制作出类似影印机影印出的图像效果，图像颜色系统提供 6 种可选效果

8. 【纹理】滤镜组

【纹理】滤镜组中的滤镜命令能够生成一些纹路的变化，制作出多种特殊纹理与材质效果。

【纹理】滤镜组包含的所有滤镜及其功能描述见表 11-8。

表 11-8　【纹理】滤镜组包含的滤镜功能一览

滤镜名称	功能描述
【龟裂缝】	可以将浮雕效果和某种爆裂效果相结合，产生凹凸不平的裂纹
【颗粒】	可以使用不同的颗粒类型在图像中添加不同的杂点效果
【马赛克拼贴】	可以将画面分割成若干小块，并在小块间增加深色缝隙，从而制作出马赛克瓷砖的效果
【拼缀图】	可以将图像分解为若干个正方形，将这些正方形用图像中该区域的主色进行填充，从而制作出类似瓷砖拼缀的效果
【染色玻璃】	可以将图像重新绘制为彩色玻璃的模拟效果，生成的玻璃之间的缝隙图像将用前景色填充
【纹理化】	可以将选择或创建的纹理应用于图像，以表现出不同类型的纹理质感

9. 【像素化】滤镜组

【像素化】滤镜组中的滤镜命令能够将图像中颜色值相近的像素组合成块，来定义出一个选区，或将图像平面化。

【像素化】滤镜组包含的所有滤镜及其功能描述见表 11-9。

表 11-9　【像素化】滤镜组包含的滤镜功能一览

滤镜名称	功能描述
【彩块化】	可以使纯色和相近的像素结成相近颜色的像素块，从而使扫描的图像看起来像手绘图像的效果
【彩色半调】	通过在图像的每个通道上使用放大的半调网屏效果而改变画面的特殊效果
【点状化】	可将图像中的颜色分解为随机分布的网点，并使用背景色作为网点之间的画布区域颜色，以产生点彩画的效果
【晶格化】	可以使像素以结块形式显示，形成多边形纯色色块
【马赛克】	可以使图像像素明显化，制作出明显的类似马赛克的效果
【碎片】	可以将图像中的像素复制并进行平移，使图像产生一种不聚焦的模糊效果
【铜版雕刻】	可以将图像转换为黑白区域的随机图案或彩色图像中完全饱和颜色的随机图案，以制作出类似铜版雕刻的效果

10. 【渲染】滤镜组

【渲染】滤镜组中的滤镜命令能够改变图像的光感效果，在图像中创建立体形状、云彩图案、折射图案、模拟光反射等特殊效果。

【渲染】滤镜组包含的所有滤镜及其功能描述见表 11-10。

表 11-10　【渲染】滤镜组包含的滤镜功能一览

滤镜名称	功能描述
【分层云彩】	可以使用介于前景色与背景色之间的颜色值，随机生成云彩图案
【光照效果】	允许对图像应用不同的光源、灯光类型和灯光特效等特殊效果，使画面具有使用光照之后的明暗阴影效果
【镜头光晕】	能够模拟亮光照射到相机镜头所产生的反射光效果
【纤维】	能够在图像上制作出类似纤维材质的效果，其画面颜色受前、背景色影响
【云彩】	能够随机制作出类似云彩形态的图像，其画面颜色受前、背景色影响

11. 【艺术效果】滤镜组

【艺术效果】滤镜组中的滤镜命令可以模仿自然或传统介质的效果，为美术或商业项目制作绘画效果或特殊的艺术效果。

【艺术效果】滤镜组包含的所有滤镜及其功能描述见表 11-11。

表 11-11　【艺术效果】滤镜组包含的滤镜功能一览

滤镜名称	功能描述
【壁画】	通过在图像的边缘添加黑色，并增加反差的饱和度，从而使图像产生古壁画的效果
【彩色铅笔】	模拟各种颜色的铅笔在纯色背景上绘制图像的效果
【粗糙蜡笔】	可以使图像产生用彩色蜡笔在带有纹理的背景上描边的绘画效果
【底纹效果】	可以在带有纹理的背景上绘制图像，然后将最终图像绘制在原图像上
【调色刀】	类似于用油画刀绘制图像的效果，其结果会减少原图像的细节
【干画笔】	可以用来表现类似使用干的画笔描绘画面的效果
【海报边缘】	可以按照用户的设置减少图像中的颜色数目，并通过在图像边缘绘制黑线来表现类似海报效果
【海绵】	用颜色对比度强、纹理较重的区域绘制图像，生成类似在海绵表面沾上颜色后放置于图像上所产生的效果
【绘画涂抹】	可以制作出多种类似手绘的效果
【胶片颗粒】	通过在画面增加颗粒、划痕等，使图像制作出类似老电影、老照片的效果
【木刻】	能够处理由计算机绘制的图像，隐藏计算机的加工痕迹，使图像看起来更接近人工创作效果
【霓虹灯光】	通过强化图像轮廓，从而产生为图像添加类似霓虹灯的发光效果
【水彩】	通过简化图像的细节，用饱和图像的颜色改变图像边界的色调，使其产生一种类似于水彩的图像效果
【塑料包装】	可以制作出类似物体表面被塑料遮盖的效果，可用于为画面添加柔和光泽的效果
【涂抹棒】	能够使用短的黑色线条涂抹图像的暗部，以柔化图像所产生的画面效果

12. 【杂色】滤镜组

【杂色】滤镜组中的滤镜命令可以在图像或选区中添加或移去杂色或具有随机分布色阶的像素，从而创建与众不同的纹理，或移去图像中有问题的区域(如灰尘和划痕)。

【杂色】滤镜组包含的所有滤镜及其功能描述见表 11-12。

表 11-12　【杂色】滤镜组包含的滤镜功能一览

滤镜名称	功能描述
【减少杂色】	可以减少在弱光或高 ISO 值情况下拍摄的照片中的粒状噪点，以及移除 JPEG 格式的图像压缩时产生的噪点
【蒙尘与划痕】	通过删除图像上的灰尘、瑕疵等，或删除图像轮廓以外的部分杂点，从而使画面变得更加细腻柔和
【去斑】	用于检测图像的边缘，模糊并去除边缘外的所有选区。使用该滤镜可以去除图像中的杂色，同时保留原图像的细节，从而使画面变得清晰
【添加杂色】	可在图像中应用随机图像产生颗粒效果，以使画面显得陈旧
【中间值】	可以通过图像的平均颜色值去除杂点，而使画面更加柔和

13. 【其他】滤镜组

【其他】滤镜组中的滤镜命令能够改变构成图像的像素排列，并且允许用户创建自己的滤镜，并允许使用滤镜修改蒙版，在图像中使选区发生位移及快速调整颜色。

【其他】滤镜组包含的所有滤镜及其功能描述见表 11-13。

表 11-13　【其他】滤镜组包含的滤镜功能一览

滤镜名称	功能描述
【高反差保留】	通过调整图像的亮度，降低图像阴影部分的饱和度，从而调整图像的效果
【位移】	图像通过水平和垂直两个方向进行位置上的移动所产生的一种效果
【自定】	让用户通过【自定】对话框的设置，改变图像中各像素的亮度值，制作属于自己的新滤镜
【最大值】	利用图像中高光部分的颜色像素来替换图像边缘的一种效果
【最小值】	利用图像中阴影部分的颜色像素来替换图像边缘的一种效果

11.3.3　滤镜库

滤镜库是一个整合了多种滤镜的对话框。滤镜库可以将多个滤镜同时应用于同一图像，或对同一图像多次应用同一滤镜，甚至可以使用对话框中的其他滤镜替换图像的原有滤镜。

1. 【滤镜库】对话框

执行【滤镜】|【滤镜库】菜单命令，便可打开如图 11.29 所示的【滤镜库】对话框。

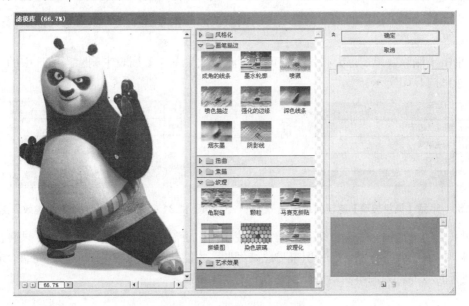

图 11.29　【滤镜库】对话框

打开【滤镜】菜单，执行【风格化】、【画笔描边】、【扭曲】、【素描】、【纹理】或【艺术效果】任一滤镜组中的某个滤镜命令时，也将打开【滤镜库】对话框。

【滤镜库】对话框整体上被分为以下 3 个区域。

1) 【滤镜效果预览区】

【滤镜效果预览区】位于【滤镜库】对话框的左侧，该区主要用于同步查看图像应用滤镜后的效果。

【滤镜效果预览区】包含水平滚动条、垂直滚动条、显示比例组合列表框、缩小按钮□与放大按钮⊞。通过单击缩放按钮，可以对【预览区】中的图像进行放大或缩小。也可以通过单击组合列表框，选择缩放比值，来对图像进行精确的缩放控制。

2)【滤镜列表区】

对话框中间的区域为【滤镜列表区】，该区包含六类滤镜组。

单击任一滤镜组左侧的【显示/隐藏滤镜缩览图】按钮▽，便展开该滤镜组的滤镜列表，列表中显示出当前所有可用滤镜的名称与缩览图。

3)【参数设置区】

对话框右侧的区域为【参数设置区】。在【滤镜列表区】中单击要应用的滤镜，【参数设置区】中将立即显示与该滤镜相关的参数选项。

2. 滤镜效果图层

【参数设置区】的下方为【滤镜效果图层】列表与两个功能按钮。这两个功能按钮可用来创建或删除滤镜效果图层。

滤镜效果图层与图层的操作方法极为近似。

(1) 单击【新建效果图层】按钮⧉，将在【滤镜效果图层】列表中添加一个新的滤镜效果图层。

(2) 通过单击滤镜效果图层左边的眼睛图标👁，可以隐藏或显示图像的滤镜效果，如图 11.30 所示。

(3) 拖动滤镜效果图层的上下位置，可以调整彼此间的堆叠顺序，从而使图像的滤镜效果发生改变。

(4) 单击【删除效果图层】按钮🗑，可从【滤镜效果图层】列表中删除当前选中的效果图层对象，如图 11.31 所示。

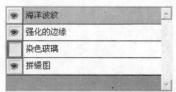

图 11.30　隐藏【染色玻璃】滤镜效果图层

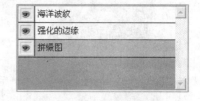

图 11.31　删除【染色玻璃】滤镜效果图层

要想真正用好滤镜，除需要纯熟的滤镜操控能力，还需要丰富的艺术想象力。只有在实践中虚心研学他人的优秀作品，不断积累与总结经验，才能使滤镜的应用水平日趋完善，最终达到炉火纯青的境界，源源不断地创作出奇特的艺术作品。

课 后 习 题

一、填空题

1. Photoshop 的滤镜通过改变图像_____的位置、颜色等特性，来创建各种特效。

2. 在内置滤镜中，【镜头校正】、_____与_____三类属于特殊滤镜，被单独列出。

3. _____与【滤镜】主菜单的子菜单相对应，每一类_____包含多种滤镜。

4. ＿＿＿＿滤镜能够在图像中心产生凸起或凹陷的效果，使对象具有 3D 效果。

5. ＿＿＿＿由第三方厂商提供，使用前应先将它们安装到 Photoshop 中。

二、单项选择题

1. 【木刻】滤镜存在于(　　)菜单中。

    A. 【滤镜】|【像素化】   B. 【滤镜】|【艺术效果】

    C. 【滤镜】|【素描】   D. 【滤镜】|【渲染】

2. 【浮雕效果】滤镜存在于(　　)菜单中。

    A. 【滤镜】|【风格化】   B. 【滤镜】|【艺术效果】

    C. 【滤镜】|【素描】   D. 【滤镜】|【扭曲】

3. 使用(　　)滤镜可以弥补扫描照片不够清晰的缺陷。

    A. 【去斑】   B. 【中间值】   C. 【平均】   D. 【USM 锐化】

4. 【滤镜库】中不包含的滤镜组是(　　)。

    A. 【素描】   B. 【纹理】   C. 【扭曲】   D. 【渲染】

5. 下面关于【胶片颗粒】滤镜的说法中，正确的是(　　)。

    A. 该滤镜包含在【素描】滤镜组中

    B. 该滤镜能够使图像产生电影胶片样的效果

    C. 该滤镜能够使图像产生胶片颗粒化的效果

    D. 该滤镜能够使图像产生单色调的效果

三、简答题

1. 何谓滤镜？滤镜的主要作用是什么？

2. Photoshop CS5 的滤镜包含哪几种类型？各有什么特点？

3. 何谓滤镜组？滤镜组与【滤镜】菜单命令之间有什么关系？

4. 试以【浮雕效果】滤镜为例，简述对图像应用滤镜的操作过程。

5. 如何应用滤镜制作图案纹理？

6. 【滤镜库】有什么作用？如何使用？

7. 何谓滤镜效果图层？如何创建与删除滤镜效果图层？

第12章 家庭相册封面的制作

 学习目标

本章为综合章节，涉及前面多章的知识点。通过本章的学习，读者可进一步掌握与理解以下的知识要点：图像复制、选区的基本操作、普通图层与文字图层的基本操作等。

 知识要点

1. 图像的复制、粘贴等操作方法
2. 标尺、参考线与网格的应用
3. 选区的填充、扩展、描边等操作方法
4. 多个选区之间的加、减、交叉等运算
5. 文字的输入、编辑等操作方法
6. 文字的变形、添加样式等操作方法
7. 图层的移动、旋转、变换等操作方法
8. 图层的更名、合并等操作方法

 核心技能

1. 用不同方法或操作解决同一问题的能力
2. 综合运用已有知识解决新问题的能力
3. 运用常规方法应对变化需求的创新能力

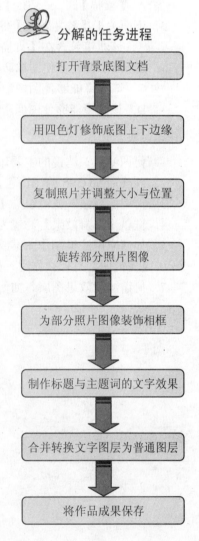

分解的任务进程

打开背景底图文档

↓

用四色灯修饰底图上下边缘

↓

复制照片并调整大小与位置

↓

旋转部分照片图像

↓

为部分照片图像装饰相框

↓

制作标题与主题词的文字效果

↓

合并转换文字图层为普通图层

↓

将作品成果保存

12.1　任务描述与步骤分解

现有红、蓝、绿、黄 4 种颜色的信号灯图像各一幅，以及名为"相册底案.TIF"的图像文档，内容分别如图 12.1 与图 12.2 所示。

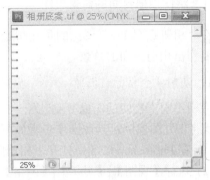

图 12.1　4 种颜色信号灯的图像　　　　　　图 12.2　图像文档"相册底案.TIF"的内容

以这些图像为素材，结合前 4 章处理后的照片图像，为家庭相册制作如图 12.3 所示的封面效果。最终的作品以"《家庭相册》封面.PSD"为名保存。

图 12.3　《家庭相册》封面的最终效果

根据要求，本章的任务可分解为以下 3 个关键子任务。

(1) 制作相册封面的背景底图。

(2) 复制 4 幅照片并为其制作相框。

(3) 制作相册封面的文字效果。

下面对每个子任务的实现过程详加说明。

12.2 制作家庭相册封面的过程描述

综合运用 Photoshop CS5 的各种工具、命令，制作相册的封面图像。

12.2.1 制作相册封面的背景底图

在"相册底案.TIF"图像的顶端与底端，均匀地排布红、蓝、绿、黄 4 种颜色的信号灯图像，制作出相册封面的背景。

1. 复制 4 个信号灯图像

应用不同文档间的图像复制功能，将 4 个有色信号灯图像以新建图层的方式，复制到"相册底案.TIF"图像中。具体操作步骤如下。

(1) 在 Photoshop CS5 中打开"相册底案.TIF"图像文档，如图 12.4 所示。

(2) 执行【视图】|【显示】|【网格】菜单命令，或按 Ctrl+'快捷键，在图像窗口中显示网格效果，如图 12.5 所示。

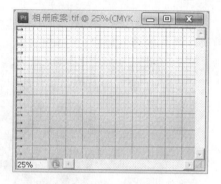

图 12.4 "相册底案.TIF"将作为封面的底图　　　图 12.5 显示网格效果的图像窗口

(3) 依次打开 4 个有色信号灯对应的图像文档，并将这些信号灯的图像分别复制到"相册底案.TIF"图像窗口中，然后关闭这些信号灯的图像文档。

(4) 依次选中每个信号灯图层对象，使用【移动工具】，在网格线所构成的位置参考坐标系统下，将 4 个信号灯的图像以相同的间距，按顶端对齐的方式，排放在当前图像窗口的左上方，如图 12.6 所示。

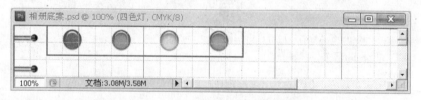

图 12.6 排列整齐的 4 个信号灯图像

(5) 打开"相册底案.TIF"图像的【图层】调板，可以看到每个信号灯都自动生成了相应的图层。根据信号灯的颜色，分别修改各个新建图层的名称，结果如图 12.7 所示。

(6) 同时选中与 4 个信号灯对应的图层，执行【图层】|【合并图层】菜单命令，或按 Ctrl+E 快捷键，将所有的信号灯图层合并为一个图层。

(7) 将合并图层的默认名称修改为"四色灯"，相应的【图层】调板如图 12.8 所示。

图 12.7　包含 4 个信号灯图层的【图层】调板

图 12.8　合并信号灯图层后的【图层】调板

(8) 执行【文件】|【存储为】菜单命令，将当前的图像文档另存为"《家庭相册》封面.PSD"，文档格式选定为 Photoshop 的默认格式 PSD。

2．在图像顶端装饰四色信号灯

将"四色灯"图层中的有效图像定义为选区，通过复制的方式制作出背景图像顶端的修饰图案。具体操作步骤如下。

(1) 在【图层】调板中选中"四色灯"图层。

(2) 单击工具箱中的【矩形选框工具】按钮，用鼠标在 4 个信号灯图像外围拖曳出一个矩形选区，如图 12.9 所示。

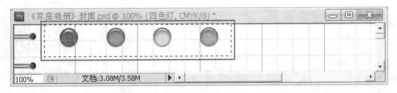

图 12.9　在"四色灯"图层中创建选区

(3) 执行【编辑】|【拷贝】菜单命令，或按 Ctrl+C 快捷键，将选区内容存储到粘贴板中。

(4) 执行【选择】|【取消选择】菜单命令，或按 Ctrl+D 快捷键，取消当前的选区定义。

(5) 执行【编辑】|【粘贴】菜单命令，或按 Ctrl+V 快捷键，粘贴板中存储的选区图像将被自动粘贴到图像窗口的中央，如图 12.10 所示。

(6) 被粘贴的图像在【图层】调板中自动创建出一个由系统默认命名的图层，如图 12.11 所示。

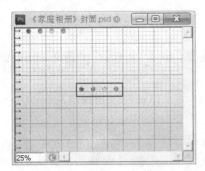

图 12.10　粘贴的内容自动出现在窗口中央

图 12.11　粘贴操作将自动创建图层

(7) 使用【移动工具】，将粘贴出的图像由窗口中央移至窗口顶端，与原有的 4 个信号灯图像连接起来，如图 12.12 所示。

(8) 重复执行【编辑】|【粘贴】菜单命令，并用【移动工具】将粘贴的图像移动到窗口顶端，直到图像窗口顶端全部排满信号灯为止。最终的效果如图 12.13 所示。

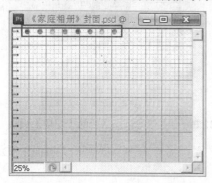

图 12.12　将粘贴的图像移动到位

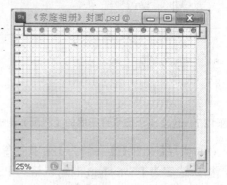

图 12.13　信号灯布满窗口顶端的效果

(9) 此时，【图层】调板中自动增加了 3 个普通图层，如图 12.14 所示。

(10) 同时选中"四色灯"图层与 3 个新建图层，执行【图层】|【合并图层】菜单命令，将所选图层合并起来，并将合并图层的默认名称修改为"顶端信号灯"，如图 12.15 所示。

图 12.14　自动创建出的新图层

图 12.15　合并图层并更名后的效果

3．在图像底端装饰四色信号灯

将背景图像顶端的修饰图案定义为选区，并将选区图像复制到背景图像的底端。具体操作步骤如下。

(1) 选中"顶端信号灯"图层，用【矩形选框工具】将当前图像顶端的信号灯图案定义为一个选区。

(2) 按 Ctrl+C 快捷键，复制选区内容；按 Ctrl+D 快捷键，取消当前的选区定义；按 Ctrl+V 快捷键，将粘贴板中的选区图像粘贴到图像窗口中央。

(3) 使用【移动工具】，将粘贴出的图像由窗口中央移至窗口底端，与窗口顶端的信号灯图像呈对称分布，如图 12.16 所示。

(4) 将【图层】调板中自动添加的图层更名为"底端信号灯"，如图 12.17 所示。

(5) 在当前的【图层】调板中，选中所有的图层，执行【图层】|【合并图层】菜单命令，得到名为"背景"的合并图层。

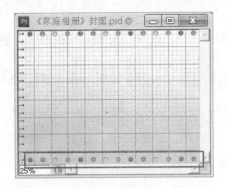

图 12.16 将窗口顶端图案复制到底端

图 12.17 创建出的新图层

(6) 此时，相册封面的背景底图已经制作完成；按 Ctrl+'快捷键，隐藏网格，图像效果如图 12.18 所示。

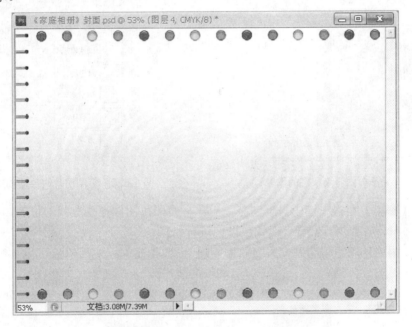

图 12.18 完成后的相册封面背景图案

12.2.2 制作照片图像的装饰效果

复制所给的 4 幅照片图像，进行必要的修饰与处理，并放置在相册封面背景底图的适当位置。

1. 复制照片图像并安置于背景底图中

将 4 幅照片图像复制到背景底图窗口中，合理安排它们的位置，并调整其大小，使它们能够在底图窗口中完整地显示出来。具体操作步骤如下。

(1) 打开任意一幅照片的图像文档，使用【移动工具】，通过窗口间拖动图像的方法，将照片图像复制到背景底图中。

(2) 在复制不规则区域图像时(如带艺术相框的照片图像)，为避免图像边缘出现不透明像素，应先创建不规则选区，然后再将不规则选区中的图像复制到背景底图中。

(3) 复制完成后，关闭原照片图像文档。

(4) 在背景底图的【图层】调板中，会出现与复制图像对应的图层对象。根据照片内容，修改新建图层的默认名称。

(5) 在【图层】调板中选中新建图层，执行【编辑】|【自由变换】菜单命令，或按 Ctrl+T 快捷键，使目标图层中的图像处于可变换状态。

(6) 按住 Shift 键，用鼠标拖动图像周围的控制柄，将图像进行等比例缩放，如图 12.19 所示，直至调整到满意的尺寸为止。

(7) 按照同样的方法，分别将其他 3 幅照片图像复制到背景底图中，并调整图像大小，修改对应图层的名称。

(8) 关闭所有的照片图像窗口，只保持背景底图窗口处于打开状态。

(9) 此时，【图层】调板中出现与 4 幅照片对应的图层对象，如图 12.20 所示。

图 12.19　处于自由变换状态的图像　　　　　图 12.20　复制照片时自动创建的图层

(10) 在【图层】调板中选中目标图层，用鼠标将照片图像拖到适当的位置；也可按键盘上的上、下、左、右 4 个方向键，对图层图像进行微移。

(11) 将 4 幅照片图像移动到位后的效果如图 12.21 所示。

图 12.21　照片图像在背景底图上的排列效果

2. 旋转部分照片图像

为丰富相册封面效果，将位于当前图像窗口上方的两幅照片图像进行一定角度的旋转。具体操作步骤如下。

(1) 在【图层】调板中，首先选中与黑白照片对应的图层对象——"似水流年"。

(2) 执行【编辑】|【变换】|【旋转】菜单命令，在对应的工具选项栏中设置旋转的角度值为-30.00 度，如图 12.22 所示。

图 12.22　在工具选项栏中设置旋转的角度值

(3) 按 Enter 键，或单击工具选项栏中的【进行变换】按钮 ✔，黑白照片图像立即按设定的角度值发生逆时针旋转，如图 12.23 所示。

(4) 选中与兄妹二人合照对应的图层对象——"花样年华"，按同样的方法执行旋转变换，旋转的角度值应设为+30.00 度。按 Enter 键后，得到如图 12.24 所示的变换效果。

图 12.23　"似水流年"图层旋转后的效果　　　　图 12.24　"花样年华"图层旋转后的效果

3. 为没有相框的照片图像装饰相框

在 4 幅照片图像中，只有图层名称为"海边嬉戏"的那幅照片拥有相框。为美观起见，需要为另外 3 幅照片图像设置简单的相框效果。

首先为右下方的那幅照片图像设置立体效果的黄色相框。具体操作步骤如下。

(1) 在【图层】调板中，选中与右下方照片对应的图层对象——"林中漫步"。

(2) 执行【选择】|【载入选区】菜单命令，打开如图 12.25 所示的【载入选区】对话框。

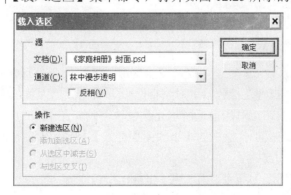

图 12.25　【载入选区】对话框

（3）保持各个选项的默认设置，单击【确定】按钮，系统将自动创建一个包含目标图层中完整图像的矩形选区，如图 12.26 所示。

> 操作技巧：按住 Ctrl 键，单击目标图层的缩览图，也能够快速创建包含目标图层中完整图像的选区。这种方法比使用【载入选区】菜单命令的操作更为直观与快捷。

（4）执行【选择】|【修改】|【扩展】菜单命令，打开【扩展选区】对话框。输入【扩展量】值为 10 个像素，如图 12.27 所示。

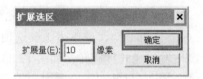

图 12.26　执行【载入选区】命令的结果　　　　图 12.27　【扩展选区】对话框

（5）单击【确定】按钮，使矩形选区按设定的扩展量向四周扩张，效果如图 12.28 所示。

（6）在工具箱中单击【矩形选框工具】，按住 Alt 键的同时，贴近当前选区中照片图像的边缘，用鼠标拖曳出一个矩形选框，使该选框的范围包含整个照片图像，并被包含在前一选区中。

（7）释放鼠标左键后，前一选区与刚创建的矩形选区自动进行选区相减运算，运算的结果为两个矩形方框间的区域，如图 12.29 所示。

图 12.28　执行【扩展选区】命令的结果　　　　图 12.29　两个矩形选框相减后的结果

（8）执行【编辑】|【填充】菜单命令，或按 Shift+F5 快捷键，打开【填充】对话框。

（9）在该对话框中，打开【拾色器】对话框，设置填充颜色为黄色(即 RGB(255,255,0))。

（10）单击【确定】按钮，对当前选区填充颜色，得到如图 12.30 所示的效果。

（11）单击【图层】调板工具栏中的【添加图层样式】按钮 *fx*，打开如图 12.31 所示的图层样式选项菜单。

（12）执行【斜面和浮雕】命令，打开【斜面和浮雕】对话框。

图 12.30　对当前选区填充黄色

图 12.31　图层样式选项菜单

(13) 在【结构】选项组中，为【样式】选项选择【浮雕效果】选项，将【方法】选项值设定为【雕刻清晰】，其他的选项均保持系统默认设置，如图 12.32 所示。

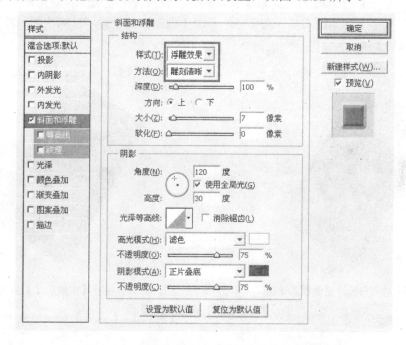

图 12.32　设置选项后的【斜面和浮雕】对话框

(14) 单击【确定】按钮，关闭对话框，得到如图 12.33 所示的效果。

(15) 在【图层】调板中，"林中漫步"图层下方出现相应的图层样式名称，如图 12.34 所示。

4. 为旋转的照片图像装饰相框

结合选区的【扩展】与【描边】命令，为另外两幅旋转的照片图像设置简单的相框效果。具体操作步骤如下。

(1) 在【图层】调板中，选中与黑白照片对应的图层对象——"似水流年"。

图 12.33　创建的立体相框效果

图 12.34　添加图层样式后的图层对象

(2) 按住 Ctrl 键，单击目标图层的缩览图，系统将自动创建一个包含旋转图像的矩形选区，如图 12.35 所示。

(3) 执行【选择】|【修改】|【扩展】菜单命令，打开【扩展选区】对话框。

(4) 在【扩展量】文本框中输入数值 5，单击【确定】按钮后，目标选区向四周自动扩展 5 个像素，如图 12.36 所示。

图 12.35　对黑白照片图像载入选区

图 12.36　执行【扩展选区】命令的效果

图 12.37　设置选项后的【描边】对话框

(5) 执行【编辑】|【描边】命令，打开【描边】对话框。

(6) 将【宽度】值设为 10px，将【颜色】设置为黄色，在【位置】选项组中选中【居中】单选按钮。

(7) 其他选项保持系统默认设置，如图 12.37 所示。

(8) 单击【确定】按钮，关闭对话框。系统绘制出一条以扩展选区的边缘线为中轴线的黄色粗边，如图 11.38 所示。

(9) 按 Ctrl+D 快捷键，取消当前的选区定义。

(10) 按照同样的操作方法，为另一幅照片图像设置黄色的描边效果，如图 11.39 所示。

图 12.38　对黑白照片图像描边的效果

图 12.39　对另一幅照片图像描边的效果

5．调整照片图像并合并

设置相框效果后，还需对各个照片图像的大小、位置进行更为精确的调整。调整到位后，再把它们合并为同一个图层。具体操作步骤如下。

(1) 在【图层】调板中，选中目标图层，根据需要对其进行大小改变与位置移动等操作。

(2) 全部调整满意后，图像效果如图 11.40 所示。

(3) 同时选中与 4 幅照片对应的图层。执行【图层】|【合并图层】菜单命令，将这 4 个图层合并成一个图层。

(4) 将合并图层的默认名称更改为"照片元素"，如图 11.41 所示。

图 12.40　调整完毕的图像效果

图 12.41　合并后的照片图层

12.2.3　制作相册封面的文字效果

为进一步完善作品，还需要在相册封面中输入一些文字说明，并对文字图层应用样式效果加以修饰。

1．制作相册封面的中文标题

创建段落文字的输入框，输入相册封面的中文标题，并应用【清晰粗描边】文字效果加以修饰。具体操作步骤如下。

(1) 单击工具箱中的【横排文字工具】按钮**T**，鼠标指针变为形状。

(2) 在相应的工具选项栏中设置文字的字体类型、大小、对齐方式、颜色等字符属性，如图 12.42 所示。

图 12.42　设置后的【横排文字工具】选项栏

(3) 移动鼠标指针到当前图像窗口顶端，在两幅旋转照片图像之间拖曳出一个文本输入框，如图 12.43 所示。

(4) 释放鼠标后，插入光标自动出现在文本输入框的左上方；先输入一行文字"家　庭"(两字符之间为全角的空格符)；敲入换行符后，继续输入第二段文字"相　册"，如图 12.44 所示。

图 12.43　创建段落文本的输入框

图 12.44　输入相册封面的中文标题

(5) 此时，【图层】调板中自动生成对应的文字图层。

(6) 保持文字图层的选中状态，单击工具选项栏中的【创建文字变形】按钮，打开【变形文字】对话框。

(7) 在对话框中，为【样式】选定【扇形】变形类型，选中【水平】单选按钮，将【弯曲】值调整为 35%，如图 12.45 所示。

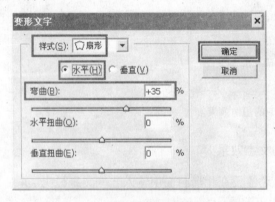

图 12.45　设置后的【变形文字】对话框

(8) 单击【确定】按钮，文字图层中的段落文本立即呈现出相应的变形效果，如图 12.46 所示。

(9) 单击工具选项栏中的【提交所有当前编辑】按钮，确认对文本的变形操作。此时，中文标题效果如图 12.47 所示。

图 12.46　呈现扇形效果的段落文本

图 12.47　变形后的中文标题效果

(10) 执行【窗口】|【样式】菜单命令，打开【样式】调板。

(11) 单击【样式】调板右上角的【功能菜单】按钮，打开调板的弹出式菜单。执行【文字效果】命令，系统弹出如图 12.48 所示的确认信息框。

(12) 如果单击信息框中的【确定】按钮，【样式】调板的当前样式类型将更换为【文字效果】样式类型；如果单击【追加】按钮，【文字效果】样式类型中的多种样式将以追加的方式，添加到【样式】调板原有的样式列表的后面。

图 12.48　更换样式确认信息框

(13) 保持文字图层的选中状态，在【样式】调板中选择【清晰粗描边】样式选项，如图 12.49 所示。

(14) 中文标题的样式立即发生改变，改变的效果如图 12.50 所示。

图 12.49　选择【清晰粗描边】样式

图 12.50　应用指定样式后的中文标题效果

(15) 切换到【图层】调板，可以看到：样式的设置已经被系统自动记录到当前的文字图层对象中，如图 12.51 所示。

2. 制作相册封面的英文标题

创建点文字图层，输入相册封面的英文标题，并应用【彩虹】文字效果加以修饰。具体操作步骤如下。

(1) 单击工具箱中的【直排文字工具】按钮，鼠标指针变为 形状。

(2) 在相册封面右上方单击，【图层】调板中立即新建了一个系统默认命名的文字图层；与此同时，鼠标单击处出现闪动的文字插入光标，等待输入点文字，如图 12.52 所示。

图 12.51　带有样式效果的文字图层对象

图 12.52　创建点文本的插入光标

（3）在相应的工具选项栏中设置文字的字体类型、大小、对齐方式等属性，如图 12.53 所示。

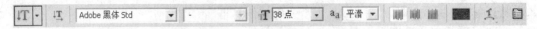

图 12.53　设置后的【直排文字工具】选项栏

（4）输入英文标题的内容，如图 12.54 所示。

（5）保持英文标题对应文字图层的选中状态，在【样式】调板中选择【彩虹】样式选项，如图 12.55 所示。

图 12.54　输入相册封面的英文标题

图 12.55　选择【彩虹】样式

（6）英文标题的样式相应地发生改变，改变的效果如图 12.56 所示。

（7）文字样式的设置信息被系统自动记录到【图层】调板中，如图 12.57 所示。

图 12.56　应用指定样式后的英文标题效果

图 12.57　带有样式效果的文字图层对象

3．制作相册封面的主题词

创建点文字图层，输入相册封面的主题词，并应用【饱满黑白色】文字效果加以修饰。具体操作步骤如下。

(1) 选择【直排文字工具】，在中文标题正下方单击，文字插入光标出现并闪动，等待输入。

(2) 在相应的工具选项栏中设置文字的字体类型、大小、对齐方式等属性，如图 12.58 所示。

图 12.58　设置后的【直排文字工具】选项栏

(3) 输入点文字"岁月留痕"，如图 12.59 所示。

(4) 切换到【样式】调板，选择【饱满黑白色】样式选项，如图 12.60 所示。

图 12.59　输入相册封面的主题词

图 12.60　选择【饱满黑白色】样式

(5) 主题词的样式相应地发生改变，改变的效果如图 12.61 所示。

(6) 文字样式的设置信息被系统自动记录到【图层】调板中，如图 12.62 所示。

图 12.61　应用指定样式后的主题词效果

图 12.62　带有样式效果的文字图层对象

4．合并文字图层

使用【合并图层】命令，将文字图层与"照片元素"图层合并起来。具体操作步骤如下。

(1) 在【图层】调板中同时选中 3 个文字图层。

(2) 执行【图层】|【合并图层】菜单命令，或按 Ctrl+E 快捷键，将所有的文字图层合并成一个普通图层，并将合并图层的默认名称更改为"文字元素"，如图 12.63 所示。

(3) 同时选中"照片元素"与"文字元素"两个图层，按 Ctrl+E 快捷键，将它们合并成一个图层。

(4) 将合并图层的默认名称更改为"相册封面内容",如图 12.64 所示。

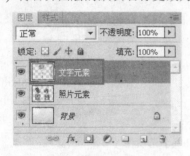

图 12.63 将所有文字图层合并为普通图层   图 12.64 合并除背景图层以外的其他图层

(5) 至此,家庭相册封面全部制作完成,作品的效果如图 12.3 所示。

(6) 执行【文件】|【存储】菜单命令,或按 Ctrl+S 快捷键,保存处理的结果。

(7) 执行【文件】|【关闭】菜单命令,或按 Ctrl+W 快捷键,关闭当前的图像窗口。

课 后 习 题

一、单项选择题

1. 执行 Photoshop 中的【文件】|【新建】命令,在打开的【新建】对话框中,不可以设定的图像属性选项是(   )。

    A. 图像的色彩模式　　　　　　　　B. 图像的分辨率

    C. 图像的标尺单位　　　　　　　　D. 图像的尺寸大小

2. 执行 Photoshop 中的【文件】|【新建】命令,在打开的【新建】对话框中,不可以设置的色彩模式是(   )。

    A. 位图模式　　　　B. Lab 模式　　　　C. RGB 模式　　　　D. 双色调模式

3. 能够以 100%的比例显示图像的方法是(   )。

    A. 双击【缩放工具】　　　　　　　B. 双击【抓手工具】

    C. 按住 Alt 键的同时单击图像　　　D. 按住 Alt 键的同时双击图像

4. 以下关于对 Photoshop 参考线和网格的描述,正确的是(   )。

    A. 可将绘制的直线转化为参考线　　B. 参考线位置可以移动,但网格不可以

    C. 可以将网格转化为参考线　　　　D. 可以将参考线转化为网格

5. 在【图层】调板上单击当前图层左边的眼睛图标,将会(   )。

    A. 改变当前图层缩览图的大小　　　B. 锁定当前图层

    C. 隐藏当前图层　　　　　　　　　D. 删除当前图层

6. 若要使用【仿制图章工具】在图像上取样,需在按住(   )键的同时单击取样点。

    A. Ctrl 键　　　　　B. Shift 键　　　　C. Alt 键　　　　　D. Tab 键

7. 若将当前所用的【钢笔工具】切换为【直接(或路径)选择工具】,需按(   )键。

    A. Ctrl 键　　　　　B. Shift 键　　　　C. Alt 键　　　　　D. Tab 键

8. 下面的(   )工具能够选择连续的颜色相似区域。

    A.【磁性套索工具】　　　　　　　B.【矩形选框工具】

    C.【魔棒工具】　　　　　　　　　D.【椭圆选框工具】

9. 使用【图层】调板工具栏中的(　　　)功能按钮，能够为当前图层或目标选区添加诸如【投影】或【斜面和浮雕】等特殊的效果。

　　　A.【添加图层蒙版】　　　　　　　B.【添加图层样式】
　　　C.【创建新的填充或调整图层】　　　D.【链接图层】

10. 关于背景图层的描述，正确的是(　　　)。

　　　A. 可以对背景图层添加图层蒙版
　　　B. 背景图层在【图层】调板上始终在最底层，不能将其上移
　　　C. 背景图层不能转换为其它类型的图层
　　　D. 不可以对背景图层执行滤镜效果

二、简答题

1. Photoshop CS5 中有哪些创建选区的方法？
2. 如何将选区存储起来？哪一种文档格式能够保留选区？
3. 载入选区操作有何作用？如何快速实现选区的载入？
4. 如何应用选区边界的羽化设置，使两个或多个图片能够无缝地融合在一起？
5. 对于文字图层，如何从所有文字内容中只选取其中的部分内容？
6. 如何为文字的边缘填充颜色？
7. 使用哪些措施，能够使图片的背景呈现完全透明的效果？
8. 将图像淡化的方法有哪些？各有什么特点？

参考文献与网站资源

参考文献(包含电子书)

[1] Lisa DaNae Dayley, Brad Dayley. Photoshop CS5 Bible[M]. USA: Wiley Publishing, Inc., 2010.

[2] Lynette Kent. Photoshop CS5: Top 100 Simplified Tips & Tricks[M]. USA: Wiley Publishing, Inc., 2010.

[3] Martin Evening. Adobe Photoshop CS5 for photographers[M]. UK: Elsevier Ltd., 2010.

[4] 汪可, 张明真, 等. ADOBE PHOTOSHOP CS4 标准培训教程[M]. 北京: 人民邮电出版社, 2010.

[5] 张瑞娟. 中文版 Photoshop CS5 高手成长之路[M]. 北京: 清华大学出版社, 2011.

网站资源

[1] Learn Photoshop CS5. http://www.adobe.com/support/photoshop/gettingstarted/index.html.

[2] PS1314 网站. http://www.ps1314.com/.

[3] 68PS 网站. http://www.68ps.com/.

全国高职高专计算机、电子商务系列教材推荐书目

【语言编程与算法类】

序号	书号	书名	作者	定价	出版日期	配套情况
1	978-7-301-13632-4	单片机 C 语言程序设计教程与实训	张秀国	25	2011	课件
2	978-7-301-15476-2	C 语言程序设计(第 2 版)(2010 年度高职高专计算机类专业优秀教材)	刘迎春	32	2011	课件、代码
3	978-7-301-14463-3	C 语言程序设计案例教程	徐翠霞	28	2008	课件、代码、答案
4	978-7-301-16878-3	C 语言程序设计上机指导与同步训练(第 2 版)	刘迎春	30	2010	课件、代码
5	978-7-301-17337-4	C 语言程序设计经典案例教程	韦良芬	28	2010	课件、代码、答案
6	978-7-301-09598-0	Java 程序设计教程与实训	许文宪	23	2010	课件、答案
7	978-7-301-13570-9	Java 程序设计案例教程	徐翠霞	33	2008	课件、代码、习题答案
8	978-7-301-13997-4	Java 程序设计与应用开发案例教程	汪志达	28	2008	课件、代码、答案
9	978-7-301-10440-8	Visual Basic 程序设计教程与实训	康丽军	28	2010	课件、代码、答案
10	978-7-301-15618-6	Visual Basic 2005 程序设计案例教程	靳广斌	33	2009	课件、代码、答案
11	978-7-301-17437-1	Visual Basic 程序设计案例教程	严学道	27	2010	课件、代码、答案
12	978-7-301-09698-7	Visual C++ 6.0 程序设计教程与实训(第 2 版)	王丰	23	2009	课件、代码、答案
13	978-7-301-15669-8	Visual C++程序设计技能教程与实训——OOP、GUI 与 Web 开发	聂明	36	2009	课件
14	978-7-301-13319-4	C#程序设计基础教程与实训	陈广	36	2011	课件、代码、视频、答案
15	978-7-301-14672-9	C#面向对象程序设计案例教程	陈向东	28	2011	课件、代码、答案
16	978-7-301-16935-3	C#程序设计项目教程	宋桂岭	26	2010	课件
17	978-7-301-15519-6	软件工程与项目管理案例教程	刘新航	28	2011	课件、答案
18	978-7-301-12409-3	数据结构(C 语言版)	夏燕	28	2011	课件、代码、答案
19	978-7-301-14475-6	数据结构(C#语言描述)	陈广	28	2009	课件、代码、答案
20	978-7-301-14463-3	数据结构案例教程(C 语言版)	徐翠霞	28	2009	课件、代码、答案
21	978-7-301-18800-2	Java 面向对象项目化教程	张雪松	33	2011	课件、代码、答案
22	978-7-301-18947-4	JSP 应用开发项目化教程	王志勃	26	2011	课件、代码、答案
23	978-7-301-19821-6	运用 JSP 开发 Web 系统	涂刚	34	2012	课件、代码、答案
24	978-7-301-19890-2	嵌入式 C 程序设计	冯刚	29	2012	课件、代码、答案
25	978-7-301-19801-8	数据结构及应用	朱珍	28	2012	课件、代码、答案
26	978-7-301-19940-4	C#项目开发教程	徐超	34	2012	课件
27	978-7-301-15232-4	Java 基础案例教程	陈文兰	26	2009	课件、代码、答案
28	978-7-301-20542-6	基于项目开发的 C#程序设计	李娟	32	2012	课件、代码、答案

【网络技术与硬件及操作系统类】

序号	书号	书名	作者	定价	出版日期	配套情况
1	978-7-301-14084-0	计算机网络安全案例教程	陈昶	30	2008	课件
2	978-7-301-16877-6	网络安全基础教程与实训(第 2 版)	尹少平	30	2011	课件、素材、答案
3	978-7-301-13641-6	计算机网络技术案例教程	赵艳玲	28	2008	课件
4	978-7-301-18564-3	计算机网络技术案例教程	宁芳露	35	2011	课件、习题答案
5	978-7-301-10226-8	计算机网络技术基础	杨瑞良	28	2011	课件
6	978-7-301-10290-9	计算机网络技术基础教程与实训	桂海进	28	2010	课件、答案
7	978-7-301-10887-1	计算机网络安全技术	王其良	28	2011	课件、答案
8	978-7-301-12325-6	网络维护与安全技术教程与实训	韩最蛟	32	2010	课件、习题答案
9	978-7-301-09635-2	网络互联及路由器技术教程与实训(第 2 版)	宁芳露	27	2010	课件、答案
10	978-7-301-15466-3	综合布线技术教程与实训(第 2 版)	刘省贤	36	2011	课件、习题答案
11	978-7-301-15432-8	计算机组装与维护(第 2 版)	肖玉朝	26	2009	课件、习题答案
12	978-7-301-14673-6	计算机组装与维护案例教程	谭宁	33	2010	课件、习题答案
13	978-7-301-13320-0	计算机硬件组装和评测及数码产品评测教程	周奇	36	2008	课件
14	978-7-301-12345-4	微型计算机组成原理教程与实训	刘辉珞	22	2010	课件、习题答案
15	978-7-301-16736-6	Linux 系统管理与维护(江苏省省级精品课程)	王秀平	29	2011	课件、习题答案
16	978-7-301-10175-9	计算机操作系统原理教程与实训	周峰	22	2010	课件、答案
17	978-7-301-16047-3	Windows 服务器维护与管理教程与实训(第 2 版)	鞠光明	33	2010	课件、答案
18	978-7-301-14476-3	Windows2003 维护与管理技能教程	王伟	29	2009	课件、习题答案
19	978-7-301-18472-1	Windows Server 2003 服务器配置与管理情境教程	顾红燕	24	2011	课件、习题答案

【网页设计与网站建设类】

序号	书号	书名	作者	定价	出版日期	配套情况
1	978-7-301-15725-1	网页设计与制作案例教程	杨森香	34	2011	课件、素材、答案

序号	书号	书名	作者	定价	出版日期	配套情况
2	978-7-301-15086-3	网页设计与制作教程与实训(第2版)	于巧娥	30	2011	课件、素材、答案
3	978-7-301-13472-0	网页设计案例教程	张兴科	30	2009	课件
4	978-7-301-17091-5	网页设计与制作综合实例教程	姜春莲	38	2010	课件、素材、答案
5	978-7-301-16854-7	Dreamweaver 网页设计与制作案例教程(2010.年度高职高专计算机类专业优秀教材)	吴 鹏	41	2012	课件、素材、答案
6	978-7-301-11522-0	ASP .NET 程序设计教程与实训(C#版)	方明清	29	2009	课件、素材、答案
7	978-7-301-13679-9	ASP .NET 动态网页设计案例教程(C#版)	冯 涛	30	2010	课件、素材、答案
8	978-7-301-10226-8	ASP 程序设计教程与实训	吴 鹏	27	2011	课件、素材、答案
9	978-7-301-13571-6	网站色彩与构图案例教程	唐一鹏	40	2008	课件、素材、答案
10	978-7-301-16706-9	网站规划建设与管理维护教程与实训(第2版)	王春红	32	2011	课件、答案
11	978-7-301-17175-2	网站建设与管理案例教程(山东省精品课程)	徐洪祥	28	2010	课件、素材、答案
12	978-7-301-17736-5	.NET 桌面应用程序开发教程	黄 河	30	2010	课件、素材、答案
13	978-7-301-19846-9	ASP .NET Web 应用案例教程	于 洋	26	2012	课件、素材
14	978-7-301-20565-5	ASP.NET 动态网站开发	崔 宁	30	2012	课件、素材、答案

【图形图像与多媒体类】

序号	书号	书名	作者	定价	出版日期	配套情况
1	978-7-301-09592-8	图像处理技术教程与实训(Photoshop 版)	夏 燕	28	2010	课件、素材、答案
2	978-7-301-14670-5	Photoshop CS3 图形图像处理案例教程	洪 光	32	2010	课件、素材、答案
3	978-7-301-12589-2	Flash 8.0 动画设计案例教程	伍福军	29	2009	课件
4	978-7-301-13119-0	Flash CS 3 平面动画案例教程与实训	田启明	36	2008	课件
5	978-7-301-13568-6	Flash CS3 动画制作案例教程	俞 欣	25	2011	课件、素材、答案
6	978-7-301-15368-0	3ds max 三维动画设计技能教程	王艳芳	28	2009	课件
7	978-7-301-14473-2	CorelDRAW X4 实用教程与实训	张祝强	35	2011	课件
8	978-7-301-10444-6	多媒体技术与应用教程与实训	周承芳	32	2011	课件
9	978-7-301-17136-3	Photoshop 案例教程	沈道云	25	2011	课件、素材、视频
10	978-7-301-19304-4	多媒体技术与应用案例教程	刘辉珞	34	2011	课件、素材、答案
11	978-7-301-20685-0	Photoshop CS5 项目教程	高晓黎	36	2012	课件、素材

【数据库类】

序号	书号	书名	作者	定价	出版日期	配套情况
1	978-7-301-10289-3	数据库原理与应用教程(Visual FoxPro 版)	罗 毅	30	2010	课件
2	978-7-301-13321-7	数据库原理及应用 SQL Server 版	武洪萍	30	2010	课件、素材、答案
3	978-7-301-13663-8	数据库原理及应用案例教程(SQL Server 版)	胡锦丽	40	2010	课件、素材、答案
4	978-7-301-16900-1	数据库原理及应用(SQL Server 2008 版)	马桂婷	31	2011	课件、素材、答案
5	978-7-301-15533-2	SQL Server 数据库管理与开发教程与实训(第2版)	杜兆将	32	2010	课件、素材、答案
6	978-7-301-13315-6	SQL Server 2005 数据库基础及应用技术教程与实训	周 奇	34	2011	课件
7	978-7-301-15588-2	SQL Server 2005 数据库原理与应用案例教程	李 军	27	2009	课件
8	978-7-301-16901-8	SQL Server 2005 数据库系统应用开发技能教程	王 伟	28	2010	课件
9	978-7-301-17174-5	SQL Server 数据库实例教程	汤承林	38	2010	课件、习题答案
10	978-7-301-17196-7	SQL Server 数据库基础与应用	贾艳宇	39	2010	课件、习题答案
11	978-7-301-17605-4	SQL Server 2005 应用教程	梁庆枫	25	2010	课件、习题答案

【电子商务类】

序号	书号	书名	作者	定价	出版日期	配套情况
1	978-7-301-10880-2	电子商务网站设计与管理	沈凤池	32	2011	课件
2	978-7-301-12344-7	电子商务物流基础与实务	邓之宏	38	2010	课件、习题答案
3	978-7-301-12474-1	电子商务原理	王 震	34	2008	课件
4	978-7-301-12346-1	电子商务案例教程	龚 民	24	2010	课件、习题答案
5	978-7-301-12320-1	网络营销基础与应用	张冠凤	28	2008	课件、习题答案
6	978-7-301-18604-6	电子商务概论（第2版）	于巧娥	33	2012	课件、习题答案

【专业基础课与应用技术类】

序号	书号	书名	作者	定价	出版日期	配套情况
1	978-7-301-13569-3	新编计算机应用基础案例教程	郭丽春	30	2009	课件、习题答案
2	978-7-301-18511-7	计算机应用基础案例教程(第2版)	孙文力	32	2011	课件、习题答案
3	978-7-301-16046-6	计算机专业英语教程(第2版)	李 莉	26	2010	课件、答案
4	978-7-301-19803-2	计算机专业英语	徐 娜	30	2012	课件、素材、答案

电子书(PDF 版)、电子课件和相关教学资源下载地址：http://www.pup6.cn，欢迎下载。
联系方式：010-62750667，liyanhong1999@126.com，linzhangbo@126.com，欢迎来电来信。